KB154995

# 스포츠
# 관광
# 경영론

본 교재는 한국스포츠개발원(체육진흥투표권적립금)에서 시행한
스포츠산업융합 특성화대학원지원사업의 일환으로 개발됨.

# 스포츠 관광 경영론

문보영 | 서원재 | 김형곤 | 이병철

SPORTS TOURISM MANAGEMENT

## 머리말

현대사회에서 스포츠는 단순히 개인의 건강 증진이나 공동체의 결속 강화와 같은 전통적인 역할에 머물러 있지 않고 국제적인 영향력을 발휘하는 독자적인 산업으로 자리 잡고 있다. 스포츠의 상업화와 스포츠 미디어 산업의 발달은 관람 스포츠 시장의 질적, 양적 성장을 견인하였으며, 현대인들의 핵심적인 여가 활동으로서 스포츠 참여의 증가는 관련 인프라 구축과 용품 및 서비스 산업의 확대를 가져왔다. 오늘날 스포츠를 매개로 한 관람 및 참여, 교육 산업의 성장은 개인과 지역사회, 나아가 국가 경제의 활성화 효과와 함께 복지사회의 구현을 위한 촉매제가 되고 있다.

목적지로의 이동과 소비를 전제로 하는 스포츠 관람 및 참여 시장에서 여행과 결부된 경제 활동의 확대는 스포츠관광이라는 고부가가치 융·복합 산업 영역을 창출하였다. 중요한 사회경제적 현상으로 그 범위와 시장이 확대되고 있는 스포츠관광은 산업적인 측면에서뿐 아니라 학술적인 차원에서도 심도 있는 이해와 연구가 요구되는 관심 영역이다.

현재 정부는 국정 목표 달성을 위한 추진 전략으로 관광 산업의 경쟁력 강화를 제시하고, 고부가가치 6대 관광 활동 중 하나로 스포츠를 제시하고 있다. 오늘날 북미와 유럽을 비롯하여, 호주, 일본 등의 스포츠 시장이 활성화된 국가들은 관광 산업의 추진 동력으로 '스포츠'라는 유희적 콘텐츠에 주목하고 있다. 이들 국가들은 스포츠와 관광의 상호 연동을 통해 지역경제의 활성화와 함께 사회의 문화·복지 지수 상승이라는 성과를 거두고 있다. 그러나 현재 국내에는 실무 및 경영·관리적 측면에서 스포츠관광 산업을 지원할 전문 인력이 부족한 실정이다. 학제적·산업적 측면에서 이원화되어 있는 스포츠와 관광의 영역을 연계, 연동시킬 인적, 물적, 지적인 토대 또한 빈약하다. 국내의 스포츠와 관광 산업의 진흥을 위해서는 스포츠와 관광이라는 두 영역에서 산업 간, 그리고 학문 간의 공조와 협업이 절실히 요구되는 시점이다.

이 책은 이러한 국가석, 산업적, 시식적 요구와 필요를 반영하여 지술되었다. 이 책을 통해 공동 저자들은 경제와 문화 영역에서 스포츠관광이라는 사회 현상이 지닌 생산적 의미와 가치에 대해 조명하였다. 풍부한 스포츠관광 선진 사례들을 통해 스포츠관광에 생소한 독자들의 이해를 돕고자 노력한 점 또한 이 책의 특징이다.

이 책은 총 11장으로 구성되었다. 1장과 2장은 스포츠관광의 기본적 개념과 역사에 대한 전반적인 이해를 돕기 위해 작성되었다. 3장에서는 스포츠관광이 관광 목적지의 경제, 사회·문화, 환경에 미치는 영향을 포괄적으로 논의하였다. 4장에서는 직접 참여를 목적으로 하는 능동적 참여 스포츠관광의 범주와 특성에 관해 논의하였으며, 5장에서는 관광객의 시각적인 관람 중심의 수동적 참여가 특징이 되는 이벤트 스포츠관광과 노스탤지어 스포츠관광의 개념과 특징에 대해 다루었다. 6장에서는 올림픽이나 월드컵과 같은 메가 이벤트를 중심으로 스포츠 이벤트의 특성을 다루었다. 또한 스포츠관광의 경제 효과를 고려한 메가 스포츠 이벤트의 기획과 마케팅 방법에 관해 논하였다. 7장에서는 스포츠관광 상품과 서비스 생산에 활용될 자원의 특성과 활용 방안에 대한 주제를 다루었다. 8장, 9장, 10장은 스포츠관광 시장에 대한 이해를 바탕으로 스포츠관광 목적지의 이벤트 주체와 관련 마케터들에게 요구되는 마케팅과 브랜딩 전략에 대한 이론적 지식과 성공 사례들을 제시하였다. 11장에서는 스포츠관광을 효율적으로 관리하기 위한 다양한 정책적 노력과 관점에 대해서 논의하였다.

이 책이 대학의 교재로서뿐만 아니라 실무자나 스포츠관광에 관심이 있는 모두에게 도움이 되었으면 하는 바람과 함께 아낌없는 질책과 조언을 기다린다.

끝으로 이 책이 출간될 수 있도록 도움을 준 ㈜교문사 류제동 사장님을 비롯하여 원고를 꼼꼼히 교정해 주시고 짜임새 있는 구성이 되도록 도와주신 편집부 여러분께 감사의 말씀을 드린다.

2015년 8월

저자 일동

차 례

## 04
## 능동적 참여 **스포츠관광**



## 05
## 이벤트 스포츠관광과 노스탤지어 **스포츠관광**



## 06
## 이벤트와 **스포츠관광**

## 07
## 스포츠관광 **자원과 시설**



## 08
## 스포츠관광 **행동**



## 09
## 스포츠관광 **마케팅**

## 10
## 스포츠관광과 **목적지 마케팅**



## 11
## 스포츠관광 정책의 **현황과 과제**

CHAPTER

# 01

# 새로운 관광의 블루오션: 스포츠관광

SPORT TOURISM MANAGEMENT

CHAPTER 1

# 새로운 관광의 블루오션: 스포츠관광

스포츠와 관광이 상호 밀접한 관계 속에서 공존한다는 것은 새로운 사실이 아니다(Veal, 1997). 오늘날 관광 산업에서 가장 빠르게 성장하고 있는 분야 중 하나가 스포츠와 신체 활동을 목적으로 한 여행 시장이며, 휴가지 선택에 있어서 스포츠 참여와 관람의 기회가 중요한 요인으로 보고되고 있다. 여가 환경의 성장과 함께 관광 산업의 유망 콘텐츠로서 스포츠의 가치는 무궁무진하다. 이 장에서는 스포츠관광 산업과 경영의 이해를 도모하기 위해서 스포츠가 무엇인지, 그리고 어떠한 특징을 지니고 있는지와 어떠한 요소들이 스포츠관광 산업 발전의 동력으로 작용할 수 있는지를 논의하고 스포츠관광의 개념과 형태를 살펴보고자 한다.

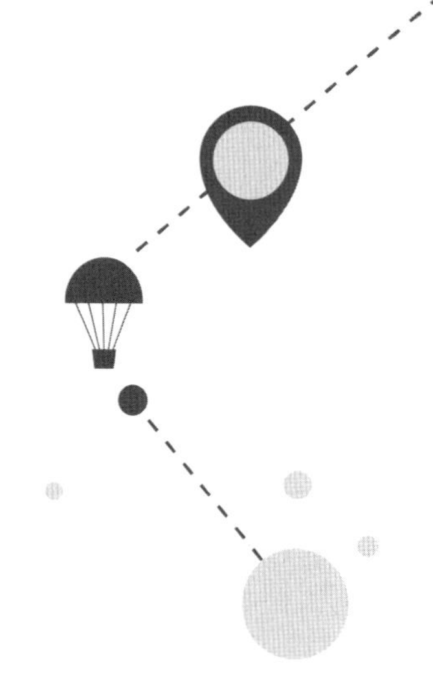

# 1. 스포츠에 대한 이해

## 1) 스포츠의 개념적 이해

오늘날 스포츠의 일반화된 개념에 대해 학자마다 각기 다른 견해와 관점을 취하고 있다. 심지어 Slusher(1967)를 비롯한 몇몇 학자들은 스포츠의 의미가 모호하고 다양해서 이를 개념적으로 정의하는 것은 불가능하다고 주장한다. 하지만 스포츠는 크게 2가지 측면에서 이해될 수 있다. 강준호(2005)에 따르면, 그중 대표적인 견해는 북미 대륙에서 통용되는 개념적 정의이다. 북미 계열의 학자들은 스포츠를 구성하는 요소로 크게 제도화, 경쟁, 규칙, 신체 활동을 들고 있으며, 이상의 요소들이 결핍된 단순한 운동, 레크리에이션, 놀이와는 다른 개념으로 정의한다(Suits, 1995; Coakly, 2001; Loy et al., 1978). 이에 반해 유럽에서는 유희적 활동을 포함하는 보다 포괄적인 시각에서 스포츠를 바라본다. 유럽스포츠헌장(2000)은 "스포츠는 사회적 관계를 형성하거나 경쟁적 수준에 있어 결과를 내기 위해서 통상적 또는 조직화된 참가를 통하여 육체적 건강과 정신적 만족을 표현하고 증진할 목적으로 행해지는 모든 형태의 신체적 활동이다."라고 정의하고 있다. 즉 경쟁과 규칙에 기반을 둔 제도화된 신체 활동을 스포츠로 규정짓는 북미의 관점과 신체적, 정신적, 사회관계적 유희와 유익을 목적으로 수행하는 운동이나 레크리에이션과 같은 비조직화된 활동 또한 스포츠의 개념에 포함시키는 유럽의 포괄적 관점을 스포츠를 이해하는 대표적인 2가지 시각이라고 할 수 있다.

오늘날 스포츠는 이상에서 소개한 2가지 틀에서 이해되고 있지만, 북미의 접근과 유럽의 포괄적 시각 내에서도 학자들 간에 명확히 합의된 정의가 존재하지는 않는다. 그러나 학자들 간의 다양한 견해를 종합해 보면 스포츠는 '인간의 유희적 본능과 경쟁적 본성에 기반한 놀이와 게임이 진화되어 온 일정한 규칙과 제도하에 기술을 동반한 신체 활동'으로 이해될 수 있다(문화체육관광부, 2008). 스포츠를 제도화된 경쟁이자 유희적 활동으로 규정짓는 기존의 관점에서 스포츠의 산업적 가치를 부여하여 스포츠의 성격

표 1-1
스포츠의 기능주의적 관점

| 시각 | 개념의 정의 |
|---|---|
| 경쟁+신체 활동 | 스포츠란 기록 수립이 가장 중요하게 여겨지는 독특한 시간과 공간의 차원에서 특별한 장비와 시설을 이용하는 경쟁적인 신체 활동이다(Vander Zwaag, H. J., 1988). |
| 제도(조직)화+신체 활동 | 스포츠는 신체적 묘기의 증명을 요구하는 어떤 제도화된 경기이다(Loy, J. W., 1968). |
| 경쟁+제도(조직)화+신체 활동 | 스포츠는 동기 유발된 개인들에 의해 이루어지는 활발한 신체 발현을 포함하거나 비교적 복합적 신체 기능을 구사하는 제도화된 경쟁적인 활동이다(임번장, 2003). |
| 경쟁+규칙+신체 활동 | 단체적인 규칙에 의해 통제되는 경쟁적인 인간 신체 활동이다(Snyder, E. E. & Spreitzer, E. A., 1989). |
| 경쟁+제도(조직)화+규칙+신체 활동 | 스포츠는 제도화된 규칙에 의해 규정되는 방식으로 신체적 탁월성을 겨루는 활동이다(김홍식, 2002). |

자료: 신현규(2011). 정리 및 재구성.

표 1-2
스포츠의 포괄적 관점

| 시각 | 개념의 정의 |
|---|---|
| 경쟁+놀이(유희) | 스포츠의 경쟁적 요소를 유희 속에 포함시켜야 하므로 스포츠는 유희적 경쟁으로의 발전이다(Huizinga, 1955). |
| 경쟁+야외 활동 | 스포츠는 조직적이고 경쟁적으로 실시되는 신체 활동의 총체로서 운동 경기 및 야외 활동이다(김귀봉·위성식, 1999). |
| 경쟁+여가 및 레크리에이션 | 스포츠는 여가로 행하여지는 자발적인 신체 활동으로서 고유의 스포츠와 어떤 종류의 노력을 필요로 하는 그 밖의 여러 가지 신체 활동을 포함한다(하남길, 2004). |
| 경쟁+놀이+야외 활동 | 각종 운동 경기 및 야외 활동을 포함하여 인간이 즐거움을 찾기 위하여 추구하는 모든 신체적 활동이다(하남길, 2004). |
| 규칙+놀이+여가 및 레크리에이션 | 스포츠란 즐거움과 여가 선용을 위하여 활동 그 자체를 추구하며 보편적으로 일정의 전통적인 형태 또는 일련의 규칙에 따라 이루어지는 다소 활발한 신체 활동이다(신현규, 2008). |

자료: 신현규(2011). 정리 및 재구성.

을 개념화하는 시도 또한 엿보인다. 김도균(2011)은 스포츠는 신체적인 활동과 상대방과의 경쟁적인 요소, 그리고 제도화된 규칙이 있어야 한다는 기능주의적 시각과 함께 본질적으로 일과 놀이의 연장선 위에 있는 정신적, 신체적 활동으로서 피트니스, 레크리에이션, 레저 여가 활동을 포함하는 유희적 접근에 동의하지만, 오늘날 스포츠가 지닌 산업적, 경제적 가치를 고려하여 스포츠의 개념에 새롭게 접근해야 한다고 이야기한다. 이러한 주장은 스포츠의 산업적 가치와 연계된 스포츠 고유의 특성과 관련된다.

## 2) 스포츠의 특성

스포츠는 전 세계인이 공감하는 감성 콘텐츠이다. Coakley(1998)는 "미국의 경우 스포츠가 매우 침투적이라서 그 결과 어떠한 사람도 스포츠에 관련되지 않은 사람이 없을 만큼 생활의 한 요소가 되고 있다. 미국인 10명 중 7명이 스포츠를 시청하거나 TV로 스포츠 뉴스를 보며, 스포츠 신문 기사를 읽고 스포츠 관련 책이나 잡지를 읽으며 매일 친구와 스포츠에 관해 이야기를 한다."라고 말한다. 이는 비단 미국의 사례만이 아니다. 국내외 통계 자료는 글로벌 사회에서 스포츠가 가장 지배적인 활동으로 세계인의 공통어라는 보편성을 지니고 있음을 입증해 주고 있다.

그럼 왜 이처럼 세계 많은 사람들이 스포츠에 열광하는 것일까? 어떻게 스포츠가 세계 경제의 블루칩으로 부상할 수 있었을까? 이는 인류의 문명화와 산업화와 관련된다. 원래 인간의 본성은 생존을 위한 경쟁과 투쟁, 도전과 모험을 자연스러운 현상으로 받아들인다. 하지만 문명화된 현대사회는 이러한 인간의 본능을 규범과 제도로 억제함으로써 안전이 보장된 예측 가능한 공동체를 추구한다. 이러한 제도화된 일상에서 탈출하여 인간의 본능을 발현할 수 있는 공인된 장이 존재하는데, 바로 놀이와 게임에 뿌리를 둔 스포츠이다.

스포츠를 통해 지루한 삶으로부터 벗어나고자 하는 현대사회의 보편적 현상은 다음과 같은 스포츠가 지닌 특성과 매력에 기반한다.

### (1) 스포츠는 도전, 성취, 그리고 경쟁이다.

두 명 혹은 그 이상의 사람들로 구성되는 집단이 동일한 목표를 달성하기 위해 다른 개인 및 집단과 대립적인 입장에 서는 행위를 경쟁이라고 한다. 이는 상대와의 우열을 다투는 행동으로 놀이에서는 찾아보기 힘든 속성이다. 스포츠에서의 경쟁은 신체 활동에 대한 보상의 근거가 된다. 스포츠의 이러한 경쟁성은 승리에 대한 성취감과 자신감을 주기도 하며, 반대로 패배에 대한 좌절감을 안겨 주기도 한다(한태룡·박보현·한승백·탁민혁, 2013). 이러한 정서적 산물은 이를 지켜보는 사람에게도 동일한 방식으로 전이된다. 한편, 스포츠에서 경쟁의 대상은 단순히 타인 혹은 다른 팀에 한정되지 않는다. 암벽등반이나 산악자전거를 하는 사람에게 있어서 경쟁 상대는 자연과 자기 자신이다. 또한 수영에 참가하는 박태환의 경우 경쟁 상대는 개인이 극복해야 하는 기록일 수도 있다. 이처럼 스포츠는 유무형의 상대와의 경쟁이라는 특성을 지니고 있으며, 도전과 성취감, 그리고 성공을 추구하는 인간의 내재적 욕구와도 무관하지 않다.

### (2) 스포츠에는 불확실성이 존재한다.

경쟁적인 스포츠 경기에서는 강자와 약자가 존재하지만, 그 결과를 예측하기란 쉽지 않다. 스포츠 상황에는 기록과 기량과 같은 피지컬한 측면도 경기력에 영향을 미치지만, 심리적, 정신적 요인들 또한 경기력에 영향을 끼치는 중요한 요인이다. 바로 이러한 이유 때문에 스포츠 결과는 예측하기 힘들다는 특징이 있다. 성공과 실패에 대한 예측이 가능한 구조화된 문명사회를 살아가는 대중에게 스포츠의 이러한 불확실성(uncertainty)은 일상으로부터의 탈출을 위한 수단이 된다. Lee와 Fort(2008)는 경기 결과를 예측할 수 없을 때 더욱 많은 관중들이 경기장에 운집하고 더 많은 사람들이 TV

중계를 시청한다고 이야기한다. 중요한 경기에서 약팀이 강팀을 이기는 이변이 있었던 날 저녁에는 하이라이트와 신문 등의 후속 기사에 대한 시청률과 구독률이 크게 오른다는 여러 연구 결과도 있다. 오늘날 북미를 대표하는 MLB, NFL, NBA는 리그 광고, 중계권, 입장권, 라이선싱, 머천다이징 등의 수익을 전 구단에 고루 분배하는 공동 마케팅 전략을 활용한다. 이는 우수한 선수나 감독이 특정 팀에 집중되는 것을 방지하여 스포츠의 불확실성이 지닌 매력을 극대화하기 위함이다. 예를 들어, NFL은 의류 판매의 28%를 차지하는 댈러스 카우보이의 의류 라이선싱 수익을 28개 팀에 공동 분배한다. 이러한 공동 수익 분배 구조(revenue sharing)는 팀 간의 전력을 평준화하여 불확실성을 높임으로 팬들에게 어필할 수 있는 제도이다.

### (3) 스포츠는 허구적 산물이다.

불확실성의 연장선상에서 스포츠가 생산하는 콘텐츠는 작가도 각본도 없는 드라마와 같다. 즉 예측이 불가능한 스포츠의 특성은 일상과 현실에서 벗어난 픽션적 성격을 지닌다. 경쟁의 현장에서 생산되고 동시에 바로 소멸해 버리는 허구적 산물인 스포츠, 이는 결론을 알 수 없는 미묘한 상상력을 자극하는 또 다른 즐거움이다. 스포츠의 허구적 특성은 일상의 스트레스에서 해방될 수 있는 기회를 제공하며, 스포츠 경기에서의 승리는 참여자와 관람자, 그리고 시청자에게 자신감을 증대시켜 주기도 한다. 이러한 의미에서 오늘날 스포츠의 허구성은 일상과 동떨어진 것이 아닌 하나의 연결된 또 다른 일상이 되기도 한다. 스포츠 참여와 관람의 동인은 구조화된 일상(escape from daily life)에서 벗어나 재미를 추구하고 스트레스를 해소(stress release)하고자 하는 인간의 유희적 본성에서 비롯된다. 스포츠의 태생적 특성은 자연스럽게 여행과 관광 행동을 유발하는 동인이 된다.

### (4) 스포츠는 리미널리티이다.

인류학자 Victor Turner 등(1983)은 축제나 카니발 같은 의례들에서 질서와 무질서, 일상성과 비일상성이 교차하며 전도되는 현상을 '리미널리티(liminality, 역치성)'라고 정의한다. 이러한 리미널리티는 인간의 유희적 본성에서 출발한 스포츠에서도 나타난다. 왜냐하면 스포츠는 일상적 순간을 뛰어넘어 사회·경제·생물학적 지위와 헤게모니가 해체되는 축제적 현상을 자극하는 일탈의 장을 제공하기 때문이다. 이러한 순간에는 자유, 평등, 인류애, 동질성과 같은 인류의 본질적인 감성과 본성이 발현되며, 종적인 관계가 횡적인 관계로 전환된다. 개개인은 사회적 구속, 불평등과 같은 인간의 유희적 본성과 배치되는 사회 구조에 대한 불만을 스포츠 참여와 관람을 통해 표출하게 된다. 이러한 일상의 해체는 개개인 간의 강한 유대감(communitas)을 수반한다. 일부 기능주의자들은 스포츠의 리미널리티는 구성원의 불만을 해소시키고 연대감을 형성한다는 측면에서, 기존의 사회 질서와 사회 통합을 강화하는 순기능적인 측면이 있다고 주장하기도 한다.

시공간적으로 현실과 차단된 리미널리티를 제공하는 대표적인 사례는 스타디움 스포츠(이벤트 스포츠)이다. 프로야구의 코리안 시리즈, 2002년 한일 월드컵 4강전, 올림픽 현장에서 우리는 승리와 실패, 그리고 감동에 하나되는 관중들의 모습을 목격할 수 있다. 이곳에는 사회적, 경제적 지위와 계층이 존재하지 않는다. 피부색과 국경마저 허물어진다. 오직 인류의 보편적인 감성만이 존재한다. 이러한 스포츠 리미널리티는 기업이 스포츠를 후원하는 중요한 이유가 되기도 한다. 오늘날 글로벌 기업들은 본성과 감성이 지배하는 스포츠 리미널리티의 공간과 순간이 자사의 브랜드 이미지를 효과적으로 주입시킬 수 있는 기회라는 것을 잘 알고 있다. 1988년 서울 올림픽 이후, 올림픽의 무선통신 지원의 TOP(The Olympic Partner) 스폰서로 꾸준히 참여하여 브랜드 노출을 꾀한 삼성이 글로벌 기업으로 성장한 것은 바로 이러한 스포츠 리미널리티의 특성을 잘 이해한 현명함 때문이었다.

### (5) 스포츠는 제도화된 규칙이다.

스포츠에서의 경쟁은 사전에 합의된 규칙을 따른다. 이러한 규칙성으로 인해 스포츠에서의 승패는 단순한 행운이 아닌 신체 기능과 전술, 확률, 기술, 경험 등의 다양한 요인에 의해 결정된다. 이는 앞서 설명한 인간의 놀이적, 투쟁적 본능에 기반한 스포츠의 불확실성, 그리고 스포츠 리미널리티의 초월적, 일탈적 욕구와 상반되는 스포츠의 합리성을 보여준다. 제도화된 규정과 규칙이 없는 단순한 놀이적 속성은 인간의 유희적 감성을 자극하는 재미를 가져다 주지만, 경쟁에서 승리하는 데 필요한 경험을 축적하고 결과를 예측하는 합리적 유희를 자극하는 데는 한계를 지닌다. 과학적 합리주의에 기반한 근대 스포츠는 이러한 단점을 보완하기 위하여 인류의 태동 이후 자연과 인간을 벗삼아 시작된 놀이와 게임적 속성에, 규정과 규칙을 통해 합리성을 부여하기 시작했다. 합의된 규칙 속에서 인간의 유희적 욕구를 추구하려는 제도화의 노력으로 오늘날의 IOC와 FIFA, KBO, MLB, 프리미어리그를 비롯하여 종목별 국제 스포츠 연맹과 조직들이 탄생하였고 종목별, 리그별 규정과 규칙들이 마련되었다.

### (6) 스포츠는 움직임의 아름다움과 탁월성을 추구한다.

스포츠의 또 다른 특성은 움직임의 고도화된 신체적 기능과 미적 감각을 추구한다는 점이다. 이러한 신체적 기능과 탁월성은 단순한 놀이와 게임과 스포츠를 구분하는 중요한 기준이 된다. 예를 들어, 컴퓨터 게임이나 카드놀이의 경우에도 신체의 움직임 필요하다. 그러나 우리는 엄격한 의미에서 이를 스포츠라고 말하지 않는다. 놀이나 게임과 달리 스포츠에서는 신체의 움직임이 단순한 도구가 아닌 목적으로 인식된다(한태룡·박보현·한승백·탁민혁, 2013). 본질적으로 스포츠는 경쟁 상대보다 얼마나 더 월등한 신체적 기능과 아름다움을 발현하는지에 중점을 둔다.

### 3) 스포츠 관여의 심리적 발전 단계

직접적인 참여의 형태이든 혹은 이벤트 관람이든 결국 스포츠 소비 행동은 참여자의 '경험'과 직결된다(Funk, 2008). 이상에서 이야기한 스포츠의 특성들은 참여자와 관람자에게 독특한 경험을 선사한다. 나아가 이러한 경험들은 스포츠에 대한 애착점(point of attachment)으로 작용하여, 스포츠 참여와 이벤트 관람을 위한 여행 혹은, 추억과 향수에 기반한 노스탤지어 스포츠 여행과 같은 스포츠관광 행동으로 발전한다. 결국 스포츠관광은 스포츠 참여와 관람의 경험으로부터 시작된다. 따라서 개인이 어떻게 스포츠와 인연을 맺게 되고, 스포츠와의 심리적 연대감을 발전시켜 가는지를 이해하는 것은 매우 중요하다.

그동안 스포츠 소비행동학에서는 스포츠를 대상으로 한 소비자의 관여(involvement), 몰입(commitment), 심리적 애착(psychological attachment), 팬 정체성(fan identification), 신뢰(trust), 만족(satisfaction) 등의 다양한 개념들을 정립하고 이러한 변인들이 스포츠 참여와 관람 및 제반 소비 행동에 미치는 영향과 관련된 다양한 이론들을 제시하였다. 이중 스포츠 소비 행동의 대표적인 견해로 스포츠 참여와 관람 행동이 어떻게 심화되고 발전해 나가는지를 설명한 Funk(2008)의 스포츠 관여의 심리적 발전 단계(PCM, Psychological Continuum Model) 이론을 들 수 있다. Funk는 PCM 이론에서 스포츠에 대한 심리적 관여를 인지-호감-애착-충성의 4단계 발전 단계로 설명하였다.

#### (1) 인지 단계

인지 단계(awareness)는 개인이 부모나 친구, 학교, 혹은 미디어 등과 같은 사회화 기관을 통해 특정 스포츠나 스포츠 이벤트, 혹은 팀이나 선수의 존재에 대해 처음으로 아는 단계이다. 이러한 인지 과정은 대부분 어린 시절 발생하게 되며, 인지의 수준은 단순히 스포츠 팀이나 선수, 혹은 종목의 이름 정도를 기억하는 피상적인 지식 수준에서부터 기본적인 규칙, 예절, 리그나 팀, 선수, 그리고 후원사 등을 구분하고 연관시킬 수 있는 능력까지 그 수준이 다양하다. 하지만 이 단계에서는 스포츠 대상*에 대해서 어떠한 선호나 호감을 형성하지는 않으며, 개인의 성향이나 욕구, 자아관, 그리고 사회적 규범과의 비교와 사회화 기관과의 상호 작용을 통해 호감 단계로 발전할 수도 있다.

* 스포츠 대상이란 종목, 리그, 구단, 팀, 선수 등을 의미한다.

### (2) 호감 단계

호감 단계(attraction)는 개인이 자신의 내재적 욕구와 자아관, 그리고 외재적 환경(정보 등) 등을 고려하여 스포츠 대상을 평가하는 과정이다. 이러한 평가 과정에서는 개인이 인지 단계에서 습득한 스포츠에 대한 제반 지식도 영향을 미치지만, 자아관과 유희적 욕구의 충족 여부가 중요하다. 개인은 이러한 평가 과정을 통해 개인적인 동기와 욕구를 충족시키는 스포츠 대상(종목, 리그, 구단, 팀, 선수 등)을 선호하고 호감을 갖기 시작한다. 하지만 보다 매력적인 스포츠 대상이 나타날 경우, 선호의 대상을 바꿀 수도 있다.

### (3) 애착 단계

스포츠 대상이 개인의 유희적 욕구와 자아관, 사회적 정체성을 지속적으로 충족시켜 줄 때, 호감에서 애착 단계(attachment)로 발전한다. 스포츠 대상에 대한 심리적 연결 고리가 형성된 애착 단계에서부터 개인은 외부 사회화 기관의 영향을 덜 받게 되며, 선호하는 스포츠 대상을 바꿀 확률 또한 낮아진다. 이 단계에서는 선호하는 스포츠에 참여하고 관련 이벤트를 관람하거나 시청하는 스포츠 소비 행동이 본격적으로 시작되며, 관련 지식과 스포츠 대상에 대한 태도도 강화된다는 특징을 보인다. 아울러 애착의 대상을 위해 긍정적인 반응과 평가를 이끌어내기 위한 긍정적인 구전 및 지원 행동을 취하고, 동료 팬이나 참여자들과의 상호 작용을 통해 정서적, 인지적 연대감과 정체성을 형성하고 강화해 나가는 시기이기도 하다.

**그림 1-1**
**스포츠 관여의 심리적 발전 단계**

자료: Funk(2008), 재구성.

### (4) 충성 단계

개인은 인지 단계에 형성된 지식, 욕구 충족에 따른 호감, 심리적 연결고리가 강화된 애착 단계를 거쳐 태도의 변화를 거부하는 충성 단계(allegiance)로 발전한다. 이 단계에 있는 사람은 스포츠 대상에 대해 안정적인 심리적 애착과 헌신을 보이며, 빈도와 시간, 생각과 노력에 있어서도 보다 강화된 행동적 참여와 관람 행동을 보이게 된다. 특히, 개인적, 심리적, 환경적 위협이나 위험에 대해서도 견디어 내는 충성심을 발휘하며, 스포츠 대상에 대한 자부심과 이를 표출하는 경향이 강하다는 특징을 보이는 최상위 단계이다.

# 2. 스포츠관광에 대한 이해

거주지를 떠나 관람 혹은 직접적인 참여의 방식으로 스포츠를 즐기는 활동은 관광 산업의 발전을 촉진시키는 영향력 있는 사회 현상이다(한국관광공사, 2011). 스포츠는 관광 활동의 핵심 콘텐츠를 제공하며, 관광은 다양한 인프라(숙박, 교통, 주변의 문화 관광 자원 등)를 통해 스포츠 활동을 지원하고 촉진시키는 역할을 수행한다. 이처럼 현대사회의 스포츠 소비 활동은 관광 산업의 지원과 밀접한 관계를 형성해 왔다. 어쩌면 우리에게 스포츠관광이라는 융합적 사고는 이미 존재해 왔고 이러한 융합 산업의 출현 또한 예견된 사실이었다.

## 1) 스포츠관광의 개념적 이해

20세기 후반부터 사회학, 스포츠사회학, 스포츠경영학, 관광학 사이에 스포츠와 관광의 밀접한 관계에 대한 논의가 시작되었다(Gibson, 2003). 스포츠와 관광의 관계에 대해 Redmond(1991)는 "스포츠와 관광 사이에 접점이 눈에 띄게 증가하였으며 이러한 트렌드는 다음 세기에서도 지속될 것이다"라고 예견했다. 실제, 1980년대 초부터 유럽의 학자 Glyptis(1982, 1991)와 De Knop(1987, 1990)의 능동적인 스포츠 참여 관광객들을 중심으로 한 스포츠와 관광 참여 행동에 관한 연구를 기점으로, 일본, 북미, 호주, 뉴질랜드에서 이와 관련된 다양한 연구가 수행되었다. 국내에서는 2002년 문화체육관광부, 한국체육학회, 한국스포츠사회학회가 주관한 '스포츠와 관광' 학술 대회를 기점으로 스포츠관광에 대한 논의가 활발하게 진행되기 시작한 것으로 평가된다(최자은, 2014).

오늘날 스포츠관광에 대한 다양한 정의가 존재한다. Hall(1992)은 스포츠관광이란 스포츠 참여를 위한 여행과 스포츠 관람을 위한 여행이라는 2가지 행동으로 특징지을 수 있다고 이야기한다. Hinch와 Higham(2005)은 스포츠관광이란 제한된 시간 동안 집을 떠나 스포츠 활동을 중심으로 한 여행이며, 여기서 스포츠 활동은 신체적 기량과 재미의 특성을 지닌 경쟁으

표 1-3
**스포츠관광의 개념**

| 연구자 | 개념 |
|---|---|
| 이석주 · 김흥태(2004) | 운동 경기에 참여하거나 스포츠관광지를 방문하기 위해 집을 떠나 여행하는 것 |
| 신규리 · 박수정(2009) | 개인이 일시적으로 일상생활권을 벗어나 신체적 스포츠 활동 및 관람을 하거나 도는 레저 중심의 활동하는 것 |
| Deply(1998) | 직접 스포츠에 참여, 관람하거나 모든 경쟁적, 비경쟁적 스포츠관광 대상 활동에 참여하기 위해 집을 떠나는 여행 |
| Gibson(1998) | ① 신체적인 참여를 위한 스포츠 활동을 위해서, ② 스포츠를 관람하기 위해서, 혹은 ③ 스포츠와 관련된 매력물들을 돌아보기 위해서 일시적으로 거주지를 떠나는 "여가 활동 중심의 여행" |
| Hall(1992) | 스포츠관광이란 스포츠 참여를 위한 여행과 스포츠 관람을 위한 여행이라는 2가지 행동으로 특징 지을 수 있음 |
| Pitts(1999) | 스포츠, 여가, 레저에 참가할 목적으로 하는 스포츠 참여 관광과 관람을 목적으로 하는 스포츠 관람 관광의 형태 |
| Weed& Bull(2012) | 활동, 사람, 장소의 상호 작용에 의하여 나타나는 사회적, 경제적, 그리고 문화적 현상 |

자료: Gibson(2003); 한국관광공사(2011); 최자은(2014). 정리 및 재구성.

로 규칙이 있어야 한다고 주장한다. 한편, Weed와 Bull(2012)은 스포츠관광을 스포츠 활동과 여행의 주체, 그리고 장소라는 3가지 객체의 상호 작용에 따른 '사회, 문화, 경제적 현상'이라고 규정함으로써 사회문화적 행동의 관점에서 스포츠관광을 바라본다. 이에 반해, Gibson(2003)은 보다 포괄적이고 체계적 개념을 제시하고 있다. Gibson에 따르면 스포츠관광 현상은 3가지 행동 양식으로 나타날 수 있는데, ① 신체적인 참여를 위한 스포츠 활동을 위해서, ② 스포츠를 관람하기 위해서, 혹은 ③ 스포츠와 관련된 매력물들을 돌아보기 위해서 일시적으로 거주지를 떠나는 "여가 활동 중심의 여행"이라고 개념 짓고 있다.

이상에서처럼 학사마나 스포츠관광에 대한 개념적 이해에 다소 차이가 있다. 하지만 스포츠관광의 수요자와 이들의 활동이 스포츠관광으로 정의

되는 데 있어서 학자들 간에 다음과 같은 3가지 합의점이 존재한다.

첫째, 스포츠관광은 일시적으로 집을 떠난 여행의 형태로 일정 기간이나 시간 후에 집으로 돌아와야 한다는 점이다(Hinch & Higham, 2005).

둘째, 스포츠관광은 여가 목적의 일반인의 스포츠 참여 및 관람과 엘리트 선수의 대회 참여를 포괄한다는 점이다(Standeven & De Knop, 1999; Weed, 2012).

끝으로 스포츠관광은 보편적으로 능동적 혹은 수동적 참여 형태를 띤다는 점이다.

## 2) 스포츠관광의 유형

스포츠관광의 개념에서 살펴보았듯이, 스포츠 참여 및 관람 활동의 상당 부분이 관광 행동과 연계되어 나타난다. 스포츠관광이 어떠한 형태로 나타나고 어떠한 영역으로 구분될 수 있는지에 대해 다양한 견해가 존재한다. Sport Tourism International Council은 스포츠관광의 유형을 스포츠 매력물 관광, 스포츠 리조트 관광, 크루즈 관광, 스포츠 이벤트 관광, 스포츠관광 여행으로 구분하였고, Milne 등(1999)은 스포츠관광을 단순히 참가 스포츠관광과 관람 스포츠관광으로 구분하였다. 국내 학자 중 황양희

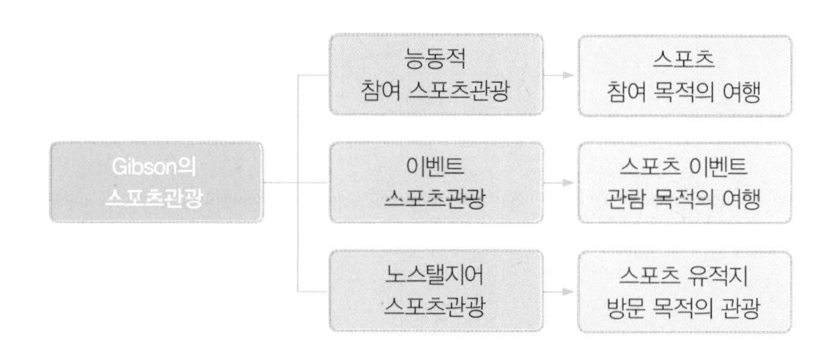


그림 1-2
스포츠관광의 유형

(2006)는 스포츠관광의 유형을 이벤트형, 여가형, 휴양형으로 구분하고 이를 해양과 육상, 산악으로 세분화하기도 하였다. 이처럼 학자마다 스포츠관광의 형태를 다양하게 분류하고 있지만, 스포츠관광의 유형에 대한 대표적인 견해로 Gibson(2003)의 분류를 들 수 있다. Gibson(2003)는 스포츠관광을 능동적 참여 스포츠관광(active sport tourism)과 이벤트 스포츠관광(event sport tourism), 노스탤지어 스포츠관광(nostalgia sport tourism)으로 구분하였다.

### (1) 능동적 참여 스포츠관광

능동적 참여 스포츠관광이란 신체적 참여를 전제로 자신이 선호하는 스포츠 활동을 위해 떠나는 여행을 의미한다(Gibson, 1998, 2003). 선행 연구들은 이러한 능동적 참여 스포츠관광의 신체적, 정신적, 사회관계적 건강과

그림 1-3
**능동적 참여 스포츠관광**

사례연구

### 능동적 참여 스포츠관광 도시

**1 뉴질랜드의 퀸스타운**

세계 도처의 스포츠관광객들이 찾는 어드벤처 스포츠 중심지로 유명한 인구 1만 명의 뉴질랜드 퀸스타운은 연간 130만 명의 관광객을 유치하고 있다. 세계 최고의 번지점프를 비롯해 골프 코스, 워킹 트랙, 급류 타기, 스카이다이빙, 서핑, 썰매 타기, 카약, 제트스키, 행글라이딩, 낚시, 볼링, 사이클 등 16가지의 다채로운 아웃도어 스포츠를 한번에 즐길 수 있다는 매력이 관광객을 사로잡고 있는 것이다. 또한 이곳에는 연간 개최되는 65개의 이벤트 중에서 스포츠 이벤트가 68%를 차지할 정도로 스포츠관광 시장을 타깃으로 한 이벤트 마케팅 활동이 활성화되어 있다는 점도 관광객 유치에 한 몫을 하고 있다.

**2 캐나다의 뉴브런스위크**

면적 71,560km$^2$, 인구 약 76만 명을 보유하고 있는 캐나다의 뉴브런스위크는 풍부한 자연 자원을 활용하여 성공한 사례이다. 이 도시는 인근의 다채로운 자연 지형에 많은 강과 거대한 숲을 활용한 'Day Adventure Program'을 개발하여 아웃도어 스포츠 활동을 중심으로 관광 수요가 매년 20% 이상 성장하고 있다. 이러한 성장 동력은 지역 내의 마케팅 프로그램 센터 설립, 네트워크의 개발, 양질의 인적 자원 훈련 등에 있다. 50여 개의 프로그램 중 최근에는 카약, 사냥, 보트, 산악자전거, 하이킹, 승마, 카누, 스쿠버다이빙 등이 있어 다양한 스포츠관광 상품들로 구성되어 있으며, 참여자별 비용도 15달러에서 200달러까지 다양하다. 이 도시의 스포츠관광 사업 프로그램은 지역 내 관광 인프라 구축과 꾸준한 관광 수요 창출을 통한 경제적인 효과를 거두고 있어 독창적이고 성공적인 사업이라는 평가를 받고 있다.

자료: 한국관광공사(2011). 재구성.

유익함을 보고하고 있다(Tomik, 2013). 문명화로 인한 현대인의 정신적 스트레스와 심혈관 및 호흡기 관련 각종 질병 예방에 있어서 능동적 참여 스포츠관광의 참여 효과는 상당하다. Tomik(2013)은 스포츠 활동 중 접하는 야생의 독특한 동식물과 자연의 아름다움은 문명사회에서 누적된 우울감과 정신적 피로를 풀어주고 예방하는 효과가 있다고 이야기한다. 또 다른 선행 연구들은 아웃도어 스포츠 활동을 통해 접하게 되는 신선한 공기, 태양, 흙, 강과 바다와 같은 자연환경의 생물학적인 자극이 가져다 주는 신체적인 회복 효과를 보고하고 있다(Tomik, 2013). 이러한 측면에서 Toczek-Werner(2005)는 능동적 참여 스포츠관광을 레크리에이션 활동을 매개로 한 자연으로의 복귀와 회복이라고 말한다.

스포츠관광은 니치 마켓으로 성장 잠재력이 매우 높은 분야라고 할 수 있는데, 일반적으로 스포츠관광객의 평균 연령은 40대 초반의 고소득 층으로서 무자녀 가족이 많다. 능동적 참여 스포츠관광 참여자의 경우, 경제적인 여유가 있는 대학 이상의 교육 수준을 지닌 남성으로 일반적인 스포츠관광객의 그것과 흡사하다(Gibson, 1998). 능동적 참여 스포츠관광은 일반적으로 자연환경을 대상으로 한 하이킹, 트래킹, 바이킹, 카누, 승마, 스키 등과 같은 아웃도어 스포츠 활동과 휴가 기간 동안 즐기는 골프, 테니스 등과 같은 적극적인 신체 활동을 수반한 스포츠 활동으로 나타난다(Gibson, 1998; Schreiber, 1976). 북미와 유럽을 중심으로 참여 스포츠관광 인구가 급속하게 증가하고 있으며, 국내에서도 암벽등반, 산악자전거, 스키, 패러글라이딩 등과 같은 아웃도어 산악 스포츠와 다양한 해양 스포츠의 참여 인구가 꾸준히 증가하고 있다. 이러한 참여 인구와 관심의 증가에 따라, 세계 국가와 정부 차원에서 능동적 참여 스포츠관광지 개발을 통한 국내외 관광객 유치에 열을 올리고 있다.

### (2) 이벤트 스포츠관광

이벤트 스포츠관광이란 스포츠를 관람하기 위해서 떠나는 여행이다(Gibson, 2003). 국제 관광 시장의 활성화 측면에서 스포츠 이벤트 개최는 세계 국가와 지역들 사이에서 초미의 관심사가 되고 있다. 올림픽과 월드컵 같은 메가 스포츠 이벤트를 비롯하여 다양한 형태의 스포츠 이벤트는 개최 국가의 경제적 효과는 물론 외국 관광객 유치와 국가 이미지 향상에 큰 성과를 가져올 수 있다는 점에서 대회 유치를 위해 많은 국가들이 치열한 경쟁을 벌이고 있다(한국관광공사, 2011). 이벤트 스포츠관광은 Funk(2008)가 분류한 스포츠 이벤트의 형태에 따라 4가지 유형으로 구분할 수 있다.

첫 번째 유형은 국제 관광 시장을 타깃으로 하는 메가 스포츠 이벤트 관광이다. 대표적인 메가 스포츠 이벤트는 올림픽과 월드컵으로, 이를 관람하거나 직접 대회에 참여하기 위해서 개최지와 개최국으로 떠나는 여행을 메가 스포츠 이벤트 관광의 형태로 분류할 수 있다. 메가 스포츠 이벤트는 참여 규모와 목표 시장의 크기, 공공재의 투입 규모, 정치적 효과, 미디어의 관심과 보도 분량, 시설, 사회·경제적 영향 측면에서 그 크기와 규모가 가장 크다는 특징이 있다. 우리나라의 경우, 1986년 서울 아시안게임 기간 동안 외국 관광객이 전년 대비 13.7% 증가하였고, 1988년 서울 올림픽 기간 동안 일본인과 미국인 위주의 방한 관광객이 다양하게 확산되어 전년 대비 43.8% 관광객의 증가와 37.3% 관광 수입의 증가로 이어져 국제적인 메가 스포츠 이벤트는 관광객의 유치와 관광 산업의 진흥에 큰 효과가 있는 것으로 나타났다(한국관광공사, 2011).

둘째, 특정 지역이나 목적지를 중심으로 한 홀마크 스포츠 이벤트(hallmark sport event) 관광이다. 홀마크 스포츠란 특정 목적지와 지역에서 주기적으로 개최되는 국제적인 스포츠 이벤트로, 런던 국제마라톤대회, 춘천 국제마라톤대회, 투르 드 프랑스 등이 있다. 홀마크 이벤트는 메가 스포츠 이벤트에 비해 참여 규모와 시장의 크기는 작지만, 전 세계적으로 미디어의 관심이 상당히 높고 직간접적인 관광 유발 효과를 지닌다. 이처럼 지역의 명성과 지위를 높여주는 효과와 함께, 관광 수요 창출을 통해 지역경제에 크게 기여하기 때문에 오늘날 많은 도시들이 홀마크 스포츠 이벤트를 개발하려고 시도하고 있다.

셋째, 메이저 이벤트 관광이다. 대회 때마다 개최지가 바뀌는 메이저 이벤트의 특성상, 특정 지역이나 목적지를 중심으로 한 홀마크 이벤트와 차이가 있다. 이러한 형태의 대표적인 이벤트로는 지난 7년간 무려 6차례에 걸쳐 미국 단일 프로그램 시청자 수의 최고 기록을 갈아 치운 NFL의 슈퍼볼이나 유럽피언컵, 럭비 월드컵, 월드 시리즈, 코리안 시리즈 등이 있다. 메이저 이벤트는 미디어 관심과 집중 보도 및 중계, 대규모 관중과 시청자, 이들을 타깃으로 한 글로벌 기업들의 광고 및 스폰서십, 국내 및 외래 관광객 방문 등으로 유발되는 경제 효과가 상당하며, 해당 스포츠와 팀에 대한 충성도가 높은 팬들을 중심으로 한 이벤트 관광이 이루어진다는 특징이 있다.

넷째, 지역 스포츠 이벤트 관광이다. 지역 스포츠 이벤트는 메가 이벤트, 홀마크 이벤트, 메이저 이벤트와 달리 지역 기반의 순회 경기의 형태를 띤다. 이러한 형태의 이벤트 관광은 해당 스포츠에 대한 관여도와 팀 정체성(team identification)•이 높은 팬들을 중심으로 이루어진다. 지역 스포츠 이벤트로는 20개의 클럽이 홈과 원정 지역을 순회하며 시즌 당 380개의 경기를 소화하는 프리미어리그를 비롯하여, 한국프로야구, MLB 등이 있다. 영국 관광청의 자료에 따르면 2010년 영국 프리미어리그를 관람한 관광객 수는 75만 명이며 5억 9500만 파운드를 지출한 것으로 나타났다(City AM, 2011). 한편 축구 경기를 본 사람 중 40%는 경기 관람이 영국을 방문한 주요 이유라고 한다. 영국의 축구 관광은 일반적인 휴가철이 아닌 1~3월에 영국으로 관광객을 유치하고 있는 것으로 조사되었다. 영국 축구 관광의 성공이 영국 관광청이 프리미어리그와 파트너십을 맺고 수행한 공동 마케팅에서 비롯되었다는 점은 국내 스포츠관광 산업의 활성화를 위해 시사하는 바가 크다.

• 팀 정체성이란 특정 팀을 자신을 동일시하려는 경향을 의미한다. 팀 정체성이 강할수록 팀의 성공과 실패를 자신의 일로 간주하는 경향이 강하며, 홈경기뿐만 아니라 원정 경기의 응원과 관람을 위한 이벤트 스포츠관광의 핵심 소비자이다.

스포츠 이벤트는 투어리즘 전략의 중요한 요소이다(Hede, 2005; Hinch & Higham, 2005). 특히 우리가 메가 스포츠 이벤트에 주목하는 이유는 이벤트가 개최 도시와 개최 지역, 개최국에 가져오는 직간접적인 다양한 경제적인 효과와 이벤트를 위해 조성된 스포츠 유산의 관광 자원으로서의 활용성 때문이다. 직접적인 참여와 방문으로 시장이 형성되는 능동적 스포츠관광과 노스탤지어 스포츠관광과는 달리, 특정 기간 동안 특정 지역에서 생

그림 1-4
**이벤트 스포츠관광**

산과 소비가 동시에 일어나는 이벤트 스포츠관광은 개최지와 개최국의 경제에 상당한 영향을 미친다. 이러한 스포츠 이벤트의 효과는 개최국에만 국한되지 않는다. 이벤트 스폰서십와 미디어 스폰서십을 통한 후원 기업의 브랜딩과 그 기업이 속한 국가에 미치는 직간접적인 경제 효과 또한 상당하다. 특히 월드컵, 올림픽과 같은 대규모 스포츠 이벤트가 국제 관광 시장에 미치는 영향 중 상당 부분은 미디어 노출과 이에 따른 관광 매력도의 향상과 관련된다(Green, Lim, Seo, & Sung, 2010). 미디어를 통해 형성된 개최 지역에 대한 긍정적인 이미지와 관심은 향후 다양한 형태의 관광을 위한 목적지로 방문할 가능성을 높여주기 때문이다(Green et al., 2010). 2018년 평창 동계 올림픽을 앞둔 우리에게 긍정적인 미디어 노출에 실패한 2008년 베이징 올림픽의 사례는 좋은 교훈이 된다.

사례연구

## 2008년 베이징 올림픽에 대한 부정적인 미디어 보도와 관광

CNN 보도 자료

BBC 보도 자료

스포츠 메가 이벤트에 대한 미디어 보도는 개최지와 개최국의 이미지에 영향을 미친다. 특히 부정적인 뉴스와 보도는 개최지의 관광 매력도에 부정적인 영향을 미치며, 향후 관광 목적지로서 소비자의 태도와 의사 결정에도 영향을 미친다. 서원재, 임소연, Green, 성용준(2010)은 베이징 올림픽에 대한 부정적인 미디어 보도가 중국과 베이징 이미지에 미치는 영향에 관한 미디어 실험 연구에서 올림픽 전에 전 세계로 송출된 CNN과 BBC 보도를 중심으로, ① 중국에 대한 부정적인 보도(사형수 장기 거래, 티베트 독립운동)와 ② 베이징 올림픽에 대한 부정적인 뉴스 보도(대기 오염과 스타디움 건설과 거주민 철거)가 미국인과 캐나다인 들의 중국과 베이징에 대한 이미지에 미치는 효과를 검증하였다. 연구 결과, 전체적으로 베이징 올림픽 개최일이 다가올수록 중국에 대한 긍정적인 이미지가 형성되었지만, 베이징 올림픽과 중국에 대한 부정적인 보도를 접한 실험 집단의 경우, 중국과 베이징에 대한 부정적인 이미지가 다소 강화되었으며, 향후 관광 의도에 있어서도 통제 집단과 차이를 보였다. 이러한 결과를 통해 볼 때, 스포츠 이벤트 개최 전 쏟아지는 부정적인 미디어 보도에 대한 관리를 통해 이벤트가 목적지의 관광 매력도에 미치는 영향을 극대화할 필요가 있다.

자료: 서원재 외(2010). 재구성.

### (3) 노스탤지어 스포츠관광

노스탤지어란 과거의 추억으로 돌아가고자 하는 열망 혹은 과거를 다시 체험하고자 하는 갈망이다(Holbrook, 1993). 과거에 대한 그리움은 사회학, 심리학, 인류학, 역사학과 같은 순수 사회과학 분야뿐만 아니라 경영학, 마케팅학, 소비행동학에서도 흥미로운 연구 주제가 되고 있다. 이러한 관심의 주된 이유는 소비자의 태도와 서비스 및 상품 선택에 있어서 노스탤지어가 상당 부분 영향을 미치기 때문이다(Fairley, 2003). 특히 스포츠와 관광 분야에서는 더욱 그러하다. 예를 들어, 나이키와 같은 스포츠용품 제조업 분야와 볼티모어 오리올스와 클리브랜드 인디언스와 같은 메이저리그 야구 구단들도 과거 스포츠 스타를 활용한 마케팅 커뮤니케이션 활동을 통해 소비자에게 과거에 대한 추억과 그리움을 어필한다.

Gibson(2003)은 노스탤지어 스포츠관광이란 명예의 전당, 유명한 경기장, 스포츠의 역사를 보여주는 유적지와 같은 스포츠와 관련된 매력물을 방문하는 것이라고 이야기한다. 노스탤지어 스포츠관광의 핵심 요소이자 주요 대상은 사회적으로 스포츠와 관련하여 특별하고 다양한 의미를 담고 있다고 인식되는 매력물이다. 예를 들어, 세계에서 가장 유명한 스포츠 박물관으로는 1993년에 개관한 스위스 로잔 올림픽 박물관이 있다. 개관 후 약 2년 만에 약 37만 명의 관람자가 이곳을 방문하였고, 관광객 중 지역 주민이 4%, 다른 지역의 관광객이 43%, 외국인 관광객이 53%를 차지하여 지역경제 활성화에 기여한 것으로 나타났다(Olympic Magazine Redaction, 1996). 또한 베이브 루스를 비롯한 뉴욕 양키스를 거쳐 간 레전드들의 야구의 흔적과 유물을 전시한 뉴욕 양키스 박물관처럼 스포츠의 역사, 문화, 유산을 보여줄 수 있는 역사적이고 상징적인 장소나 건축물이나 유물들도 노스탤지어 스포츠관광의 자산이다.

스포츠관광 매력물은 기념관이나 박물관 외에도 미국의 메디슨 스퀘어 가든이나 애너하임의 야구 경기장 혹은 일본의 도쿄돔 경기장과 같은 유명한 스포츠 시설이 될 수도 있다. 이곳을 찾는 관광객은 경기 관람을 위한 방문 외에도 역사적인 스포츠 시설에 더 큰 매력을 느낄 수 있기 때문이다. 바로 이러한 이유 때문에 Rein과 Kotler(2006)는 스포츠 시설을 스포츠관광객을 유인하는 중요한 스포츠 브랜드로 인식하고 있다. 이 밖에 지금은 철거되었지만 한국 스포츠의 발전과 역사 유적지로서 한국 프로야구의 시즌 첫 개막전이 열리기도 했던 동대문 야구장, 뉴욕 양키스 스타디움 등도 노스탤지어 스포츠관광 자원이라고 할 수 있다. 즉 노스탤지어 스포츠관광은 스포츠의 문화유산과 관련되어 나타난다.

이상에서 살펴본 바와 같이, Gibson(2003)은 노스탤지어 스포츠관광을 특정 지역과 목적지에 방문하는 다소 수동적인 여행에만 초점을 맞추었다. 하지만 일부 스포츠사회학과 스포츠경영학자 들은 장소와 유적지만이 노스탤지어의 대상이자 목적은 아니다라고 이야기한다. 왜냐하면 과거의 참여와 관람에서 비롯된 특별한 기억과 경험 또한 스포츠 노스탤지어가 될 수 있기 때문이다(Chalip & Green, 2001; Fairley, 2003; Green & Chalip, 1998). 즉 한 개인이 스포츠 참여와 관람을 통해 과거부터 반복해서 축적해 온 스포츠를 둘러싼 긍정적인 사회적, 집단적 경험이 곧 스포츠 노스탤지어가 되며, 이러한 참여와 관람의 향수가 반복적인 스포츠 참여와 관람을 이끈다는 것이다. 산과 바다에서 경험했던 능동적인 스포츠 참여의 경험이나 스포츠 리미널리티의 순간과 기억이 향수가 되어 향후 또 다른 참여나 관람 형태로 나타나는 노스탤지어 스포츠관광을 이끌게 된다는 측면에서 상당한 설득력을 지닌다. Chalip의 관점에 따르면, 결국 참여자의 기억을 매개로 능동적 참여 스포츠관광과 이벤트 스포츠관광의 경험 자체가 노스탤지어 스포츠관광의 대상과 목적이 되어 버린다. 이러한 측면에서 Gibson(2003)이 분류한 능동적, 이벤트, 노스탤지어 스포츠관광은 본질적으로 상호 촉진 효과를 지닌다고 볼 수 있다.

## 토론문제

1. 스포츠의 특성이 지닌 관광적 유인 요소에 대해 논하시오.
2. 스포츠 이벤트 관광의 촉진을 위한 스포츠 리미널리티의 역할과 기능에 대해 논하시오.
3. 스포츠 관여의 심리적 발전 단계(PCM)의 스포츠관광객의 심리적 발전 단계로의 적용 가능성에 대해 논하시오.
4. Gibson(2003)이 제안한 스포츠관광의 3가지 유형 이외에 새롭게 등장하고 있는 스포츠관광의 형태에 대해 논하시오.
5. 스포츠 이벤트에 대한 미디어 보도가 개최국과 개최지의 관광 산업에 미치는 영향에 대해 논하시오.

## 참고문헌


강준호(2005). 스포츠산업의개념과분류. 체육과학연구, 제16권, 제3호, 118-130.

김귀봉, 위성식(1999). 고등학교 체육. 형설출판사.

김도균(2011). 스포츠마케팅. 도서출판 오래.

김홍식(2002). 스포츠철학시론. 무지개사.

문화체육관광부(2008). 관광레저도시 활성화를 위한 스포츠관광 콘텐츠 도입 방안 연구.

신규리, 박수정(2009). 스포츠관광 콘텐츠 개발에 관한 연구. 한국사회체육학회지, 35(1), 471-478.

신현규(2008). 체육의 정의를 찾아서. 한국체육철학회지, 16(1), 79-98.

신현규(2011). 스포츠의 정의를 찾아서. 한국체육철학회지, 19(1), 107-120.

이석주, 김홍태(2004). 대중관광시대의 스포츠관광 진흥에 관한 연구. 한국체육과학회지, 13(2), 425-439.

임번장(2003). 스포츠사회학개론. 동화출판사.

최자은(2014). 항공레저스포츠 관광정책 방향. 한국문화관광연구원.

하남길(2004). 움직임 예술과학의 이해. 대한미디어.

한국관광공사(2011). 스포츠 관광 마케팅 활성화 연구.

한태룡, 박보현, 한승백, 탁민혁(2013). 스포츠사회학. 레인보우북스.

황양희(2006). 강원 영동 지역의 레저 · 스포츠 프로그램 네트워크를 통한 관광상품. 한국스포츠리서치, 17(5), 13-26.

Chalip, L., & Green, B.C.(2001, June). Leveraging large sports events for tourism:Lessons learned from the Sydney Olympics. Supplemental proceedings of the Travel and Tourism Research Association 32nd Annual Conference. Boise, ID: TTRA.

Coakley, J.(1998). Sports in society: Issues and controversies(3rd ed). St Louis: Time Mirror/

Nosby College Publishing.

De Knop, P.(1987). Some thoughts on the influence of sport tourism. In Proceedings of The International Seminar and Workshop on Outdoor Education, Recreation and Sport Tourism(38–45). Netanya, Isreal: Wingate Institute for Physical Education and Sport.

De Knop, P.(1990). Sport for all and active tourism. World Leisure and Recreation, 32, 30–36.

Deply, L.(1998). An overview of sport tourism: building towards a dimensional framework. Journal of Vacation marketing, 4, 23–38.

Fairley, S.(2003). In search of relived social experience: Group–based nostalgia sport tourism. Journal of Sport Management, 17(3), 284–304.

Funk, D.(2008). Consumer behaviour in sport and events. Queeensland: Butterworth–Heinemann.

Gibson, H.(1998). Sport tourism: A critical analysis of research. Sport Management Review, 1, 45–76.

Gibson, H. J.(2003). Sport tourism: An introduction to the special issue. Journal of Sport Management, 17(3), 205–213.

Glyptis, S.(1982). Sport and tourism in Western Europe. London, UK: British Travel Educational Trust.

Glyptis, S.(1991). Sport and tourism. In C. Cooper(Ed.), Progress in tourism, recreation and hospitality management(Vol. 3, pp. 165–183). London: Belhaven Press.

Green, B., & Chalip, L.(1998). Sport and tourism in Western Europe. London, UK: British Travel Educational Trust.

Green, B. C., Lim, S. Y., Seo, W. J., & Sung, Y.(2010). Effects of cultural exposure through pre–event media. Journal of Sport & Tourism, 15(1), 89–102.

Hall, C. M.(1992). Adventure, sport and season: The challenges and potential of overcoming seasonality in the sport and tourism sectors. Tourism Management, 23(2).

Hede, A. M.(2005). Sports–events, tourism and destination marketing strategies: an Australian case study of Athens 2004 and its media telecast. Journal of sport tourism, 10(03), 187–200.

Hinch, T., &Higham, J.(2005). Sport, tourism and authenticity. European Sport Management Quarterly, 5(3), 243–256.

Holbrook, M.B.(1993). Nostalgia and consumption preferences: Some emerging patterns of consumer tastes. Journal of Consumer Research, 20, 245-256.

Huizinga, Johan(1955). Homo ludens; a study of the play-element in culture. Boston: Beacon Press.

Lee, Y. H., Fort, R.(2008). Attendance and the Uncertainty-of-Outcome Hypothesis in Baseball. Review of Industrial Organization, 33(4), 281-295.

Loy, J. W.(1968). The nature of sport: A definitional effort. Quest, 10, 1-15.

Loy, J. W., Mcpherson, B. D. & Kenyon, G.(1978). Sport and Social systems. London/ Amsterdam: Addison-Wesley Publishing Company.

Milne, G. & McDonald, M.(1999). *Sport Marketing: managing the Exchange Process*. Sudbury, MA: Jones and Bartlett Publishers.

Pitts, B. G.(1999). Sports tourism and niche markets: Identification and analysis of the growing lesbian and gay sports tourism industry. Journal of Vacation Marketing, 5(1), 31-50.

Rein, I., Kotler, P., & Shields, B. R.(2006). The elusive fan: Reinventing sports in a crowded marketplace. McGraw Hill Professional.

Schreiber, R.(1976). Sport interest, A travel definition. The Travel Research Association 7th Annual Conference Proceedings, 86-7, Boca Raton, Florida, 20-23 June.

Slusher, H. S.(1967). Men, sport and existence: A critical analysis. Philadelphia, Lea & Febiger.

Snyder, E. E. & Spreitzer, E. A.(1989). Social aspects of sport, Englewood Cliffs, NJ: Prentice-Hall.

Standeven, J., & De Knop, P.(1999). Sport tourism. Champaign, IL: Human Kinetics.

Suits, B.(1995). The elements of sport. In W. Morgan K. Meier(2nd ed.), Philosophic Inquiry in Sport. Champaign, IL: Human Kinetics.

Toczek-Werner S.(2005). Podstawy rekreacji i turystyki. AWF, Wrocław.

Tomik, R.(2013). Active sport tourism: A survey of students of tourism and recreation. *Journal of Tourism, Recreation & Sport Management*, 1, 13-20.

Turner, V., Harris, J. C., &Park, R. J.(1983). Liminal to liminoid, in play, flow, and ritual: an essay in comparative symbology. Play, games and sports in cultural contexts., 123-164.

Vander Zwaag, H. J.(1988). Policy development in sport management, Indianapolis, IN: Benchmark Press.

Veal, A. J.(1997). Research methods for Leisure and tourism: A practical Guide. London: Pitnan.

Weed, M., &Bull, C.(2012). Sports tourism 2e: Participants, policy and providers. Routledge.

CHAPTER

# 02

# 스포츠 관광의 역사

1 고대에서 전근대 시대의 스포츠관광 | 2 19세기부터 근대 올림픽

3 20세기 이후의 스포츠관광 | 4 현대 스포츠관광의 발달 배경

5 스포츠관광의 미래

SPORT TOURISM MANAGEMENT

CHAPTER 2

# 스포츠관광의 역사

스포츠와 관광은 엄연히 다른 분야이지만 스포츠가 여행과 관광의 동기부여 역할을 하는 중요한 요인임이 드러나면서 스포츠와 관광을 연계한 다양한 상품 및 사업들이 생겨나기 시작했고 스포츠관광이라는 용어도 탄생하게 되었다. 그러나 용어 탄생 훨씬 이전의 시점부터 스포츠관광의 역사는 이어져 왔다고 할 수 있다.

# 1. 고대에서 전근대 시대의 스포츠관광

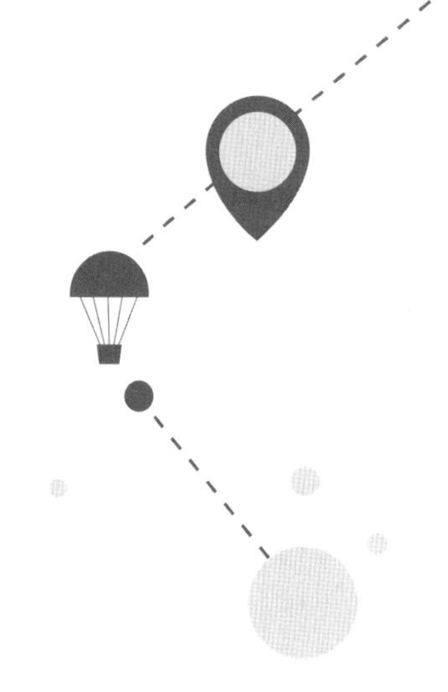

## 1) 스포츠관광의 시초, 고대 그리스

스포츠관광의 역사는 고대 그리스까지 거슬러 올라간다. 유럽에서 관광 현상이 본격적으로 나타나게 된 것이 바로 이 그리스 시대라고 할 수 있다. 당시의 관광은 주로 종교, 체육, 요양 등의 요인에 의해서 이루어졌다. 그리스인들은 도시 국가(city states)라는 공동 사회를 형성하여 살았는데, 140개 이상의 도시 국가가 존재했다. 그리스에서는 다양한 축제들이 열렸고 대부분의 축제에는 신을 숭배하기 위한 스포츠 경기가 포함되어 있었다. 축제들과 올림픽 게임(Olympic Games), 피시안 게임(Phythian Games), 이스트미안 게임(Isthmian Games) 등의 스포츠 이벤트는 사람들의 큰 관심을 끌어 그리스 지역 내의 거주자의 이동뿐 아니라 타 지역에서도 스포츠 이벤트에 참가하거나 관람하기 위해 사람들이 모여들었다. 이로부터 스포츠 및 이벤트 관람을 목적으로 하는 이동의 형태인 스포츠관광의 모습을 찾아볼 수 있다.

원래 이 시대의 여행은 주로 무역이나 전쟁을 통해서 이루어지는 것이 일반적이었으나 스포츠가 다른 목적으로 사람들의 이동을 이끄는 일반 관광의 촉매제 역할을 하게 된 것이다. 열악한 도로 환경으로 인하여 초반에는 타 지역으로의 여행에 제약이 많았지만 참가자뿐만 아니라 일반 관광객의 숫자도 점점 늘어나 수십만 명에 달하게 되었고 이벤트 개최 지역에서 머무는 시간도 점점 늘어났다. 이렇게 늘어난 관광객들의 수요와 편의를 위해 자연스럽게 운송 수단, 숙박 시설, 오락 시설 등과 같이 관광과 관련한 환대 시설이 갖추어지기 시작했고 이는 스포츠관광의 성장과 발전에 큰 역할을 했다.

## 2) 스포츠 활동의 천국, 로마 제국

이후 기원전 8세기경에 로마 제국이 세워졌다. 흥분을 좋아하며 다소 무분별한 오락을 즐겼던 로마인들의 여가 패턴으로 인해 로마 전역에서 스포츠 관련 다양한 오락 활동들이 생겨나고 전파되기 시작했다. 특히, 로마 시대는 휴일이 많았는데 당시에는 검투사 결투와 같이 격렬한 싸움들이 합법적이었고 사람들에게 인기가 많았기 때문에 하루의 시작부터 끝까지 온종일이 전투 프로그램으로 채워진 날들도 있을 정도였다. 그리스 시대의 스포츠관광이 종교 행사로부터 발전하여 도시 국가의 응집성을 높였다면 로마 시대의 스포츠관광은 도시 주민들에게 오락을 제공하는 역할을 했다고 볼 수 있다.

이외에도 이륜마차 달리기, 레슬링, 복싱, 뱃놀이, 승마, 공놀이, 사냥, 볼링 등을 즐겨 했고 스포츠 활동의 인기가 점점 커지면서 타 지역에서의 관광객들도 많이 늘어났다. 로마 시대에는 교통수단이나 숙박 시설의 발달뿐

그림 2-1
**로마 제국의 검투사 결투**

자료: 장 레옹 제롬, 'pollice verso(내려진 엄지)', 위키백과.

만 아니라 화폐 경제가 발달하여 관광객들의 이동이 편리해지고 이동 공간의 확대와 여행 기간의 연장이 가능하게 되어 스포츠관광 참여가 활발해지게 되었다.

### 3) 관광의 암흑기, 중세 유럽

로마 제국 멸망 이후 중세 유럽의 관광은 암흑의 시대를 맞게 되었다. 세속적인 향락에 대한 절제를 강조하던 엄격한 종교 철학의 영향으로 인해 경제 활동은 쇠퇴하고 비생산적이라고 여겨진 여행 및 여가 활동은 위축되었다. 그러나 이러한 상황 속에서도 스포츠와 관련된 여가 활동 및 관광의 형태는 지속적으로 유지가 되었다.

유럽의 많은 나라들이 정치적으로 불안정했던 1095~1300년경에는 사회적인 신분이나 지위에 따라서 스포츠 활동이 달라지는 경향을 보였다. 소작농들은 축구를 즐겨했고, 일반 시민들은 석궁 시합에 참가했으며, 기사나 대지주 계급은 마상 시합에 자주 참가했다. 특히 이 마상 시합은 화려한 볼거리들을 제공한 덕분에 많은 관람객들을 끌어 모을 수 있었고 영국과 프랑스의 여러 지역들에서 온 기사들이 함께 여행하며 이 시합에 참가했다. 같은 시기에 이탈리아에서는 경마 대회가, 프랑스에서는 테니스 경기가 인기를 끌며 관람객들의 이동을 이끌었다.

### 4) 인간 중심 가치관, 르네상스 시대

르네상스 시대에는 중세 시대의 침체에서 벗어나 인간 중심의 가치관이 확산되고 많은 사람에게 더 많은 자유를 부여하자는 자유사상이 생겨났다. 이러한 가치관의 변화로 인해 개인 및 주변 사람들과의 여가 활동이 급격히 증대되었다. 이 시대에는 활쏘기, 사냥, 경마 대회, 매사냥, 도보 경주, 보트 경주, 테니스, 권투 등이 인기를 끌었으며, 스포츠 활동의 즉흥성이 감소되고 단순한 관람을 위한 이동보다는 직접 스포츠 활동 참여를 목적으로 하는 여행이 증가하게 되었다. 이 시기부터 관람형 스포츠관광이 아닌 오늘날 주로 이루어지는 체험형 스포츠관광의 형태가 발전하게 되었다고 볼 수 있다. 이에 따라 이전 시기에 비해 스포츠 활동을 조직적으로 준비하는 것이 필요하게 되었고 스포츠가 이루어지는 장소나 시설에도 이러한 수요를 받아들이기 위한 변화가 생기게 되었다.

### 5) 18세기의 서유럽

18세기의 서유럽은 종교와 이데올로기로 인한 혼란과 갈등이 끊이지 않았던 시기임에도 불구하고 스포츠관광은 번창한 시기로 볼 수 있다. 비록 18

그림 2-2
스페인 투우 경기 전경

자료: 프랑스 국립 박물관 연합(RMN).

세기 말에 잠시 사라지긴 했지만 이탈리아 베니스에서 열린 가면 축제에는 유럽과 아시아에서 총 3만 명 이상의 관광객들이 몰려들었고, 스페인에서 종교 의식으로 거행되었던 투우는 오늘날 스페인을 대표하는 문화의 상징이 되었다.

스포츠관광의 발전은 유럽뿐 아니라 그 이외의 지역에서도 이루어졌다. 미국 남부 지방에서는 크리켓이 인기를 끌며 발전하기 시작했고, 경마 대회가 열리기 시작했다. 캐나다에서는 물소 떼를 우리에 가두는 서부 원주민들의 스포츠를 보기 위해 대규모 여행객들이 몰려들기도 했다.

## 2. 19세기부터 근대 올림픽

19세기는 스포츠 활동이 점점 전문화·직업화된 시기이다. 그러나 동시에 일반 대중들 사이에서의 스포츠의 인기도 점점 커졌으며 프랑스나 영국의 경우에는 스포츠관광 참여에 소극적이었던 여성들도 스포츠 선수로 활동하기도 하고 노동자 계층에서도 권투나 레슬링 등의 스포츠를 즐기는 여성들이 생겨나 다양한 층에서의 스포츠관광 참여가 나타났다. 미국의 중산층 계급에서는 운동 클럽이 일반화되었고 여성들은 운동 클럽에서 자신들을 받아주지 않는 경우 리조트나 컨트리클럽에서 개인 및 그룹 차원의 여가 활동을 즐기기 시작했다. 영국에서는 경마가 큰 인기를 끌었는데, 대부분의 사람들이 최소 1년에 한 번씩은 경마장을 찾을 정도로 스포츠 참여 및 관람을 위한 스포츠관광이 대중화되었던 시기라고 볼 수 있다.

## 1) 스포츠관광의 꽃, 올림픽

스포츠와 관광 간의 밀접한 상호관계를 가장 잘 표현할 수 있는 예는 바로 올림픽이라고 할 수 있다. 올림픽만큼 전 세계 사람들의 이목을 집중시키는 문화 현상은 찾아보기 힘들다. 올림픽은 경기에 직접 참가하는 선수들과 경기를 관람하는 관람객들뿐만 아니라 체육 관련 인사, 방송 관련 인사 등이 대규모로 참가하는 지상 최대의 스포츠 행사라고 할 수 있다.

올림픽은 본래 고대 그리스인들이 제우스에게 바치는 제전 경기(祭典競技)의 하나로 행해지던 것이었다. 각 도시 국가의 시민들은 4년에 한 번씩 열리는 올림픽를 위해 올림피아로 몰려들어 신전에 참배하며 제례를 지냈다. 그러나 이러한 고대 올림픽은 그리스 도시 국가들의 패권 다툼으로 인한 국가주의적인 경향이 짙어지면서 전문적 선수 양성과 승리를 추구하게 되어 올림픽 정신을 잃어갔다. 또한 그리스가 로마의 지배를 받으면서 고대 올림픽은 더욱 몰락하기 시작했고, 로마 제국의 국교가 기독교로 정해지면

그림 2-3
1896년 아테네 올림픽

자료: 파나티네코 경기장에서 열린 개회식. 위키백과.

서 올림픽은 이교도들의 종교 행사로 규정되어 서기 393년에 열린 제293회 경기를 마지막으로 하여 결국 막을 내리고 말았다.

이후 약 1,500년간 중단되었던 올림픽은 1894년 6월 23일 파리의 소르본 대학에서 열린 국제 스포츠 대회에서 유럽 각국의 대표들로부터 만장일치로 찬성을 얻어 다시 시작되었다. 최초의 근대 올림픽은 1896년 그리스 아테네에서 개최되었으며, 총 13개국 311명의 선수들이 참가한 작은 규모로 출발했다.

이후 올림픽은 1900년 프랑스 파리, 1904년 미국 세인트루이스에서 개최되었으며, 1908년 영국 런던 올림픽에서는 종래에 개인 자격으로 참가하던 것이 국가를 대표하여 참가하는 것으로 바뀌었다. 올림픽은 횟수를 거듭하면서 더 많은 사람들이 참가하게 되었고, 1924년에는 프랑스 샤모니에서 제1회 동계 올림픽이 개최되면서 스포츠관광 사업에 더욱 활력을 불어넣는 역할을 했다.

## 3. 20세기 이후의 스포츠관광

1890년대 말까지 도시의 전차나 철도 회사들이 야구 팀과 연계하여 도심에서 야구장까지 특별 운송 서비스를 제공하는 경우가 있기는 했으나, 스포츠관광이 본격적으로 사업화되기 시작한 것은 1982년 뉴잉글랜드 철도 회사에 의해서였다. 이 회사는 하버드 대학와 예일 대학의 조정 팀을 경기장까지 수송하는 기차 편을 제공하면서 이 대회를 홍보했고, 이것을 계기로 경기를 관람하기 위해 경기장으로 가는 수천 명의 팬들에게 기차표를 판매하게 되었다.

그림 2-4
스위스 로잔에 있는 올림픽 박물관

자료: CC BY-SA 1.0, 위키백과.

20세기에는 스포츠관광 매력물(스포츠 박물관, 스포츠 갤러리, 스포츠 전시관, 스포츠 명예의 전당 등)의 건립이 유행하기 시작하여 스포츠관광객을 유입하는 데 크게 기여했다. 스포츠의 발상국인 영국에는 첼시, 리버풀, 볼튼, 맨체스터 유나이티드와 같은 전통 있는 축구 팀들의 박물관이나 프레스턴의 국립 풋볼 박물관, 윔블던 론 테니스 박물관, 뉴 마켓 경마 박물관 등이 있어 유럽 스포츠관광객들을 유치하고 있으며, 스위스 로잔에는 세계에서 가장 유명한 스포츠 박물관인 올림픽 박물관이 있어 매우 큰 관광 수익을 올리고 있다. 스포츠관광 매력물은 기념관이나 박물관 이외에도 미국의 매디슨 스퀘어 가든이나 애너하임의 야구 경기장, 일본의 도쿄돔 경기장과 같은 유명 스포츠 시설도 포함되는데, 이러한 장소들은 경기 관람을 위해서가 아니라 역사적 스포츠 시설 자체에 대한 매력을 느끼고 방문하는 관광객들을 창출해 냈다.

또한 스포츠관광 크루즈가 시작되었다. 본래 크루즈(cruise)는 배를 타고 순회하는 것을 의미하지만, 스포츠관광 크루즈는 그와 비슷한 의미로 일정

기간 동안 여러 장소를 이동해 가며 스포츠 활동이나 경기를 즐기는 것을 뜻한다. 1988년 호주의 여자 크리켓 경기에 참가한 선수들은 퍼스, 시드니, 캔버라, 멜버른에 이르는 광범위한 지역을 이동하면서 경기를 했으며, 이 대회가 개최된 이후에 등록 선수가 3,000명이나 증가하는 결과를 얻었다. 100년의 역사를 가진 프랑스의 축제 '투르 드 프랑스'는 알프스 산맥을 넘어 프랑스 전역을 순회하는 축제로 세계 각지로부터 수많은 관광객들을 끌어 모은다. 크루즈 선박들은 수영, 스노클링, 스쿠버다이빙, 낚시, 제트스키, 윈드서핑 등 해양 스포츠의 즐거움을 제공하기 위한 플랫폼과 해양 스포츠 장비들을 갖추고 있으며 수영장, 테니스 코트, 농구장, 헬스클럽 등의 스포츠 시설도 갖추고 있다.

스포츠 리조트도 증가하기 시작했다. 스포츠 리조트는 스포츠 시설, 레크리에이션 시설, 숙박 시설 등을 동시에 제공하는 종합 휴양지로 개발되었으며, 스키 리프트가 발달하면서 겨울 리조트가 나타나기 시작해 점점 자연스럽게 겨울 스포츠 영역으로 흡수되었다. 스키는 제2차 세계대전 이후에 전쟁터에서 돌아온 군인들을 위한 레크리에이션으로 도입되면서 발전하기 시작하였고, 1960년경에는 스키 붐이 형성되었다. 스키는 미국이나 유럽뿐만 아니라 아시아 지역에서도 많은 발전을 이루었으며 현재까지도 해마다 수많은 사람들이 스키를 타기 위해 해외로 나가고 있다. 대규모 스키 리조트 계열사들은 관광객 감소를 막고 지속적인 사업 성공을 위해 스키 슬로프 이외에도 아이스스케이팅, 썰매, 스노모빌, 튜빙 등의 활동을 제공하기도 한다.

최근에는 웰니스(wellness)의 개념이 강조되면서 건강 관광, 체험 관광이 인기를 끌어감에 따라 세계적으로 온천 리조트가 유행하고 있으며, 골프 리조트의 인기도 급부상하고 있다. 특히 골프 리조트 및 골프장은 골프의 대중성이 급격히 증가하고 이에 따라 외국인 방문객이 늘면서 국제적 관광지로서 자리매김하게 되는 경우도 있다. 골프의 기원은 비교적 불명확하지만 20세기 동안 세계적으로 비슷한 패턴을 거쳐 성장해 왔으며, 골프가 이렇게 전 세계인들의 인기 스포츠로 발전한 데에는 대중 매체, 특히 골프 챔피언의 TV 방송의 힘이 컸다고 할 수 있다. 방송을 통해 골프 경기가 전해지면서 골프에 대한 관심이 폭발적으로 증가하였고, 관광 상품 개발 수단으로 골프를 이용하는 곳이 많아지게 되었다. 이러한 골프 관광은 비교적 경제적으로 여유로운 사람들을 대상으로 하기 때문에 체류 시간도 길고 지출 규모도 커서 높은 경제 수익을 올릴 수 있고, 이는 다시 관광지나 관광 상품의 질적 향상에 기여하여 골프 관광은 빠르게 발전하였다.

## 4. 현대 스포츠관광의 발달 배경

### 1) 사회 · 경제적 배경

18세기 후반부터 시작된 산업 혁명은 근대사 전반에 걸쳐 큰 변화를 불러일으켰다. 생산 방식이 기계로 전환되어 노동 생산성이 급격히 향상되었고, 도시화, 중산층의 빠른 성장, 교통수단의 발달 등이 이루어졌으며, 교육 수준이 향상되고 여가와 레크리에이션에 대한 수요가 증가했다. 고대 그리스나 로마 시절에는 교육 수준이 높은 부자들만이 여행을 할 수가 있었고, 따라서 스포츠 축제나 올림픽 등과 같은 행사와 관련한 여행 역시 일반인들에게는 제한적이었지만 산업화를 거치면서 일반인들의 여행이 훨씬 편리해지게 되었다.

19세기에는 경제력을 갖춘 신흥 자본가의 등장과 관광객들의 증가 및 기호 변화 등으로 인해 호텔이 등장하게 되었다. 호텔 등장 이전에는 여관(inn)과 같은 시설이 보편적인 숙박 시설이었으나, 호화로운 호텔이 등장하면서 근대적 숙박업이 시작되었다. 1807년, 최초의 근대적 호텔인 독일의 바디쉐 호프(Badische Hof)를 시작으로 하여, 1850년 파리의 그랜드(Le Grand) 호텔, 1874년 베를린 카이저(Kaiser) 호프 호텔, 1876년 프랑크푸르트 호프(Frankfurt Hof), 1880년 파리의 리츠(Ritz) 등 유럽 각지에 호텔이 생겨났다. 19세기 말에는 정기 휴가 제도가 도입되고 소득 수준이 향상되어 일반 근로자들도 일상생활에서 일탈하려는 욕구가 강해졌다. 처음에는 일부 특권층만이 즐길 수 있었던 온천이나 해변 휴양지들이 보편화되어 일반 대중들에게도 인기를 끌었다.

현대에 들어 개인의 근로 시간 감소와 유급 휴가제의 실시, 이에 따른 여가 시간의 증대는 여행 수요를 늘려 여행을 대중화시킨 결정적인 요인이다. 또한 의학 기술의 발달과 사회 복지 대중화 등으로 인해 건강에 대한 관심과 스포츠관광에 대한 노인 수요도 증가했다. 이제는 거의 모든 연령대의 사람들이 스포츠관광에 참여하게 된 것이다.

이 밖에도 신생 스포츠나 스포츠 관련 상품들의 지속적인 발전이 스포츠관광의 성장을 가속화시켰다고 할 수 있다.

## 2) 기술적 배경

관광의 발전에 있어서 교통의 발달은 빼놓을 수 없는 중요한 요인이다. 1814년 영국의 스티븐슨이 증기 기관차를 발명한 후, 1825년에는 세계 최초의 철도인 스톡턴-달링턴 철도가 개설됨에 따라 증기 기관차가 실용화되고 철도망이 정비되면서 관광객의 이동을 편리하게 했다. 또한 증기선이 실용화되고 1840년에는 사바나호가 대서양 횡단에 성공하는 등 해상 교통수단도 발전해 국제 관광을 촉진하는 역할을 했다. 도로망이 개설되고 1920년대에 들어서는 자동차의 대량 생산 체제가 갖추어져서 사람들의 이동이 급증했고 관광 발전에 지대한 영향을 끼쳤다. 제2차 세계대전 이후에는 항공기의 대량화·고속화가 이루어져 많은 사람들이 빠른 시간 내에 이동하는 것이 가능해짐으로써 해외로의 여행이 증가하게 되었다. 이는 특정 스포츠를 즐길 수 없는 지리적 조건이나 장소 및 시설의 제약이 있는 국가의 사람들, 본고장에서 스포츠를 즐기고자 하는 관광객들이 해외로 나가 해당 스포츠를 즐길 수 있게 함으로써 스포츠관광의 국제화에 큰 영향을 미쳤다.

교통수단과 교통 시설은 꾸준히 발전하여 현대사회는 '무국경 시대(borderless age)', '지구촌 시대'라는 말까지 탄생하게 되었다. 관광 목적지까지의 이동 시간은 크게 단축되었고, 단축된 시간만큼 관광지에서 더 오래 체류하며 활동할 수 있기 때문에 관광의 질 또한 높아지게 되었다.

### 3) 미디어 커뮤니케이션의 발달과 스포츠관광의 활성화

현대사회는 정보 수단의 발달을 통해 대량의 정보를 주고받는 것이 가능해졌다. 또한 인터넷이 발전하고 대중화되면서 일방적으로 정보를 전달해 주던 신문, 라디오, TV, 광고, 잡지 등이 쌍방향 커뮤니케이션 매체로 대체되어 개인이 필요로 하는 정보만을 효과적으로 선별하여 얻는 것이 더욱 편리해졌다. 이러한 오늘날의 미디어는 전 세계 사람들이 스포츠와 관광이 제공하는 건강과 레저 효과에 관심을 갖도록 하는 데 큰 역할을 하고 있으며, 스포츠관광을 즐기려는 사람들에게 서로 다른 언어나 문화, 지리적 장소 등으로부터 오는 어려움들을 극복할 수 있도록 했다.

특히 인터넷의 발달은 스포츠관광의 활성화에 중요한 역할을 하고 있다. 인터넷을 통한 동호회 모임이 급증하면서 스포츠 관련 동호회도 확대되고 있으며, 스포츠 활동은 더 이상 개인적 취미가 아닌 동질감과 공감대를 바탕으로 하여 이루어지는 형태로 전환되고 있다. 또한 단순히 친목 도모를 위해 행해지던 동호회 회원 모임은 이해관계를 가진 집단으로 발전하여 신소비를 이끄는 주요 계층으로 떠오르고 있다.

### 4) 현대인들의 라이프 스타일과 가치관의 변화

고도 산업사회를 살아가고 있는 오늘날의 현대인들은 높은 스트레스, 잦은 음주와 흡연, 운동 부족, 서구화된 식습관 등으로 인해서 여러 가지 질병에 시달리고 있으며 이는 현대의 큰 사회적 문제가 아닐 수 없다. 또한 물질적인 부를 강요하는 사회 구조로 인해 사람들은 삶의 여유와 안정을 찾지 못하고 매일 치열한 경쟁 속에서 살아가고 있다. 이러한 현대 산업사회의 병폐 속에서 육체적·정신적 건강을 통해 양질의 삶을 누리고자 하는 사람들의 욕구가 커지기 시작함에 따라 웰빙(well-being) 문화가 확산되었으며, 건강한 신체를 가꾸고 건전한 여가 시간을 보내기 위한 수단으로 다양한 스포츠 활동을 즐기게 되었다. 또한 21세기 인간에게 요구되는 중요한 가치 중 하나인 자아실현과 가치관 표현의 수단으로 관광을 이용하게 되면서 관광 활동에 많은 관심, 시간과 비용을 투자하게 되는데, 이러한 상황이 스포츠의 인기와 맞물리며 스포츠관광이 더욱 발전하게 되었다.

초기의 관광은 단순히 일상에서 지친 심신을 달래고 휴식을 취하고자

**현대 스포츠관광의 발달 배경**

**사회·경제적 배경**
- 도시화, 중산층의 증가, 교통수단의 발달
- 호텔의 등장
- 근로 시간 감소, 유급 휴가제의 실시, 여가 시간 증대
- 신생 스포츠, 스포츠 관련 상품들의 발전

**기술적 배경**
- 교통의 발달
- 자동차의 대량 생산
- 항공기의 대량화·고속화

**미디어 커뮤니케이션의 빌달**
- 스포츠관광객들의 언어, 문화, 장소적 한계 극복
- 인터넷을 통한 스포츠 동호회 활성화

**라이프 스타일과 가치관의 변화**
- 웰빙 문화
- 건강에 대한 사회적 관심 증가

그림 2-5
현대 스포츠관광의 발달 배경

하는 데에서 시작되었으며, 이는 여전히 관광객들이 관광을 즐기는 가장 기본적인 목적이자 관광의 중요한 역할임에 틀림없다. 하지만 시간이 지날수록 사람들은 관광을 통해 더 다양하고 새로운 경험을 하는 것을 원하게 되었고 건강에 대한 사회적 관심이 높아지면서 신체 건강을 위한 활동들을 포함하는 관광 상품 개발의 필요성이 제기되어 관광과 스포츠를 연계한 사업들이 늘어나게 되었다.

# 5. 스포츠관광의 미래

## 1) 스포츠관광의 동향

### (1) 국내 동향

우리나라의 경우, 1986년 서울 아시안게임 기간 동안 외국인 관광객이 전년 대비 13.7% 증가했고, 1988년 서울 올림픽 기간 동안에는 방한 관광객의 주를 이루던 일본인과 미국인 이외에 타 지역으로부터의 관광객도 크게 증가했다. 관광객의 증가는 관광 수입의 증가로 이어졌으며, 경제뿐만 아니라 정치, 문화 등 사회 전반에 걸쳐 시너지 효과를 창출하기 때문에 이후에도 꾸준히 스포츠 이벤트들을 유치해 오고 있다.

학계에서도 스포츠관광에 주목하고 있다. 1990년 후반에 몇몇 스포츠 학자들에 의해 '스포츠와 관광'의 연계에 대한 당위성을 규명하기 위한 연구가 발표되었으며, 2002년 5월에는 문화체육관광부의 수최로 국제 스포츠관광 세미나가 처음으로 개최되었고, 한국체육학회와 한국스포츠사회학회에서도 스포츠와 관광을 주제로 학술 대회를 가짐에 따라 스포츠관광 연구

자료: 2018년 평창 동계 올림픽 조직위원회.

그림 2-6
**평창 동계 올림픽 경기장 조감도**

의 붐이 조성되었다. 최근에도 스포츠사회학과 스포츠경영학 분야를 중심으로 지역 발전 전략으로서의 스포츠관광 활성화 방안에 대한 정책 연구들이 이루어지고 있다.

또한 국내 지방 정부들은 지역 관광 산업 육성을 위한 대안으로 스포츠관광 정책을 추진하고 있다. 제주도의 경우 2013년에 130여만 명의 스포츠관광객을 유치하는 데 성공했으며, 이에 따른 지역경제 파급 효과는 7천230억 원으로 나타났다. 또한 전라남도는 2013년 7월부터 9월까지 하계 전지훈련을 적극 유치하여 5만 3,000여 명이 방문, 256억 원의 경제적 파급 효과를 거둔 것으로 나타났다. 2013년 12월부터 2014년 1월까지 2개월간은 4만 6,051명이 전지훈련을 위해 전라남도를 찾았으며, 이에 따른 경제적 파급 효과는 347억 원으로 나타나 겨울철 지역경제에 도움이 되고 있는 것으로 나타났다.

국내에서 스포츠관광 정책을 가장 적극적으로 추진하는 지역은 강원도라고 할 수 있다. 강원도는 각종 스포츠 이벤트를 유치하거나 스포츠관광

환경을 조성하는 데 있어 매우 적극적인 태도를 보이고 있으며, 관광객 유치에서도 큰 성과를 거둔 바 있다. 우리나라 동계 스포츠 인프라의 대부분이 강원도에 위치해 있을 정도로 강원도는 동계 스포츠의 중심지 역할을 하고 있다. 스키장 시설의 경우 우리나라 전체 슬로프의 약 57.1%, 리프트의 58.1%가 강원도에 위치하고 있으며 연간 이용객도 약 400만 명으로 전체 대비 60%를 차지하고 있다. 2018년 평창 동계 올림픽 개최 확정까지 3번의 동계 올림픽 유치를 준비하면서 동계 스포츠 인프라가 계속 확충되었고, 2018년까지 지속적으로 스포츠 인프라를 확충할 계획이다. 경기장 확충은 동계 스포츠의 대중화와 외국인 관광객 유입에 큰 기여를 할 것으로 기대하고 있다. 하지만 관광객 만족도 조사 결과 숙박 시설, 식당 시설, 위락 및 오락 시설, 의무 시설에 대한 동계 스포츠관광객의 만족도는 다소 낮게 나타나고 있는 실정이다. 이에 따라 새로운 상품 개발을 위해 동계 올림픽 개최 이전부터 다양한 종목의 국제 경기 유치를 통해 관람 상품 개발의 기회로 활용한다거나, 쉽게 접근하지 못하는 종목을 체험할 수 있는 관련 시설을 개발하는 등의 노력을 통해서 다양한 고객의 니즈에 대응해야지만 보다 더 성공적인 동계 올림픽 개최가 가능할 것으로 보인다.

### (2) 국외 동향

오늘날 스포츠관광은 선진국의 관광 형태로 크게 부각되고 있으며, 관광산업 활성화에 있어서 매우 중요한 정책 과제로 인식되고 있어 세계 각국은 올림픽이나 월드컵과 같은 대형 스포츠 행사들을 유치하기 위해 치열한 경쟁을 벌이고 있다.

대표적인 사례로 일본을 들 수 있는데, 일본의 경우 정부에서 스포츠관광의 활성화를 위한 정책을 적극적으로 추진하고 있다. '스포츠관광 추진 연락 회의'를 설립하여 스포츠 콘텐츠나 스포츠관광 전문 지역을 개발하고 스포츠 인재 육성과 국제 경기 유치를 위한 관련 부처의 조직적인 지원을 아끼지 않고 있다.

미국의 경우, 100여 개가 넘는 지역이 스포츠 위원회를 두고 있으며, 버지니아 주처럼 관광 부서에서 스포츠 마케팅 전문가를 따로 두는 경우가 많다. 2001년 조사에 따르면 미국의 관광객들은 스포츠관광에 연간 27억 달러를 소비했고 여행 기간에 스포츠를 관람하거나 스포츠에 직접 참여한 것으로 조사되는 관광객들도 많은 것으로 나타났다. 1995년 오스트리아 대학에서 실시한 설문에서는 응답자의 2/3가 스포츠 이벤트가 없었다면 해당 지역을 방문하지 않았을 것이라고 응답해 스포츠관광에 대한 관심이 이미 오래전부터 꾸준히 이어져오고 있음을 확인할 수 있다.

캐나다는 일찍부터 스포츠관광의 중요성을 인식하고 국제적 스포츠관광지로 개발하기 위해 2000년 11월, 캐나다 스포츠관광 연맹(Canada Sport Tourism Alliance)을 창설했다. 이 연맹은 캐나다의 스포츠관광을 활성화하고 관련 시설과 인프라를 구축하는 기능들을 담당했으며, 이후 국내 스포츠 여행으로 유발된 소비가 85% 가량 증가한 것으로 나타났다. 캐나다의 뉴브런즈윅 주의 경우, 풍부한 자연 자원을 기반으로 하여 카약, 사냥, 보트, 산악자전거, 하이킹, 승마, 카누, 스쿠버다이빙 등 다양한 스포츠관광 프로그램들을 포함한 Day Adventure Program을 개발했다. 밴쿠버의 경우는 2010년 동계 올림픽을 개최하는 데 성공하기도 했다.

이외에도 2006년 월드컵 개최국인 독일과 2008년 올림픽 개최국인 중국 역시 메가 스포츠 이벤트를 통해 외국인 관광객을 유치하기 위해 적극적으로 노력하고 있으며, 최근에는 태국, 말레이시아, 필리핀 등 동남아시아 국가들도 골프장을 건설하고 이에 따른 홍보 전략 개발 등에 많은 국가적 노력을 기울이고 있다.

## 2) 스포츠관광의 미래

관광객의 수는 앞으로도 꾸준히 증가할 것으로 예측되며, 기존의 여행 형태에서 벗어나 색다른 경험을 추구하는 여행 형태를 선호하는 경향이 점점 더 강하게 나타날 것이다. 이러한 관광객들의 욕구에 따라 관광 시장도 문화 관광, 테마 관광, 크루즈 관광, 스포츠관광 등으로 더욱 세분화되고 전문화될 것으로 전망된다. 특히 스포츠관광의 경우, 해당 스포츠를 본고장에서 즐기고자 하는 사람들이 점점 증가하고 있어 스포츠와 연계된 해외 관광이 늘어날 것으로 예측된다.

또한 관광은 공간 이동을 전제로 하는 것이기 때문에 교통과 숙식 시설 등이 필수적인데 스포츠관광에 대한 산업계의 대응은 매우 신속하게 이루어지고 있다. 대형 스포츠용품 제조 회사가 스포츠용품뿐만 아니라 스포츠를 위한 장소, 시설, 교통수단이나 호텔 준비 등 스포츠관광에 필요한 총체적인 서비스를 제공하기도 하며, 대형 스포츠 클럽에서 해외 골프 관광과 같은 스포츠관광과 관련한 대리점 업무를 담당하기도 한다. 이와 같이 스포츠관광과 관련한 관련 업계의 신속하고 조직적인 움직임이 스포츠관광의 발전을 더욱 가속화시킬 것으로 기대된다.

앞서 언급했듯이 이제는 거의 모든 연령대의 사람들이 관광 활동에 참여하게 되었으며, 스포츠 역시 마찬가지이다. 따라서 스포츠관광에 있어서 노인과 어린이의 참여도가 점차 증가될 것으로 전망된다.

### (1) 노령 인구의 증가

미래학자들이 공통적으로 예측하는 미래 사회의 큰 변화 중 하나는 노령 인구의 증가이다. 우리나라 역시 21세기 초에 60세 이상의 인구가 20세 미만의 인구를 앞지르게 되고 노령화 사회에 진입했다. 통계청의 추계에 따르면, 노인 인구(65세 이상)의 규모는 2008년에 처음으로 500만 명을 상회하기 시작했으며, 2026년에는 1022만 명, 2040년에는 1504만 명으로 급격하게 증가하게 될 것으로 예측된다. 경제 발전과 각종 연금 제도의 발달로 인해 과거 어느 세대보다도 경제적인 여유를 누리게 된 이들의 라이프 스타일과 소비 성향은 과거의 실버 계층과는 다른 가치관과 행동 특성을 보이고 있다. 신체적 수명이 늘어난 노인 인구의 관심이 자아실현과 건강에 모아짐에 따라 여가 시간 중 스포츠 활동에 할애하는 시간이 늘어나고 있으며, 실버 산업과 스포츠관광을 연계한 사업이 더욱 발달할 것으로 예측해 볼 수 있다. 실버 산업의 성장과 함께 스포츠관광 시장도 확대될 것이며 실버 계층들을 위한 스포츠 이벤트, 장비 및 시설 등의 활성화가 새로운 관광 수요 시장으로 급부상할 수 있을 것으로 보인다. 이를 위해 실버 계층에 부합된 스포츠 이벤트의 개발과 더불어 이들의 신체 능력과 정신 수준에 맞는 장비 및 시설 체계 등을 구비하는 작업이 발맞추어 이루어져야 할 것이다.

### (2) 인구통계학적 변화

국내의 경우, 출산율의 감소가 사회적 문제로 인식될 정도로 중요한 이슈로 떠오르고 있다. 통계청의 자료에 따르면 2013년 총 출생아 수는 43만 6,600명으로 전년 대비 4만 8,000명(9.9%)이 감소했으며, 이는 통계 작성(1970년) 이래 2005년(43만 5,000명)에 이어 두 번째로 낮은 수치이다. 이러한 출산율의 감소와 초혼 연령의 증가 등 인구통계학적 변화와 라이프 스타일의 변화로 인해서 어린 자녀가 가계 소비에서 차지하는 영향력이 갈수록 증가되고 있다. '소비자는 어린이다'라는 말이 나올 정도로 어린이 시장의 중요성은 커지고 있으며, 기업 입장에서도 직접 소비자, 구매 영향력자, 미래 잠재 소비자로서의 어린이에 대한 마케팅 전략들을 중요시하고 있다. 어린이 시장의 중요성을 인식한 것은 기업뿐만이 아니다. 도박과 향락의 도시로 알려진 라스베이거스는 관광객이 감소하자 관광객을 유치하기 위하여 테마파크와 어린이 관련 시설을 대폭 확충하는 등 어린이와 가족 중심의 관광 휴양 도시로의 변화를 시도했다. 이와 같이 어린이 시장의 활성화와 스포츠와 관광의 자연스러운 접목이 이루어지게 될 것이며, 보다 적극적이며 모험과 판타지를 추구하는 새로운 형태의 스포츠관광 수요를 창출해 낼 것이다.

### (3) 새로운 문화 'e-Sports'

인터넷과 기술의 발전도 지속적으로 스포츠관광에 크게 기여할 것이다. 라디오, TV에 이어 등장한 인터넷으로 인해 인류는 산업 혁명에 버금가는 변화를 경험하게 되었다. 21세기 현대사회는 인터넷이라는 사이버 공간을 통해서 전 세계가 하나의 네트워크로 연결되어 있으며, 현대인들의 많은 일상생활이 이 사이버 공간에서 이루어지게 되었다. 기업뿐만 아니라 일반인들도 인터넷을 통해 대부분의 일 처리를 하게 되면서 이른바 '웹 라이프 스타일(web lifestyle)'이 일반화되었다. 인터넷의 급속한 발전과 인프라의 확대가 스포츠의 인기와 맞물리면서 신종 스포츠 문화가 탄생했는데, 바로 'e-Sports'이다. 일반적으로 e-Sports는 온라인상에서의 네트워크 게임을 이용한 각종 대회나 리그를 의미하는데, 좀 더 넓은 의미에서 보자면 대회에서 직접 활동하는 프로게이머, 게임 해설자, 방송국 등의 엔터테인먼트 산업으로서의 의미와 관련 분야를 모두 포함한다. e-Sports에 대한 관심과 참여는 급격히 증가하고 있고, 그 시장 규모도 매우 큰 폭으로 커지고 있다.

그러나 e-Sports는 그 출발이 게임이었기 때문에 게임의 변형이라는 인식이 굳어져 있고 비활동적·비신체적인 특성으로 인해 '과연 사회적으로 공인될 수 있는 스포츠로서의 기본적 요소를 충족시키는가?', 또는 '관광 상품으로서의 가능성이 있는가?'라는 질문을 피해갈 수 없다. 하지만 e-Sports 역시 경기 룰에 따라 판단력과 정확성을 겨룬다는 점, 경기의 내용이 미디어를 통해 수용자들에게 전달되어 선수들과 함께 경기를 즐기며 희열과 감동을 느낄 수 있다는 점 등에서 스포츠로 인정받을 수 있는 가능성을 발견할 수 있다. 따라서 e-Sports에 대한 올바른 인식과 스포츠로서의 정체성 정립을 위해 힘써서 21세기 정보화 시대에 걸맞은 지식 스포츠, 생활 스포츠로 자리매김하고 관광 시장의 양적·질적 성장에 기여하는 순기능의 역할을 할 수 있도록 해야 할 것이다.

### (4) 기술의 발전

최근 기술의 급속한 발전이 이루어지면서 새로운 개념과 형태의 제품 및 서비스의 제공이 이루어지게 되었고 이들 제품을 하나의 주류 시장으로 성장시키기 위한 마케팅의 역할이 그 어느 때보다 중요해졌다. 앞으로 첨단 기술을 적용한 제품은 더욱 늘어날 전망이며, 금융 서비스와 같은 기존의 상품들도 점점 복잡화·지식기반 상품화되어 감에 따라 하이테크 시대와 스포츠관광을 연계하는 일은 매우 의미 있을 것으로 예측된다. e-Sports를 비롯한 기술 혁신적인 스포츠용품과 장비 및 시설의 개발과 상품화는 스포츠의 미래와 성장 동력에 많은 가치를 부여하고 있고, 스포츠 이벤트를 관광 산업과 연계하여 환대(hospitality)의 개념을 더욱 부각시킨다면 스포츠관광의 지속적인 발전을 가능하게 할 수 있을 것이다.

**토론문제**

1. 국내 스포츠관광 발전에 영향을 주었다고 생각되는 스포츠 이벤트의 사례를 그 근거와 함께 설명하시오.
2. 스포츠 이벤트를 통해 관광객들을 유치하기 위해 노력하는 국내외 정부의 사례를 구체적인 예를 들어 설명하시오.
3. 본문에서 언급된 내용 외에 스포츠관광의 발달 배경에 대해 논하시오.
4. 향후 스포츠관광은 기존 스포츠관광의 모습과 어떠한 부분에서 가장 큰 차이를 나타내며 발전하게 될지 토론하시오.

## 참고문헌


강순형(1998). 제주도 관광개발을 위한 스포츠관광 개발 전략. 제주대학교 석사학위논문.

강승구, 김재원, 김지영, 김희진, 여호근, 우문호, 장준호, 전용수, 정호균, 조재문, 주현식, 추승우(2014). 창조관광을 지향하는 관광사업경영론(제2판). 학현사.

김오성(2010). 스포츠관광자의 참가동기, 선택속성, 인지된가치, 관광만족, 재참가의도 및 구전의도 간의 구조적 관계. 강원대학교 대학원 박사학위논문.

두산백과.

문근석(2010). 스포츠 이벤트와 연계한 지역사회의 스포츠관광개발 연구: 2014 인천아시안게임을 중심으로. 고려대학교 대학원 박사학위논문.

박남환, 신홍범, 한왕택(2011). 스포츠 이벤트의 경제학. HS MEDIA.

박경열(2013). 레저스포츠 관광 활성화 방안, 한국문화관광연구원.

배성완(2002). 목포권 스포츠관광 발전 방안에 대한 연구. 전남대학교 대학원 박사학위논문.

보건복지부(2009). 노인장기요양보험 재정추계모형개발에 관한 연구.

스포츠비즈니스(1998). 스포츠와 여행. 월간 스포츠비즈니스, 6, 50-57.

신재휴(2003). 스포츠 시설을 통한 도시의 스포츠 복지 인프라 구축방안. 한국스포츠리서치, 14(5), 113-128.

양명환, 김덕진(2005). 제주도의 스포츠관광 발전방안에 대한 소고. 체육과학연구, 11, 1-22.

연구기획조정실 정책정보통계센터(2014). 국내 · 외 스포츠관광 현황 및 사례.

윤이중, 배성완(2004). 전남의 관광산업을 위한 스포츠관광 개발전략. 한국체육학회지, 43(5), 113-128.

이승구(2006). 새로운 패러다임의 변화와 스포츠관광의 가능성. 한국관광정책.

이재형(2001). 삶의 질 향상을 위한 스포츠관광의 활성화 방안 연구. 경성대학교 대학원 석사학위논문.

이주형, 이재섭, 이재곤(2006). 관광과 스포츠. 대왕사.

정경희(2003). 관광산업 진흥을 위한 스포츠관광 활성화 방안. 전남대학교 대학원 박사 학위논문.

통계청(2013). 2013 출생통계(잠정). 국가승인통계 제10103호 출생통계.

한국관광공사(2009). 2008 국민여행실태조사.

한국학중앙연구원. 한국민족문화대백과.

황규성(2011). 여행업의 이해. 학현사.

황의룡, 김필승(2013). 일본의 스포츠관광 정책에 관한 연구. 한국체육학회지, 52(5), 601-610.

Kurtzman, J. & Zauhar, J.(1997), A wave in time-the sports tourism phenomena, Journal of Sport & Tourism, 4(2), 7-24.

Travel Industry Association of America(2001), Profile of travelers who attend Sport Event.

CHAPTER

# 03

# 스포츠 관광의 영향

CHAPTER 3

# 스포츠관광의 영향

산업적 특성을 지니고 있는 현대의 스포츠관광이 지역사회에 미치는 영향은 긍정적인 측면과 부정적인 측면을 동시에 가질 수 있다. 모든 관광 산업관리의 기본적인 목적은 긍정적인 영향을 최대화하고 부정적인 영향은 최소화하는 것이라고 볼 수 있다. 물론 이러한 긍정적 혹은 부정적 영향의 유형과 파급 효과는 스포츠관광을 구성하는 개별 산업적 특성, 개발방식, 관리 방식, 그리고 지역의 특성에 따라서 다르게 나타날 수 있다. 이 장에서는 스포츠관광의 영향과 관련하여 크게 2가지 목적을 달성하고자 한다. 첫째, 스포츠관광이 지역사회의 경제, 사회·문화, 환경에 미치는 영향에 대해 긍정적인 측면과 부정적인 측면을 구분해서 이해하고자 한다. 둘째, 스포츠관광이 지역사회에 비치는 영향에 대해 주민들이 가지는 태도의 변화와 차이에 대해서 이해하고자 한다.

# 1. 경제적 영향

하나의 산업으로 스포츠관광을 바라볼 때, 흔히 관심을 가지게 되는 것이 바로 지역경제에 미치는 스포츠 산업과 그에 의해 유발되는 관광 산업의 효과라고 할 수 있다. 일반적으로 메가 이벤트라고 불리는 대규모 스포츠 이벤트를 개최할 때는 해당 이벤트를 통해서 개최 지역뿐 아니라 국가 전반에 미치는 경제적 효과가 매우 큰 것으로 알려져 있고, 그러한 효과에 대한 기대감으로 인해 대형 스포츠 이벤트를 유치하려는 노력을 기울이고 있다. 올림픽이나 월드컵과 같이 전 세계적인 관심과 영향력을 가지게 되는 메가 이벤트의 경우는 대회 유치와 관련해서 다양한 시설물 건축과 연계된 초기 투자 비용이 많이 요구된다. 그렇기 때문에 스포츠 이벤트 유치를 통한 관광 산업의 부흥과 지역 발전을 추구하는 측에서는 낙천적으로 경제적 효과를 예측하는 경향이 있고, 반대 입장에 있는 사람들은 스포츠 이벤트를 통해 발생될 수 있는 공공 부채와 기회비용에 관한 부분을 강조하는 경향이 있다.

스포츠 이벤트를 유치하기 위한 관심과 국제적 경쟁이 가속화되고 있는 이유는 3가지 측면에서 살펴볼 수 있다(Whiton & Horne, 2006).

첫째, 대중 매체와 관련한 기술의 진보는 전 세계인들을 시청자로 확보하게 되어서, 스포츠 이벤트의 영향력을 전 세계적으로 확장시켰다.

둘째, TV 매체의 시청자 수가 폭발적으로 확대되면서 스포츠 이벤트를 통한 방송권 수익 또한 천문학적으로 증가하게 되었다. 예를 들어, 올림픽 중계권은 1976년 몬트리올 올림픽이 3000만 달러 이하로 판매되었지만, 불과 36년이 지난 2012년 런던 올림픽에서는 1억 달러 이상에 판매되었다(표 3-1).

셋째, 스포츠 이벤트를 시청하는 사람들의 수가 기하급수적으로 늘어나고 전 세계적으로 영향력이 확대되면서 이러한 이벤트들을 후원하여 광고 효과를 기대하는 기업의 스폰서십 또한 매우 증가했다.

표 3-1
미국 방송사와 올림픽 TV 중계권 1960–2012 (백만 달러: US $)

| 연도 | 하계 올림픽 | | | 동계 올림픽 | | |
|---|---|---|---|---|---|---|
| | 개최 장소 | 방송사 | 중계권료 | 개최 장소 | 방송사 | 중계권료 |
| 1960 | 로마 | CBS | 0.39 | 스쿼벨리 | CBS | 0.05 |
| 1964 | 도쿄 | NBC | 1.5 | 인스브루크 | ABC | 0.59 |
| 1968 | 멕시코 시티 | ABC | 4.5 | 그르노블 | ABC | 2.5 |
| 1972 | 뮌헨 | ABC | 7.5 | 삿포로 | NBC | 6.4 |
| 1976 | 몬트리올 | ABC | 25.0 | 인스브루크 | ABC | 10.0 |
| 1980 | 모스코바 | NBC | 72.0 | 레이크플래시드 | ABC | 15.5 |
| 1984 | 로스앤젤레스 | ABC | 225 | 사라예보 | ABC | 91.5 |
| 1988 | 서울 | NBC | 300.0 | 캘거리 | ABC | 309.0 |
| 1992 | 바르셀로나 | NBC | 401.0 | 알베르빌 | CBS | 243.0 |
| 1994* | | | | 릴레함메르 | CBS | 295.0 |
| 1996 | 애틀랜타 | NBC | 456.0 | | | |
| 1998 | | | | 나가노 | CBS | 375.0 |
| 2000 | 시드니 | NBC | 705 | | | |
| 2002 | | | | 솔트레이크시티 | NBC | 545.0 |
| 2004 | 아테네 | NBC | 793 | | | |
| 2006 | | | | 토리노 | NBC | 614 |
| 2008 | 베이징 | NBC | 894 | | | |
| 2010 | | | | 밴쿠버 | NBC | 820 |
| 2012 | 런던 | NBC | 1.181(bn) | | | |
| 2014 | | | | 소치 | NBC | 775 |
| 2016 | 리우데자네이루 | NBC | 1.226(bn) | | | |
| 2018 | | | | 평창 | NBC | 1.226(bn) |
| 2020 | 도쿄 | NBC | 1.418(bn) | | | |

*1994년부터 동계 및 하계 올림픽은 다른 해에 개최되었다.
자료: Horne, J. & Manzenreiter, W.(2006).

위의 3가지 상호 연결된 요인들에 의해 대형 스포츠 이벤트를 유치하기 위한 각 국가 또는 도시 간의 경쟁이 갈수록 더 치열해지고 있다.

## 1) 긍정적 효과

스포츠 이벤트를 유치하거나 체험형 스포츠 활동을 통해 스포츠관광을 활성화시키고 지역 발전을 도모하는 지역에서 가장 큰 관심을 가지고 있는 부분은 지역경제에 미치는 긍정적인 경제 효과라고 볼 수 있다. 천문학적인 자본이 요구되는 스포츠 메가 이벤트(올림픽, 월드컵 등)의 경우에는 대부분 공적 자금을 이용하여 이벤트 개최에 필요한 시설과 장비들을 마련하기 때문에 공적 자금의 사용이 정당한지를 판단할 수 있는 중요한 기준으로 해당 스포츠 이벤트가 지역경제에 미치는 영향을 측정하고 평가한다. 스포츠 이벤트가 지역사회 혹은 국가의 경제에 미치는 직접적인 영향은 크게 2가지 측면에서 발생한다고 볼 수 있다.

첫째, 스포츠 이벤트로 인해 유입된 관광객의 직접 지출을 통해 지역주민들의 소득 증가와 고용 효과가 발생할 수 있다.

둘째, 관람객 지출뿐만 아니라 스포츠 이벤트를 개최하기 위해 필요한 인프라 구축을 목적으로 지출되는 건설비, 운영비, 관련 공공사업비, 관련 민간 설비 투자 등으로 인해서도 생산 유발 효과가 발생할 수 있다.

### (1) 관광객 직접 지출을 통한 경제적 이익

스포츠관광이 지역에 미치는 경제적 영향은 일차적으로는 지역을 직접 방문한 관광객이 직접 지출한 액수에 의해 결정된다. 경제용어로는 이를 직접 효과(direct effects)라고 하며, 외부에서 방문한 관광객들이 스포츠관광지에서 지출한 총비용을 의미한다. 직접 지출한 비용은 간접 효과(indirect effects)로 이어지게 된다. 간접 효과는 관광객들의 직접 지출에 의해 발생한 수익이 비즈니스 사이의 거래를 통해 상승되는 경제적 효과를 지칭한다. 예를 들어, 스포츠 관련 시설이나 관광 시설에서 일하는 종사자들에게 지불되는 급여 등이 대표적인 간접 효과라고 볼 수 있다. 스포츠관광에서 유발 효과(induced effects)는 관광객들의 직접 지출에 의해 증가한 급여가 전체적인 소비 활동의 증가 효과로 이어지는 것을 의미한다. 이 3가지 효과가 다 고려되었을 때 스포츠관광을 통한 전체적인 경제 효과를 파악할 수 있다. 스포츠 이벤트의 경우에 이벤트로 인한 순수 경제적 효과를 분석하기 위해서는 스포츠 이벤트와 무관하게 방문하는 관광객을 배제해야만 정확한 영향 평가가 가능해진다. 그렇지 않으면, 이벤트 개최의 경제적 효과를 과대평가한다는 오류를 범할 수 있다. 예를 들어, 2002년 한일 월드컵의 경우에는 월드컵 관련 순수 외래 관광객 비율은 전체의 57.7%로 나타났고, 1인당 지출액은 193만 원으로 나타났다. 직간접 및 유발 효과를 통하여 월드컵이 국내 전체 경제에 미친 생산 파급액은 1조 1676억 원, 소득 파급액은 2673억 원, 부가가치 파급액은 6150억 원, 재정 수입 파급액은 653억 원으로 평가되었으며, 순수 월드컵 관련 외래 관광객의 지출에 의해 창출된 고용자 수는 2만 6,807명으로 나타났다(이충기, 2003). 이러한 경제적 영향은 스포츠 이벤트가 종료된 이후에도 대중 매체를 통해 전 세계로 전달되는 지역과 국가의 인지도와 이미지 개선을 통해 지속적으로 유지될 수 있는 관광객 유입 효과와 국가 전반의 생산품에 대한 판매 촉진과 같은 장기적 경제 효과 또한 기대할 수 있다.

### (2) 공적 자금에 의한 경제적 이익

스포츠관광을 통해 지역이 얻을 수 있는 경제적 이익은 관광 소득뿐 아니라 스포츠 이벤트를 위해 지원되는 공직 자금과 민간 투자금 또한 포함시킬 수 있다. 대형 스포츠 이벤트를 개최하는 경우에 개최 도시나 지역에서 모든 비용을 다 부담하는 경우는 매우 드물다. 특히, 올림픽과 월드컵처럼 천문학적인 비용이 소요되는 이벤트의 경우 많은 비용을 국가 차원에서 부담하게 된다. 즉, 국가의 공적 자금이 스포츠 이벤트가 개최되는 지역의 경기장 건설이나 도로망 등을 확보하기 위해 투여된다. 덧붙여, 스포츠 이벤트를 관람하기 위해 방문하는 수많은 관광객들을 대상으로 하는 호텔이나 편의 시설 건립을 위한 민간 투자금이 지역으로 유입되어 긍정적인 경제적 이익 창출에 기여할 수 있다.

### (3) 사회 기반 시설 확충

스포츠관광이 지역사회에 미칠 수 있는 긍정적 경제 효과는 단순히 관광객의 지출이나 공적 자금의 유입에 그치지 않는다. 특히, 대형 스포츠 이벤트의 경우에는 이벤트의 성공적 개최를 위해 지역 내에 확충되는 다양한 사회 기반 시설이 장기적인 측면에서 지역의 중요한 경제적 자산이 될 수 있다. 예를 들어, 스포츠관광을 통해 발생하는 관광객 수요에 대비해 대형 스포츠 이벤트를 개최하게 되는 도시에서는 관광객들을 위한 숙박 시설과 관광객들의 이동을 위한 교통 시설 또한 확충하게 된다. 덧붙여, 관광객들을 위한 다양한 정보 인프라 등이 확충되어 지속적으로 관광 환경이 개선되는 효과를 기대할 수 있다. 예를 들어, 2002년 한일 월드컵을 통해 나타난 국내 관광 부문 수용 태세 개선 효과는 다음과 같다(김향자 외, 2002). 2002년 한일 월드컵을 기점으로 일본, 미국, 중국과 연계되는 국제 항공 노선이 크게 확대되었고, 지방 공항에도 국제선 운항 노선이 확대되었다. 숙박 시설 또한 정부의 관광 숙박 시설 지원 등에 관한 특별법이 제정되어 가용한 숙박 시설이 크게 확충되었다. 월드컵을 대비한 전통문화 체험과 숙박 시설의 확충 차원에서 시범적으로 실시한 사찰 체험 관광 프로그램인 템플스테이는 현재 한국을 대표하는 전통문화 관광 상품으로 자리매김했다. 덧붙여, 월드컵을 찾는 관광객들의 쇼핑 활성화를 위해 면세점을 개선하고 확충했으며 코리아 그랜드세일 2002와 전국 관광기념품 공모전 등을 개최했다. 한국 음식의 세계화 및 관광 상품화를 위해 2002 서울 세계음식박람회를 개최하고 식당 환경을 개선하는 등 관광 수용 태세의 개선이 전 방위적으로 이루어졌다는 점을 주목할 필요가 있다. 즉, 스포츠 이벤트 개최를 통한 스포츠관광의 경제적 효과는 단순하게 개최 기간 동안의 관광객 지출에서만 유발되는 것이 아니라 광범위한 수용 태세 개선을 통한 장기적인 관광 인프라가 확보될 수 있다는 점에서 긍정적인 영향을 찾아볼 수 있다.

대형 스포츠 이벤트뿐만 아니라 골프, 스키, 수상 스포츠와 같은 체험형 스포츠 활동을 통해 스포츠관광 산업을 육성하는 경우에도 효과는 유사하게 발생할 수 있다. 물론, 경제적 효과의 규모와 범위는 메가 이벤트에 비해 매우 제한적이라고 볼 수 있다. 스포츠관광을 통해서 높아진 도시의 인지도와 이미지의 변화는 해당 지역에 관련 스포츠 산업과 사업체들이 집적되는 효과를 기대할 수 있다. 예를 들어, 스포츠 장비 산업이나 스포츠용품 판매점들이 특정한 스포츠 이벤트 개최를 계기로 해서 인지도가 높아진 도시로 유입되는 경우가 나타나고 있으며, 스키와 수상 스포츠 등의 체험형 스포츠 활동으로 유명한 관광지 또한 관련 장비 산업이 발달하는 효과가 나타나는 것으로 보고되고 있다.

## 2) 부정적 효과

스포츠관광이 지역경제에 항상 긍정적인 영향만을 끼치는 것은 아니다. 스포츠관광의 특성과 목적, 그리고 운영 방식의 효율성 정도에 따라서 부정적인 영향을 가져올 수 있다. 앞서 논의했듯이, 올림픽이나 월드컵과 같은 대형 스포츠 이벤트를 개최하는 것은 단기간에 관람객 입장료, 중계권, 스폰서십 등의 직접 수익과 이후 추가적으로 활성화되기를 기대하는 관광 산업에 대한 기대감이 있다. 하지만, 여기서 유의해야 할 것은 단기적이고 일회성인 특징을 지니고 있는 스포츠 이벤트를 통해서 개최 지역이 기대하는 긍정적 경제 효과가 실제로 발생할 수 있는가 하는 것이다. 스포츠 이벤트의 경제 효과에 대한 회의론을 지지하는 학자들의 주장에 따르면, 올림픽이나 월드컵과 같은 대형 스포츠 이벤트가 개최 지역에 가져다줄 것으로 기대하는 경제적 이익은 많은 경우 환상에 불과하다는 점을 지적하고 있다 (Whitson & Horne, 2006). 즉, 지역에서 개최되는 스포츠 이벤트가 개최 지역에 새로운 사업의 창출, 부동산 가격의 상승, 소매업의 매출 증가, 안정된 직업의 실질적인 증가 등과 같은 장기적인 형태의 경제적 효과가 발생했는지에 관해서는 회의적인 시각을 보이고 있다. 덧붙여, 올림픽과 같은 메가 이벤트를 개최하기 위해서는 해당 지역에 시설물 건축 및 인프라 형성을 위해 천문학적인 자금이 투자되어야 한다. 대부분의 경우 공적 자금을 통해서 조달된 시설 투자금은 건설업과 부동산 관련 사업, 광고와 방송 사업과 같은 일부 산업에만 국한되어 사용되는 경향이 있다. 그렇기 때문에 경제적 효과 또한 일부 특정 산업과 특정 계층에게만 제한적으로 나타나는 경향이 있다는 점이 지적되고 있다. 실제로 스포츠 이벤트를 통해서 지속 가능한 형태의 스포츠관광 산업으로 성장하기 위해서는 지역사회를 구성하는 다양한 관련 사업체에 그 영향력이 전파되어야 한다. 덧붙여, 스포츠 이벤트가 종료된 이후의 시설물 관리에 대한 부분이 고스란히 경제적인 비용으로 남을 수 있다는 점 또한 유의해야 한다. 물론 이러한 부분은 단기간의 경제적 효과를 산출할 때는 포함되지 않는 부분이기 때문에 장밋빛의 경제적 효과를 제시할 때는 고려되지 않는 요소이기도 하다는 점에서 특별한 관심이 요구된다. 예를 들어, 우리나라의 경우에도 2002년 한일 월드컵을 위해 건설한 전국 10개의 월드컵 경기장이 서울 월드컵 경기장을 제외한 대부분이 소규모 운영 흑자를 기록하거나 혹은 적자를 면치 못하고 있다는 점을 주목해야 한다. 완공 후 10여 년이 지난 2014년 기준 10개 구장 중에서 절반인 5개 구장이 매년 운영 수지 적자를 기록하고 있는 것으로 나타났다(조선일보, 2014). 이마저도 건축비와 감가상각비까지 고려하면 실질적으로 흑자를 기록하고 있는 곳은 서울 월드컵 경기장이 유일한 것으로 나타났다(문화체육관광부, 2014). 이러한 운영 비용은 지속적으로 지방 재정을 압박하는 요소로 작용하기 때문에 계획 단계부터 사후 활용 방안이 면밀하게 준비되어야 한다.

최근 들어, 여러 도시들에서 스포츠 이벤트 개최의 정당성을 입증하기 위해 종종 이벤트 개최의 경제적 효과를 부풀려서 발표하는 경우가 빈번하게 발생하고 있다. 이렇게 과대 계상된 스포츠 이벤트의 경제적 효과는 이후 지역의 스포츠관광을 지속적으로 유지시키기 위한 동력을 상실하게 만들 수 있고, 효율적인 전략 수립을 어렵게 만들 수 있다는 점에서 주의가 요구된다. 무엇보다 중요한 것은 스포츠 이벤트가 관광 산업과 연계되지 못한다면 이벤트 종료 이후 해당 지역의 지속 가능한 성장 동력으로 활용되지 못하게 되고 이벤트의 개최 효과가 일부 산업과 일부 특정 계층에만 머무를 수 있다는 점을 유의해야 한다.

이외에도 스포츠관광이 지역경제에 긍정적인 영향을 장기적으로 가져오는데 방해가 되는 요소들은 경제적 누수(economic leakage) 현상이라는 측면에서도 이해할 수 있다. 경제적 누수 효과는 스포츠관광을 통해 외부로부터 유입된 수익이 지역 내에 머무르지 않고 직간접적인 경로를 통해 외부로 누출되는 현상을 지칭한다. 특히, 스포츠관광을 위한 기반 시설을 구축함에 있어서 내부 자본이 아닌 외부 자본에 의존하는 비중이 높을 경우 이러한 경제적 누수가 일어날 확률이 높아진다고 볼 수 있다. 외부 자본에 의해서 스포츠 관련 시설물이나 장비 등이 마련되고, 시설물과 장비를 운영하기 위한 전문 인력 또한 외부에서 유입되는 경우 경제적 자본의 유출이 심화될 수 있다. 즉, 지역의 스포츠관광 개발을 위해 자본을 투자한 지역에서는 발생한 수익을 그대로 회수하게 되고 이는 자본이 지역에서 머무르면서 승수 효과를 가져오는 것을 원천적으로 방해하게 된다.

스포츠 이벤트를 통해서 관광 산업을 육성하기 위한 전략을 평가하는데 있어 중요한 부분인 경제적 영향을 이해하기 위해서는 단순히 스포츠 이벤트가 지역에 어느 정도 규모의 경제적 이익을 가져왔는지에만 초점을 맞추는 것이 아니라, 기회비용에 대한 고려 또한 필요하다. 즉, 스포츠 이벤

사례연구

## 몬트리올 올림픽을 통한 도시 경제 파산

캐나다 퀘벡 주 몬트리올(Montreal)에서 1976년에 개최한 하계 올림픽은 대형 스포츠 이벤트를 개최하는 것이 상황에 따라서는 한 도시의 경제를 파탄에 이르게 할 수도 있다는 사실을 적나라하게 보여준 사례로 잘 알려져 있다. 몬트리올은 2006년에 이르러서야 올림픽 개최로 인해 발생한 도시의 부채를 다 갚을 수 있었다. 올림픽 개최를 위해 몬트리올이 지출한 비용은 20억 달러(캐나다 달러) 이상으로 평가되고 있다. 실업률은 1975년과 1982년에 걸쳐 두 배 이상으로 높아졌으며, 부동산 가치도 급속하게 하락했고, 호텔 객실 점유율 또한 올림픽 이전보다 더 하락하게 되었다. 몬트리올 올림픽이 이렇듯 경제적으로 큰 재앙을 겪게 된 이유는 캐나다의 정치적 상황과 밀접하게 맞물려 있다. 몬트리올의 시장이었던 장드리포는 엑스포와 올림픽과 같은 메가 이벤트를 통해 몬트리올을 세계적인 관광지로 도약시키고 좀 더 많은 투자자와 이민자를 유치하기 위해 노력했다. 하지만, 그 당시 캐나다의 정치적 상황은 프랑스어권 퀘벡 주가 영어를 사용하는 다른 캐나다 지역으로부터 독립하려는 움직임이 본격화되고 있던 시점이다. 이러한 독립 움직임에 따라 캐나다 연방 정부에서는 분리 독립을 원하는 퀘벡 주의 대표적 도시인 몬트리올의 메가 이벤트 행사를 위한 재정 지원에 대해 난색을 표하게 된다. 이러한 정치적 상황 때문에 올림픽 개최에 필요한 여러 건축 시설물들을 위한 비용은 연방 정부의 지원금 없이 퀘벡 주에서 제공된 일부 지원금과 몬트리올 시의 자체적인 재정으로 대부분 충당하게 되었다. 일반적으로 올림픽이나 월드컵과 같은 스포츠 메가 이벤트를 개최하는 경우에는 개최 도시에 일차적인 책임이 있기는 하지만, 그 규모와 영향력 때문에 중앙 정부에서 가장 큰 비용을 지불하는 것이 관행적인 모습이었다. 하지만, 몬트리올 올림픽의 상황은 일반적인 메가 이벤트 개최 형태와는 다른 모습이었다. 현재는 몬트리올은 올림픽 때문에 발생한 도시 부채를 다 청산하고 바이오 기술, 제약 산업, 영상 산업과 같은 지식 산업을 육성하여 도시 활성화에 일정 부분 성공했다고 볼 수 있다. 몬트리올 올림픽 사례를 통해 알 수 있는 것은 적절한 재정 계획 없이 진행된 메가 이벤트에 기반한 스포츠관광은 개최 도시에 과도한 재정적 부담을 지우게 될 수 있고, 그러한 재정적 부담을 극복할 수 있는 전략적 방안이 수립되지 않은 상황에서 유치 계획을 진행하는 것에 대해서 신중한 판단이 요구된다는 점이다.

자료: Whitson, D. & Horne, J.(2006).

트를 유치하고 시설물들을 활용하기 위해 사용되는 비용, 노력, 시간 등을 다른 형태의 개발 혹은 지역사회의 여러 사회 인프라와 복지 사업 등에 사용되었을 때의 이익을 비교해서 평가해야 실질적으로 타당성 있는 경제적 영향에 대한 판단이 이루어질 수 있다.

## 2. 사회·문화적 영향

스포츠관광은 다른 형태의 관광 개발과 마찬가지로 지역의 사회적인 측면에도 많은 영향을 끼칠 수 있다. 스포츠 메가 이벤트의 경우에는 일시에 수많은 관광객들이 이벤트 개최 지역을 방문하게 되고 이러한 관광객들의 존재는 지역주민들의 생활에 직간접적으로 영향을 미치게 된다. 여기서 논의하게 될 스포츠관광의 사회적 영향은 경제적 영향과 밀접하게 연결되어 있고 그 구분이 뚜렷하지 않은 요소들도 있다.

### 1) 긍정적 파급 효과

스포츠관광의 긍정적인 사회 파급 효과로는 지역주민들의 여가 기회 확충, 지역주민 단합과 공동체 의식 강화, 지역민의 자긍심 향상, 지역에 대한 애착심 강화, 사회적 교류 확대, 지역의 인지도 향상과 이미지 개신 등을 들 수 있다. 스포츠 이벤트를 개최하는 경우에는 담당 조직의 노력뿐 아니라 지역주민의 적극적인 참여와 협조가 필수적이라고 할 수 있다. 이러한 참여와 협력의 과정을 통해 지역주민들 사이에 공동체 의식이 강화될 수 있고,

성공적으로 개최된 스포츠 이벤트와 이후 지속적으로 이어지는 스포츠관광은 지역주민들에게 지역에 대한 자긍심과 애착심을 향상시키는 촉매제의 역할을 한다. 스포츠 이벤트는 개최 기간 동안 다수의 관람객 혹은 관광객들이 개최 지역에 유입되고 관광객들 사이의 사회적 교류가 발생할 수 있고, 지역주민과 관광객들 사이에서도 일정한 사회적 교류가 이루어질 수 있다. 즉, 스포츠관광은 개최 지역의 경제적 활성화뿐 아니라 사회적 활성화도 동시에 도모할 수 있는 중요한 촉매제의 역할을 수행할 수 있다. 스포츠 이벤트를 통해 설치된 다양한 스포츠 인프라 시설들과 다양한 사회 기반 시설(도로, 숙박 시설, 레스토랑, 병원 등)이 확충되어 장기적으로는 지역주민의 삶의 질 향상에 기여할 수 있다.

### (1) 이미지 향상

특히 대형 스포츠 이벤트의 경우에는 단시간에 개최 지역을 각종 대중 매체에 의해 노출시켜 전 세계적으로 지역의 인지도를 향상시킬 수 있으며, 스포츠와 관련된 활력 있고 건강한 도시 및 지역 이미지를 구축하는 데 기여할 수 있다. 덧붙여, 스포츠 이벤트와 관련되어 다양한 엔터테인먼트와 편의 시설들이 집적되면서 이상적인 관광지 이미지를 구축할 수 있다. 전 세계에 위치한 다수의 도시들이 경쟁적으로 올림픽이나 월드컵과 같은 스포츠 이벤트를 유치하기 위해 노력하는 이유도 단시간에 인지도와 이미지를 향상시켜 세계적인 도시로 거듭나기 위함이라고 이해할 수 있다. 2008년에 개최된 베이징 올림픽은 중국의 급속한 경제 성장을 전 세계에 홍보하고 베이징을 세계적인 도시로 각인시키는 데 기여했다. 2014년 소치에서 동계 올림픽을 개최한 것도 러시아의 성장을 알리기 위한 전략적 홍보의 일환으로 바라보는 시각도 존재한다. 즉, 스포츠 이벤트를 개최하려는 이유 중 하나는 지역의 인지도와 이미지 향상(image enhancement)을 통해 관광객의 지속적인 유입을 도모하는 데 있다고 할 수 있다. 하지만, 스포츠 이벤트를 통한 인지도와 이미지 향상 효과는 지속력 면에서 크지 않다는 문제점이 있다. 대부분의 연구들에서 메가 이벤트 이후의 개최 도시 방문객 수는 개최년도 이후 급속하게 감소하는 모습을 보여주고 있다. 즉, 올림픽이나 월드컵 같은 단발성 이벤트가 개최 지역의 관광 산업에 미치는 효과는 많은 경우 단기간에 사라지는 것으로 나타나고 있다. 물론 이후 관광 산업을 지속적으로 유지하기 위해서는 단순히 이벤트 개최에 만족하지 않고 장기적인 관점의 육성 전략이 요구된다고 볼 수 있다. 소규모 형태의 스포츠 이벤트나 아웃도어 레크리에이션 활동을 제공하는 지역에서도 지역의 정체성을 확립하기 위한 수단으로 스포츠관광이 활용되고 있다.

### (2) 사회자본 확충

스포츠관광은 관광의 개발 형태에 따라 지역사회에 일시에 수많은 방문객들을 유인하는 특성을 지니고 있기 때문에 지역주민들의 삶에 미치는 영향 또한 크다고 볼 수 있다. 특히, 탈산업화 사회로 진입하는 많은 도시들의 사회적 자본이 급속하게 감소하고 있는 시점에 스포츠를 기반으로 하는 관광 산업의 활성화는 지역의 사회자본을 확충할 수 있는 중요한 촉매제가 될 수 있다. 일반적으로, 사회자본(social capital)은 "구성원의 협력적 활동을 촉진하여 사회의 효율성을 증진시키는 신뢰, 규범, 그리고 네트워크와 같은 사회 조직의 특징"이라고 규정할 수 있다(Putnam, 1993). 이러한 정의에 근거하여, 사회자본의 특성은 다음과 같은 5가지 요소로 규정될 수 있다.

- 공동체 연결망(community networks)
- 시민 참여(civic engagement)
- 지역적 시민 의식(local civic identity)
- 호혜주의와 협력의 규범(reciprocity and norms of cooperation)
- 공동체에 대한 신뢰(trust in the community)

즉, 사회자본은 공동체(마을, 도시, 국가)의 집합적 속성으로 이해할 수 있으며, 개인들이 사회적 네트워크에 속해 있음으로 해서 생성되는 것이라고 볼 수 있다. 이러한 특성에 기인한 사회자본은 해당 공동체 구성원들 간의 조정과 협력을 용이하게 해주고, 그 집단의 경제적 상호 이익 달성에 기여하여 한 사회의 잠재력 생산력을 증가시키는 네트워크·규범·신뢰와 같은 사회 조직의 특징이라고 이해할 수 있다. 사회자본의 유지와 재생산은 오직 사회적 상호 작용을 통해서만 가능하다. 여타 다른 형태의 관광과 마찬가지로 스포츠관광 또한 정상적으로 관광 시스템이 작동하기 위해서는 지역사회의 주민들과 여러 관광 사업자, 정책 입안자, 정책 실무자 등과 같은 여러 이해관계자들의 상호 작용과 협력이 필요하다. 관광 산업은 관광객과 지역주민들 간의 일정 수준의 사회적 교류가 필수적으로 발생할 수밖에 없는 산업적 특성을 지니고 있다. 이러한 관점에서 볼 때 스포츠관광은 다른 여타 관광 산업과 마찬가지로 해당 관광지의 사회자본을 형성하는 데 기여하는 원동력이 될 수 있다. 좀 더 구체적으로 살펴보면, 사회자본은 공동체의 내부적인 결속과 외부적 결속을 구분하여 결속 사회자본과 연결 사회자본의 2가지 분리된 유형으로 이해할 수 있다(Putnam, 2000). 결속 사회자본(bonding social capital)은 공동체 구성원들 간의 내적 동질성, 규범, 충성도, 유무형 자원의 획득을 위해서 공동체 내부의 결속적 관계를 지칭한다. 연결 사회자본(bridging social capital)은 이질적인 성격을 띤 그룹들 혹은 개인들 간의 다소 느슨한 연결 관계로 정의할 수 있다. 특히, 스포츠 이벤트를 통한 관광은 개최 지역의 주민들에게 공동의 목표를 제공할 수 있다는 점에서 주목해 볼 필요가 있다. 올림픽이나 월드컵과 같이 거대 규모의 스포츠 이벤트가 아니더라도 다양한 종류의 스포츠 이벤트를 지역에서 성공적으로 개최하기 위해서는 지역주민들과 지역의 다양한 이해관계자들 사이의 협력과 신뢰의 관계가 형성되어야 한다. 한 지역에서 스포츠 이벤트의 성공적인 개최와 부수적으로 발생하는 관광 산업의 유지라는 공동의 목표를 가지게 되면 당면한 목표를 성공적으로 달성하기 위해 다양한 이해관계를 가진 주민들 사이에서도 상호 교류가 높아지는 효과를 기대할 수 있다. 높아진 상호 교류는 주민들 사이의 신뢰와 협력의 규범을 수립하는 데 기여할 수 있다. 특히, 최근 들어 많은 스포츠 이벤트에서 적극적으로 활용하고 있는 자원봉사 활동의 경우 지역 공동체의 연결망을 강화시키고 시민 의식과 공동체에 대한 신뢰를 회복시킬 수 있는 중요한 단초가 될 수 있다. 이러한 점에서 스포츠관광은 지역사회 공동체 구성원들 사이의 결속을 의미하는 결속 사회자본의 확충에 기여할 수 있다. 덧붙여, 스포츠관광은 다양한 스포츠 이벤트와 체험 활동을 통해 외부 관광객들을 특정 지역에 유인하는 효과를 가져올 수 있다. 관광을 통한 지역주민과 관광객들 사이의 사회적 교류는 일상생활에서 발생하는 관계들처럼 동질한 결속력을 강화시키는 효과를 기대하기 힘들지만, 느슨한 형태의 사회적 관계를 형성하는 데에는 기여할 수 있다. 즉, 지역주민들 입장에서는 외부에서 방문한 관광객들과의 다소 제한된 형태의 사회적 접촉을 통해 외부 사회와의 연결고리를 만들어 갈 수 있는 효과가 있고, 관광객들 입장에서도 방문한 관광지의 지역주민들과의 직접적인 사회적 교류는 진정성 욕구를 충족시키는 데 기여할 수 있다. 이러한 상호 보완적 이해관계로 인해 스포츠관광은 지역사회와 외부 관광객들 사이의 느슨한 형태의 유대감을 형성하는 데 기여할 수 있고, 이는 연결 사회자본의 형성이라는 관점에서 이해할 수 있다.

### (3) 전통문화 보존 효과

스포츠관광을 통해 외부 관광객들이 지역을 방문하게 되면 해당 지역이 지니고 있는 고유한 관광 자원의 중요성이 더욱 강조되게 된다. 스포츠 이벤트나 체험형 스포츠 활동을 통해 방문한 관광객들은 단순히 스포츠 이벤트 관람만 하거나 특정한 스포츠 활동에 참여하고 지역을 떠나는 경우보다는 해당 지역에 머무르면서 지역의 역사와 문화유산 자원들을 소비하는 관광 활동을 수반하게 된다. 즉, 특정 스포츠에 대한 관심으로 방문한 관광객들의 관심 영역이 자연스럽게 지역의 다른 관광 자원으로 이어지면서 관광산업의 확장을 기대할 수 있다. 이러한 이유로 인해서 지역주민들 또한 관광 자원으로서의 가치를 지닌 지역의 전통문화 자원에 대한 지속적 발굴과 보존 노력으로 이어질 수 있다는 점에서 스포츠관광의 긍정적인 사회·문화적 영향을 살펴볼 수 있다. 또한, 스포츠 이벤트 자체는 개최 지역의 주민들에게 일상생활에서 누리기 힘든 다양한 스포츠 관람의 기회를 제공해 줄 수 있고, 스포츠 이벤트와 수반되는 다양한 소규모 문화·예술 이벤트에 참여할 수 있는 기회를 얻을 수도 있다. 이에 따라, 스포츠관광은 경우에 따라서 지역주민들의 문화·예술 욕구를 충족시킬 수 있는 중요한 수단이 될 수 있다.

## 2) 부정적 파급 효과

스포츠관광은 성공적인 관리 기능 여부에 따라서 개최 지역에 부정적인 사회적 영향을 끼칠 수도 있다. 교통 혼잡과 같은 부분은 스포츠 이벤트를 개최할 때 단기 이벤트 특성상 개최 지역에 일시적으로 많은 방문객들이 유입되면서 발생할 수 있는 대표적인 문제라고 볼 수 있다. 또한, 많은 외부 방문객들이 특정한 지역에 일시에 몰리면서 폭력, 절도, 도박, 매춘과 같은 여러 사회병리적인 문제들이 발생할 수 있다. 스포츠관광이 경제적인 측면에서 성과를 거두게 되면 관련 사업에 적극적으로 참여해서 경제적 이익을 얻는 지역주민들과 그렇지 못한 지역주민들 사이에 발생할 수 있는 사회적 갈등도 예상할 수 있는 문제점이다. 마지막으로, 외부 관광객들이 유입되면서 그들이 보여주는 소비 방식과 경제적 격차에 의해 지역주민들이 상대적인 박탈감을 느끼게 될 수도 있다.

### (1) 범죄와 스포츠관광

일반적으로 대부분의 관광 현상은 특정한 지역에 다수의 외부 관광객들이 방문하는 것을 기본으로 하기 때문에 많은 사람들의 집적 현상은 다양한 범죄 발생의 가능성을 높이게 된다. 스포츠관광도 마찬가지로 스포츠 이벤트에 기초한 관광의 경우에는 관광객의 군집 현상이 더욱 뚜렷하게 나타난다고 볼 수 있다. 스포츠 이벤트가 개최되는 기간 동안에는 개최 지역이 다양한 대중 매체를 통해 노출되면서 단기간에 인지도와 관심이 높아질 수 있다. 역설적으로 보면, 지역의 높아진 인지도와 관심은 비상식적인 목적을 지닌 사람들에게는 유용한 범죄의 기회로 활용될 수 있다. 스포츠관광을 통해 나타날 수 있는 범죄의 유형은 해당 스포츠의 규모와 영향력에 따라 다르게 표출될 수 있다. 스포츠 이벤트를 통해 발생하는 범죄는 우발적으로 발생할 수도 있고 사전에 계획된 형태로 나타날 수 있다. 즉, 정기적으로 개최되는 프로 스포츠 이벤트와 관련된 장소에서는 절도, 폭력, 암표 판매, 공공 기물 파손과 같은 상대적으로 가벼운 형태의 불법 행위가 발생하는 경우가 많고, 안전 대책의 주요 대상이 되게 된다. 하지만, 국제적인 영향력을 지니고 있는 스포츠 이벤트가 개최되는 경우에는 중요 범죄의 유형이 달라질 수 있다. 유럽의 국가 대항전 혹은 클럽 대항전 축구 경기에서 지속적으로 문제가 되어왔던 훌리거니즘(hooliganism) 같은 경우, 자신이 응원하는 팀에 대한 과도한 애착이 상대 팀과 팬들에 대한 폭력 행위로 변질되어 나타나는 현상으로 볼 수 있다. 대표적으로 1985년 5월 29일 벨기에의 브뤼셀에서 열린 이탈리아의 유벤투스와 영국의 리버풀 두 축구 클럽 간의 유럽피언컵 결승전에서 영국 훌리건들의 난동에 의해 경기장의 벽이 무너지면서 유벤투스 팬 39명이 사망하고 600여 명이 부상당하는 사건이 발생했다. 이 사건 이후로 축구 경기장에서 발생할 수 있는 집단적 폭력 행위들에 대처하기 위한 논의가 심화되었지만, 여전히 그 위험성이 일정 정도 상존해 있다고 볼 수 있다. 올림픽이나 월드컵과 같이 전 세계적인 인지도와 파급력을 지니고 있는 메가 이벤트의 경우 그 국제적 영향력 때문에 잠재적인 테러의 대상이 되기도 한다. 가장 악명 높았던 테러 행위의 하나로 기록되고 있는 것은 1972년 독일 뮌헨에서 개최된 올림픽에서 발생한 일명 '검은 9월단' 사건이다. 이슬람 테러 단체인 검은 9월단이 올림픽 선수촌 내에서 이스라엘 올림픽 대표 팀 11명을 인질로 잡고 경찰과 협상을 벌이다 테러 진압 과정에서 인질로 잡혀 있던 대표 팀 전원이 살해된 사건이다. 이 사건으로 인해 이후 올림픽과 같이 전 세계적인 영향력을 지닌 메가 스포츠 이벤트가 정치적 목적을 달성하려는 테러 단체들의 중요한 테러의 대상이 될 수 있다는 위험성에 대한 자각이 높아지게 되었고, 테러 방지 전략이 메가 이벤트를 개최하는 지역의 핵심적 과제로 대두되게 되었다.

### (2) 젠트리피케이션

스포츠 이벤트를 개최하거나 스포츠관광을 육성하고자 할 때 관련 지역에 다수의 개발이 이루어지게 된다. 도로망 확충, 숙박 시설 확충, 병원과 같은 사회 기반 시설 등이 확장되고 다양한 편의 시설들이 들어서면서 지역의 부동산 가격을 상승시킬 수 있다. 이 같은 현상은 대형 스포츠 이벤트가 개최되거나 관광 개발이 이루어지는 지역에서 공통적으로 발생하는 문제이기도 하다. 스포츠 이벤트와 이를 통한 관광 산업의 활성화가 현실적으로 지역사회에 존재하는 여러 계층의 주민들에게 균등한 이익을 가져다줄 수 있다고 보기는 어렵다. 오히려 그러한 이벤트 개최나 관광 개발로 인해 상승된 부동산 가격은 저소득 계층의 주민들이 개발 지역에 더 이상 머무르기 힘든 상황을 만들어 낼 수 있다. 일명 젠트리피케이션(gentrification)이라고 불리는 이러한 사회적 현상을 통해 원주민들이 지역에서 급속하게 퇴출되고 상승된 부동산 가격과 물가를 감당할 수 있는 외부인들이 지역으로 유입되는 상황이 발생할 가능성이 높다. 즉, 지역사회의 발전을 위해 진행된 스포츠관광이 의도치 않게 지역주민들을 퇴출시키는 역설적인 상황으로 이어질 수 있기 때문에 스포츠관광 개발 과정에서 이러한 문제점에 대한 대응 전략이 요구된다.

### (3) 전시 효과

전시 효과(demonstration effect)는 특정한 지역의 관광 산업이 성장하게 되면서 급속하게 증가된 외부의 관광객들에 의해 전파된 새로운 문화와 생활 방식이 지역주민들에게 모방의 대상이 되어 지역의 전통적인 가치관이나 소비 방식이 변화되는 현상을 의미한다. 이러한 현상은 스포츠관광을 통해서도 해당 지역에 나타날 수 있다. 특히, 올림픽이나 월드컵처럼 전 세계의 방문객들이 단시간 동안 급격하게 개최 도시를 방문하는 경우 그들이 보여주는 행동, 규범, 가치관, 소비 방식 등을 지역에 거주하고 있는 특정 계층의 주민들이 모방하게 되는 경우가 발생하고, 이러한 모방에 따른 변화는 지역사회의 균열을 가져올 수 있다.

## 3. 환경적 영향

스포츠관광이 지역사회의 자연 및 인공 환경에 미치는 영향은 스포츠관광의 유형과 스포츠 활동에 참여하는 관광객들의 특성, 스포츠관광이 이루어지는 장소의 입지적 특성 등에 따라 크게 달라질 수 있다. 예를 들어, 도시에서 개최되는 관람형 스포츠 이벤트와 스키나 스킨스쿠버와 같이 자연자원에 의존하는 정도가 높은 체험형 스포츠 활동을 비교해 보면 그 차이는 더욱 뚜렷하게 나타난다. 스포츠 이벤트를 중심으로 하는 스포츠관광은 도시에서 이루어지는 경우가 많고, 방문하는 관광객들의 활동도 이벤트 관람에 초점이 맞추어져 있다. 하지만, 체험형 스포츠관광과 같은 경우에는 활동 자체가 직접적으로 자연 자원을 활용하는 데 초점이 맞추어져 있기 때문에 자연환경에 미치는 영향은 더욱 크게 나타날 수 있다. 즉, 스포츠관광이 환경에 미치는 영향은 스포츠 활동이 이루어지는 입지적 환경, 활동 자체의 다양성, 그리고 방문 관광객의 특성에 따라 다양하게 나타날 수 있다는 점을 이해해야 한다. 추가적으로 스포츠관광이 환경에 미치는 영향을 이해하는 데 관심을 기울여야 할 부분은 발생하는 환경적 영향의 정도와 시간이라고 볼 수 있다.

## 1) 긍정적 영향

스포츠관광이 지역의 환경에 미치는 영향을 논의할 때 일반적으로 부정적인 측면에 초점을 맞추게 되지만, 경우에 따라서는 스포츠관광이 지역의 자연 및 도시 환경을 개선하는 긍정적인 영향을 미칠 수도 있다. 주목해야 할 점은 그러한 긍정적 결과물을 만들어 내기 위해서는 장기적이고 치밀한 계획이 필요하다는 것이다.

### (1) 환경 정비

스포츠 이벤트를 개최하게 되면 성공적인 이벤트를 위해 지역사회의 환경을 단기간에 정비할 수 있는 기회를 얻을 수 있다. 스포츠 경기장을 계획하고 건립할 때, 경기장 주변까지 포함해서 환경 계획을 수립하는 경우가 많이 있고, 이를 통해 경기장 접근에 필요한 도로 건설과 같은 환경 정비나 경관 관리를 위한 작업도 동시에 이루어지게 된다. 예를 들어, 1988년 서울에서 개최된 올림픽은 주경기장과 선수촌 등의 시설이 위치한 잠실의 상하수도 시설, 도로망, 위생 관리 시스템과 같은 도시의 주거 환경들이 급속하게 개선되는 결과로 이어졌다. 또한, 외부에서 방문하는 관광객들을 위한 관광 정보 센터, 안내 표지판, 유적지 해설사와 같은 기본적인 관광 인프라를 확충하는 효과를 기대할 수도 있다. 즉, 스포츠관광은 지역의 기초적인 주거 환경이 극적으로 개선될 수 있는 기회를 제공할 수 있다.

### (2) 생태계 보존

자연 자원의 활용에 의존도가 높은 유형의 스포츠관광의 경우에는 자연환경에 대한 부정적인 영향이 나타날 수 있지만, 관리 방식에 따라서 자연 자원의 보존 효과를 기대할 수도 있다. 스포츠관광이 활성화되면 스포츠 활동의 핵심 매력으로 지역 자연 자원의 가치가 재조명될 수 있으며, 자연 자원을 보존해야 하는 윤리적 근거뿐 아니라 경제적 논리를 제공할 수도 있게 된다. 즉, 1차 산업이나 2차 산업에 기초한 다른 형태의 지역 개발 전략을 택할 경우에 훼손될 수도 있는 자연 자원을 보존하는 근거로 스포츠관광의 역할이 발휘될 수 있다는 것이다. 골프장 개발의 경우에도 전통적으로 골프장 건설이 자연환경에 미치는 악영향에 대한 논의가 주를 이루었지만, 자연환경에 대한 고려가 선행된 형태의 개발이 이루어질 경우 골프장 개발 또한 지역의 생태계를 보존하는 데 일정 부분 기여할 수 있다. 한 연구에 따르면 자연친화적으로 설계된 골프장의 경우에는 다양한 종류의 새들의 서식처로 충분히 활용될 수 있다는 점을 제시하고 있다(Terman, 1997). 덧붙여, 골프장을 방문하는 많은 관광객들에게는 야생 동물 보존에 관한 이슈들을 교육시킬 수 있는 흥미로운 교육장의 역할 또한 수행할 수 있는 가능성이 있다.

### 2) 부정적 영향

스포츠관광은 다양한 유형으로 분류될 수 있고, 유형별로 환경에 미치는 영향도 다양하게 나타날 수 있다. 일반적으로 스포츠관광을 포함한 모든 인위적인 형태의 관광 활동은 자연환경 및 도시 환경에 영향을 미치게 되고, 대부분의 관심은 부정적인 측면의 영향에 집중되어 왔다. 스포츠관광을 통해 도시에서 발생할 수 있는 부정적 환경 영향은 주로 소음, 쓰레기 발생, 과도한 혼잡과 같이 주민들의 생활 환경을 저하시키는 문제와 연결되어 있다. 스포츠관광이 자연환경에 미칠 수 있는 대표적인 부정적인 영향의 영역은 기후와 대기 오염, 토양, 수질, 동식물 생태계, 경관 등으로 구분해 볼 수 있다(Orams, 2011).

### (1) 기후와 대기 오염

지구 온난화와 같은 문제들이 지속적으로 제기되고 있는 상황이지만, 스포츠관광이 기후에 직접적으로 악영향을 미치는 경우는 많지 않다고 볼 수 있다. 하지만, 대형 스포츠 이벤트를 개최하게 되는 경우에는 개최 지역에 일시에 많은 방문객의 유입과 그에 따르는 많은 교통량이 발생하면서 온난화 현상에 영향을 미칠 수 있다. 기후 문제와 더불어, 대형 스포츠 이벤트나 대규모 스키 리조트와 같은 개발이 이루어지는 경우에는 마찬가지로 교통량의 증가와 시설물 건축에 따르는 탄소 배출량과 미세 먼지 등이 증가하면서 해당 지역의 대기 오염을 유발시킬 수 있는 가능성이 높아지게 된다.

### (2) 토양 및 수질

스포츠관광이 대규모 개발에 기초해서 이루어질 경우 많은 시설물들에 대한 공사가 이루어지게 되고 지형 자체를 변형시키는 공사 또한 이루어지게 된다. 대규모 공사에서 전형적으로 발생할 수 있는 토양 유실, 농토의 변경 등과 같은 문제들에 의해서 지역의 자연환경이 영구적으로 변화되고 장기적인 문제로 남게 되는 경우가 발생할 수 있다. 특히 동계 올림픽을 개최하는 지역에서 흔히 논쟁이 되는 문제들이라고 볼 수 있다. 예를 들어, 스키 슬로프를 건설하기 위해서는 산림 지역에 광범위한 벌목과 절토와 같이 자연환경을 직접적으로 훼손해야 하는 상황이 발생하게 되고 이는 영구적으로 개최 지역의 자연 생태계를 변형시키는 결과를 초래할 수 있다. 수질 문제는 시설 유지 과정에서 사용될 수 있는 다양한 형태의 농약과 살충제의 사용에 의해서 발생할 수 있다. 수상 스포츠에 기초한 스포츠관광지에서는 모터보트, 제트스키, 스포츠 낚시와 같은 활동들이 수질에 직접적인 영향을 미치게 된다. 물론, 이러한 활동들이 미칠 수 있는 부정적 영향은 입지 환경과 관리의 정도에 따라서 최소화될 수 있다. 마지막으로, 스포츠관광객의 증가는 해당 지역의 호텔이나 관련 시설에서 배출하는 오수의 양을 증가시키는 결과를 가져오기 때문에 수질 악화 문제와 더불어 오수 처리 비용의 증가로 이어질 수 있다. 수질 문제와는 별도로 일부 잔디를 이용해야 하는 스포츠 시설이나 활동의 경우에는 해당 지역의 물을 과도하게 많이 소비하게 되어 지역의 한정된 자원인 물 부족을 야기시킬 수 있다.

### (3) 동식물 생태계

스포츠관광 또한 다른 관광 현상과 마찬가지로 많은 수의 국내 혹은 외래 관광객들을 특정 지역에 유입시키게 된다. 모든 지역은 지속 가능한 형태로 생태계를 유지시킬 수 있는 적정한 수준의 수용 능력(carrying capacity)을 가지고 있기 때문에, 지역의 수용 능력을 넘어서 과도하게 유입된 관광객은 해당 지역의 동식물 생태계의 안정적인 유지에 장애를 초래할 수 있다. 대형 스포츠 이벤트를 개최하는 경우에 환경 정비 차원에서 경관 조성을 위해 외래종의 식물을 사용하는 경우가 발생할 수 있다. 경우에 따라서 면밀하게 조사되지 않고 도입된 외래종의 식물은 토종 식물들에 치명적인 악영향을 미칠 수 있다. 동물과 관련한 스포츠관광의 영향은 좀 더 직접적으로 발생할 수 있다. 스포츠 활동을 통해 발생된 여러 소음이나 조명 등이 동물 생태계에 직접적으로 심각한 위협이 될 수 있다. 예를 들어, 골프장에서 야간 골프를 실시할 경우 많은 조명이 사용되고 이는 해당 지역에 서식하는 동물들의 야간 활동에 많은 영향을 미치고 결과적으로는 전체 생태계 시스템을 교란시킬 수 있다. 스포츠 이벤트를 위해 대형 경기장 또는 호텔을 건설하는 등의 대규모 개발이 이루어지게 될 경우 해당 지역에 서식하는 다양한 동식물들의 서식처를 파괴하는 결과를 가져올 수 있으며, 이는 반영구적으로 지역의 생태 시스템을 변화시키게 된다.

### (4) 경관

자연 생태계가 지니고 있는 심미적 가치는 최근 들어 더욱 주목받고 있다. 스포츠관광은 여타 다른 관광 개발과 마찬가지로 여러 가지 형태의 개발을 수반하게 된다. 개발 과정에서 기존 자연 생태계가 지니고 있는 경관을 변화

사례연구

## 골프 관광과 자연환경

상시적인 스포츠 활동을 제공해서 관광객들을 유입시키는 대표적인 산업 중 하나가 골프 산업이라고 볼 수 있다. 특히 골프가 20세기 후반 들어 국내에서 높은 인기를 구가하게 되면서 국내 전역에 골프장 개발이 추진되었고, 현재는 다수의 골프장이 전국에 운영 중에 있다. 골프장 개발과 관련한 환경 문제는 여러 가지 측면에서 사회적 논란이 되었던 부분이라고 볼 수 있으며, 특히 대규모 리조트 중심의 관광지에서의 골프장 개발이 필수적인 요소처럼 받아들여지면서 골프 관광이 환경에 미치는 영향에 관한 논의는 현재까지 활발하게 논의되고 있는 이슈이다.

골프 관광과 관련한 문제점은 골프장 개발 과정과 유지 과정에서 발생할 수 있는 문제점으로 분리해서 살펴볼 수 있다. 골프장 개발 과정에서 불가피하게 발생할 수 있는 환경 영향은 주로 절성토 시에 유발되는 사면 발생과 토사 유출, 야생 동식물 및 산림 파괴, 외래 식물 도입에 따른 생태 시스템 교란, 비산 먼지의 발생과 같은 문제점을 포함하고 있다(이승은·윤정임, 2005). 이와 같은 문제점은 스키장 개발 과정에서도 유사하게 발견되는 문제점이라고 할 수 있다. 개발 이후에는 골프 코스를 유지하기 위해서 사용되는 과도한 물의 사용과 농약에 의한 토양 및 수질 오염과 같은 문제를 들 수 있다. 골프 코스의 잔디를 유지하기 위해서는 매일 3,000cubic meters의 물이 필요하고, 이러한 양은 1만 5,000명의 지역주민이 하루에 소비하는 양과 동일하다(Asia Golf, 2002). 골프장뿐 아니라 골프장을 방문하는 관광객들을 위한 호텔과 클럽하우스들에서 사용되는 물과 그곳에서 배출되는 많은 양의 오물과 쓰레기들도 지역의 자연환경에 악영향을 미칠 수 있는 중요한 요인으로 제시되고 있다. 과도한 물 사용 이외에도 골프장의 잔디를 유지하기 위해서 사용되는 다양한 종류의 화학 비료나 농약은 골프장 인근 지역의 농작물과 주거지의 음용수에 부정적인 영향을 미칠 수 있다는 문제점이 지속적으로 제기되고 있다. 즉, 과도한 농약의 사용은 단순히 골프장의 문제를 넘어서서 골프장이 위치해 있는 지역의 환경에 광범위한 문제를 야기시킬 수 있는 가능성을 내포하고 있다는 점을 유의해야 한다. 골프장에서 사용하는 야간 조명 또한 지역에 서식하는 동물들의 생체 시스템을 교란하는 결과를 초래하여 장기적으로 지역 생태계의 안정을 위협하는 요소가 될 수 있다.

시킬 수 있고, 이는 경관 자원의 여러 가치를 근본적으로 훼손하는 결과를 가져올 수 있다. 즉, 스포츠관광을 위한 자연 개발 혹은 스포츠 활동은 자연이 지니고 있는 고유한 가치 자체를 저하시킬 수 있는 원인이 될 수 있다.

# 4. 지역주민의 태도

스포츠관광이 지역에 미치는 영향이 가져올 수 있는 결과를 이해하기 위해서는 지역주민들이 그러한 영향을 어떻게 인식하게 되는지 살펴보아야 한다. 지역주민들이 인식하는 관광의 영향을 이해하기 위한 수단으로 여러 학술적인 이론들이 제시되었다. 스포츠관광 또한 마찬가지로 관광을 통해 발생하는 영향을 어떻게 주민들이 인식하게 되는지 이해할 필요가 있다. 이에 따라, 여기에서는 가장 빈번하게 사용되는 이론들 중 사회 교환 이론과 주민 반응 이론을 소개했다.

## 1) 사회 교환 이론

관광 산업의 영향에 대한 지역주민의 태도를 이해하기 위해서 빈번하게 적용되는 이론 중 하나인 사회 교환 이론은 스포츠관광의 영향에 대한 주민들의 태도를 이해하기 위한 도구로서도 활용 가능하다. 사회 교환 이론(social exchange theory)에 따르면, 사람들은 특정한 교환 활동이 자신에게 미칠 수 있는 이익과 비용을 계산해 보고 그 결과에 따라서 자신의 태도와 행동을 결정하게 된다. Ap(1990)에 의하면, 관광 개발이 이루어지고 있는 지역의 주민들이 해당 개발을 통해 자신이 얻을 수 있는 이익이 비용보다 높다고 판단하는 경우 관광 개발에 대해서 긍정적인 태도를 표출하게 되고, 비용이 이익보다 높다고 판단하는 반대의 경우에는 부정적인 태도를 형성하게 된다고 한다. 이러한 관점에서 볼 때, 스포츠 이벤트나 다른 형태의 상시적인 스포츠 관련 활동을 통해 유인되는 관광 산업을 통해 얻을 수 있다고 인식하는 이익이 비용을 초과하게 될 때 주민들이 스포츠 산업, 그리고 스포츠를 통해 유발되는 관광 산업에 대해 긍정적인 태도를 가지게 될 것이라는 점을 쉽게 예측할 수 있다. 즉, 스포츠관광과 관련된 시설에서 일을 하고 있거나 스포츠관광객들을 대상으로 직접적인 수익을 얻게 되는 소매업자들의 경우 스포츠관광에 대해서 그렇지 않은 주민들보다 더 호의적인 태도를 유지할 것이라는 점을 예측해 볼 수 있다. 덧붙여, 지역 내에서도 스포츠관광을 통해 발생하게 되는 이익과 비용이 지역주민들에게 어떤 식으로 배분되는지에 따라서 관광에 대한 태도가 계층별 혹은 개인별로 다르게 표출될 수 있다는 점을 주목해 볼 필요가 있다.

## 2) 주민 반응 이론

Doxey가 제시한 관광 개발에 대한 주민 반응 이론은 관광 산업의 발전 단계별 주민의 태도 변화를 예측하는 데 도움을 주는 이론이다. 그는 관광 산업의 발전 단계별로 주민 태도의 변화를 다음의 4가지로 나누어 제시했다(Doxey, 1975).

### (1) 호감 단계

관광객들이 유입되기 시작하는 개발의 초기 단계에서는 지역주민들이 관광객들을 손님으로서 인식하고 관광객과 관광 개발에 대해서 호의적인 태도를 유지하게 된다. 이를 호감 단계(euphoria stage)라고 하는데, 이 단계는 관광 개발의 초기 단계이기 때문에 유입되는 관광객도 소규모 단위로 방문하게 된다. 스포츠관광에서도 체험형 스포츠 활동을 통한 관광 개발의 경우 초기 단계에 소규모 단위의 체험객들이 방문할 때에는 지역주민들이 관광객과 관광 개발에 대해서 호의적인 태도를 유지한다고 이해할 수 있다. 소규모 단위의 관광객이기 때문에 지역의 경제, 사회·문화, 환경에 미치는 영향도 크지 않다고 볼 수 있다.

### (2) 무관심 단계

무관심 단계(apathy stage)는 점진적으로 관광 개발이 진행되고 지역사회 내에서도 관광객들을 대상으로 하는 소규모 사업자들이 출현하기 시작하는 단계라고 볼 수 있다. 지역주민들 중 일부 선도적 사업가들에 의해 관광객들을 대상으로 수익 창출이 이루어지면서 개발의 편익이 소수의 지역주민들에 돌아가는 단계이다. 관광객들의 규모도 점차 커지면서, 관광객들이 지역사회에 미치는 영향도 커지는 단계라고 할 수 있다. 이에 따라, 지역주민들은 관광객과 관광 개발에 대해 냉담해지기 시작하는 무관심의 태도를 보이는 시기라고 볼 수 있다. 스포츠관광에서도 카약이나 래프팅과 같은 체험 스포츠 활동을 즐기려는 관광객들이 늘어나면서 주민들 중 민박이나 장비를 대여하는 사업자가 출현하고, 일반적인 지역주민들은 일상적으로 나타나는 스포츠관광객들에게 냉담한 반응을 보이게 된다.

### (3) 비우호적 단계

비우호적 단계(irritation stage)는 관광 개발이 본격화되면서 외부 자본이 유입되는 단계로, 관광객들도 대규모 단위로 지역을 방문하는 시기이다. 지역에 유입되는 관광객의 수가 지역이 수용할 수 있는 한계치를 넘어서게 되는 단계로 볼 수 있으며, 급격하게 많아진 관광객들은 지역의 경제, 사회·문화, 환경에 큰 영향을 주게 된다. 관광 개발의 주도권이 외부 자본으로 넘어가는 단계이기 때문에 경제적인 측면에서도 관광 개발의 편익이 지역사회 내부에 머무르지 않고 외부로 유출되는 경제 누수 현상이 본격화되는 단계이기도 하다. 이에 따라, 지역주민들은 관광객과 관광 개발에 대해서 비우호적인 태도를 취하게 된다. 스포츠관광이라는 맥락에서도 유사한 결과를 예측할 수 있다. 지역에서 제공하는 특정한 스포츠 활동이 인기를 얻게 되고 많은 관광객이 찾게 되면 외부 자본의 유입이 본격화되고 개발을 통해 발생한 편익이 지역주민이 아닌 외부 사업자들에게로 빠져나가는 현상이 나타날 수 있다. 경제적 이익은 누출되는 반면에 지역을 방문한 관광객들이 지역사회의 사회·문화, 자연환경에는 부정적인 영향을 끼치는 사례들이 빈번하게 목격되면서 지역주민들이 스포츠관광 개발에 대해 비우호적인 태도를 보이게 된다.

### (4) 반감의 단계

반감의 단계(antagonism stage)는 마지막 단계로, 지역의 관광 개발이 정점을 찍고 내려오면서 난개발의 형태로 이루어지는 경우를 지칭한다. 외부 자본에 의해서 대부분의 개발이 진행되었기 때문에 개발 방향에 대한 통제권이 지역주민들에게서 벗어난 상태이고, 개발의 편익 또한 지역주민들이 누리지 못하는 상태라고 볼 수 있다. 정점을 찍은 관광객의 수요가 감소되는 단계이기 때문에 잉여 시설물들이 나타나고 사업자들 사이의 가격 경쟁이 시작되면서 서비스 수준도 급격하게 저하된다. 지역주민들의 관광객들에 대한 부정적인 태도는 점진적으로 부정적인 행동으로 이어지게 되는 반감의 단계라고 볼 수 있다. 스포츠관광에서도 외부 자본에 의해서 개발의 통제력이 상실되고 늘어난 사업자들 사이의 가격 경쟁이 발생하면 서비스 수준의 저하와 유입되는 관광객의 질적 저하가 동시에 일어날 수 있다. 이런 상황에서는 지역주민들이 자신의 지역에 악영향을 미친다고 판단되는 관광객과 관광 개발에 대해서 부정적인 태도를 피력하는 단계를 넘어서 욕설, 폭행, 기물 파손 등과 같은 부정적 행동으로 이어질 수 있다.

### 3) 지역주민의 태도에 영향을 미치는 요인

스포츠관광의 영향에 대한 지역주민들의 태도 변화는 앞서 소개한 이론들에 의해서 일부 설명될 수 있다. 하지만, 세부적으로 보면 지역주민들이 인식하는 스포츠관광의 영향은 여러 요인들의 복합적인 작용에 의해서 형성된다. 여러 연구들에서 공통적으로 나타난 지역주민들이 인식하는 관광의 영향에 대한 태도 형성에 미치는 요인들은 다음과 같다.

#### (1) 근접성

지역주민들의 거주지와 스포츠 이벤트 혹은 스포츠관광 시설들 사이의 근접성(proximity)에 따라 주민들이 인식하는 스포츠관광의 영향에 대한 인식이 달라질 수 있다. 예를 들어, 스포츠 이벤트가 개최되는 지역에 근접해서 거주하는 주민들은 이벤트를 통해 발생하는 다양한 부정적인 효과를 직접 감당해야 한다.

#### (2) 스포츠관광 산업에 대한 경제적 의존도

같은 지역사회 내에서도 스포츠관광을 통해 수익을 많이 얻게 되는 주민들과 수익을 얻지 못하는 사람들 사이에 관광 산업을 통해 발생하는 영향에 대한 인식이 달라질 수 있다(Beerli & Martin, 2004). 전반적으로 경제적 이익을 많이 얻는 사람들은 스포츠관광의 경제적 영향뿐 아니라 사회·문화, 환경적 영향에 대해서도 긍정적인 태도를 형성하게 되는 경우가 많이 있으며, 상대적으로 이익을 얻지 못하는 사람들은 스포츠관광의 부정적 영향을 더 높게 인식하는 경향이 있다.

#### (3) 개발 과정의 참여

관광이 지역사회에 미치는 영향에 대한 주민들의 인식은 관광 개발 과정(participation level)에서 자신들이 어느 정도 참여할 수 있었는지에 따라 달라질 수 있다. 개발 과정에 대한 참여 정도가 높다고 인식할수록 주민들이 인식하는 관광의 영향은 긍정적으로 나타날 수 있다(Kim & Shim, 2010). 이는 참여 과정을 통해 주민들이 충분히 개발 과정을 통제했고, 자신들이 존중받고 있다는 생각을 하기 때문에 그 결과물인 관광의 영향에 대해서도 긍정적으로 평가하는 경향이 있다고 이해할 수 있다(Cole, 2006). 이러한 결과는 스포츠관광에 있어서도 긍정적인 평가를 도출해 내기 위해서 주민 참여가 얼마나 필수적인 요소인지를 보여주는 중요한 사례라고 할 수 있다.

### (4) 공동체 애착심

주민들이 인식하는 공동체에 대한 공동체 애착심(community attachment)은 주민들이 자신이 거주하고 있는 지역과 지역사회에 대해서 형성하고 있는 정서적인 유대나 연계 의식이라고 볼 수 있다(Gross & Brown, 2008). 한 연구에 따르면, 지역주민들이 가지고 있는 지역사회에 대한 애착심이 높을수록 관광 개발로 인해 발생하는 영향에 대해 긍정적인 태도를 가지게 된다고 한다(Um & Crompton, 1987). 하지만, 다른 연구에서는 정반대의 결과가 나타나기도 했다(Gursoy & Kendall, 2006). 이를 살펴볼 때, 주민들이 지니고 있는 애착심에 따라 관광 개발로 인해 나타나는 영향에 대해 단순히 긍정 혹은 부정적인 평가를 하는 것이 아니라 좀 더 그 영향에 대해 민감하게 평가하게 된다는 것을 보여주고 있다(McCool & Martin, 1994).

#### 토론문제

1. 올림픽과 같은 스포츠 이벤트를 통해 발생하는 경제적, 사회·문화적, 환경적 영향과 소규모 모험 스포츠관광에서 발생할 수 있는 영향을 비교하여 차이점과 유사점을 토의해 보시오.
2. 스포츠관광이 지역사회에 미치는 영향에 대해서 지역주민들이 어떻게 인식하게 되는지 논의해 보고, 인식의 차이가 발생하는 이유에 대해서 토의해 보시오.

## 참고문헌

김형곤, 심원섭(2010). Modeling Cultural Impacts of Tourism: The Case of Confucian Cultural Tourism Development. 관광 · 레저연구, 22(3), 539-557.

김향자, 유지윤, 김현, 허갑중(2002). 2002 월드컵개최에 따른 관광부문 종합보고: 성과와 대책. 한국문화관광연구원.

이승은, 윤정임(2005). 골프장에 관한 환경규제 및 제도의 국내외 동향. 한국문화관광연구원, 한국관광정책 22호, 81-91.

이충기(2003). 월드컵 외국인방문객의 실제 관광지출액 추정과 그에 따른 경제적 파급효과 분석. 관광학연구, 26(4), 11-26.

Asia Golf(2002). Asia Golf Tourism. http://www.american.edu/TED/ASIAGOLF. HTM.

Beerli, A., & Martin, J.D.(2004). "Factors Influencing Destination Image". Annals of Tourism Research, 31(3), 657-681.

Cole, S.(2006). "Information and Empowerment: The Keys to Achieving Sustainable Tourism". Journal of Sustainable Tourism, 14(6), 629-644.

Doxey, G.(1975). "A Causation Theory of Visitor-Resident Irritants: Methodology and Research Inferences." Peoceedings of the sixth Annual Conference of the Travel Research Association. Travel and Research Association. San Diego, CA, 195-198.

Horne, J. & Manzenreiter, W.(2006). An Introduction to the Sociology of Sports Mega-events. Sociological Review, 54, 1-24.

Gursoy, D., & Kendall, K.(2006). "Hosting Mega Events: Modeling Locals' Support". Annals of Tourism Research, 33(3), 603-623.

Gross, M., & Brown, G.(2008). "An Empirical Structural Model of Tourists and Places: Progressing Involvement and Place Attachment into Tourism". Tourism Management, 29, 1141-1151.

Orams, M.(2011). Sport Tourism and Natural Resource Impacts In Higham, J. (Ed) Sport Tourism Destinations: Issues, Opportunities and Analysis. pp. 248-259. New York: Routledge.

Putnam, R.(1993). Making Democracy Work: Civic Traditions in Modern Italy. Princeton, NJ: Princeton University Press.

Putnam, R.(2000). Bowling Alone: the Collapse and Revival of American Community. New York: Simon & Schuster.

Terman, M.(1997). Natural Links: Naturalistic Golf Courses as Wildlife Habitat. Landscape and Urban Planning, 38, 183−197.

Um, S., & Crompton, J. L.(1987). "Measuring Residents' Attachment Levels in a Host Community". Journal of Travel Research, 26(1), 27−28.

Whitson, D. & Horne, J.(2006). "Underestimated Costs and Overestimated Benefits? Comparing the Outcomes of Sports Mega−events in Canada and Japan". Sociological Review, 54, 73−89.

American University  http://www.american.edu

CHAPTER

# 04

# 능동적 참여 스포츠 관광

1 능동적 참여 스포츠관광의 개요 | 2 레크리에이션 전문화

3 능동적 참여 스포츠관광 유형

CHAPTER 4

# 능동적 참여 스포츠관광

관광객의 요구가 직접 체험 위주로 패러다임이 변화하면서 스포츠관광과 같이 다양한 방식의 신체적 활동이 수반되는 유형의 관광 산업에서는 능동적 참여 스포츠관광의 역할이 더욱 부각되고 있다. 이 장에서는 수동적 관람형 스포츠관광과 상대되는 개념으로 관광객들의 직접 참여가 주가 되는 능동적 참여 스포츠관광에 대해 논의를 진행하였다. 덧붙여, 능동적 참여 스포츠관광 활동에 참여하는 관광객들을 이해하기 위해 능동적 참여 동기들을 소개하였고, 참여 관광객들의 다양한 분류를 이해하기 위한 이론적 틀로 레크리에이션 전문화 개념을 제시하였다, 또한, 이 장에서는 대표적인 능동적 참여 스포츠관광 활동의 유형을 크게 해양 스포츠관광, 내수면 스포츠관광, 동계 스포츠관광, 골프 관광의 4가지로 분류하여 제시하였다. 세부적으로는 요트, 스쿠버다이빙, 급류 래프팅, 카누와 카약, 스키, 골프를 주요 논의의 대상으로 하여 각 영역별 특성과 이슈에 대해서 논의하였다.

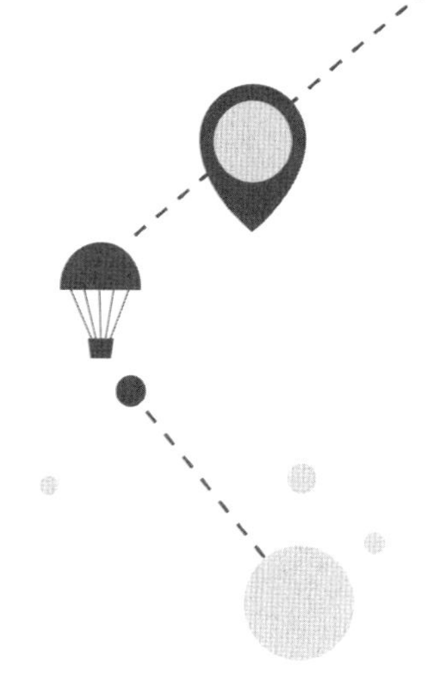

# 1. 능동적 참여 스포츠관광의 개요

## 1) 능동적 참여 스포츠관광의 개념

스포츠관광의 유형은 여러 학자들에 의해 다양하게 제시되었다. 일반적으로 광범위하게 사용되는 스포츠관광 유형은 Gibson이 제시한 능동적 스포츠관광, 이벤트 스포츠관광, 노스탤지어 스포츠관광을 들 수 있다. 능동적 스포츠관광은 관광객이 특정 스포츠 활동에 직접 참여하는 것이 핵심 목적이 되는 스포츠관광을 지칭한다. 능동적 참여 스포츠관광은 기본적으로 관광객의 직접 참여가 전제되기 때문에 체험형 스포츠관광이라고도 볼 수 있다. 관광객이 해당 스포츠 활동에 직접 참여하여 이루어지는 능동적 참여 스포츠관광은 다양한 종류의 스포츠 활동을 포함하고 있다. 참여형 스포츠 활동의 대표적 유형은 전통적인 겨울 스포츠(스키, 스노보드, 스케이트, 썰매, 루지 등), 수상 스포츠(윈드서핑, 서핑, 모터보트, 카누, 카약, 스쿠버다이빙, 래프팅 등), 골프 관광 등을 포함하고 있다. 이벤트 스포츠관광은 관광객이 특정 스포츠 이벤트를 관람할 목적으로 이벤트 개최 지역을 방문하는 유형의 스포츠관광을 의미한다. 개최 빈도에 따라서 일회성 스포츠 이벤트와 정기적으로 개최되는 스포츠 이벤트에 따라 구분해 볼 수 있다. 노스탤지어 스포츠관광은 스포츠 박물관이나 미국의 명예의 전당과 같이 특정 스포츠의 역사와 인물이 전시된 곳을 방문하는 것이 목적인 스포츠관광이다. 이번 장에서는 능동적 참여 스포츠관광에 초점을 맞추어 여러 관련 이슈와 유형별 특성을 알아보기로 한다.

능동적 참여 스포츠관광은 관광지에서 제공하는 특정 스포츠 활동에 관광객이 직접 참여하는 것이 가장 큰 특징이라고 볼 수 있다. 능동적 스포츠관광의 개념과 유형 분류에서 주목해야 할 부분은 스포츠와 아웃도어 레크리에이션 활동의 경계가 불분명하다는 점이다. 일반적으로 스포츠는 참여자들 사이의 경쟁을 기초로 하는 활동을 지칭하고, 아웃도어 레크리에이션은 실외에서 이루어지는 개인적인 스릴과 모험을 추구하는 비경쟁적 활동을 의미한다. 하지만, 모든 능동적 참여 스포츠관광 활동은 참여자들 사이의 경쟁을 기반으로 할 수도 있고, 순수한 개인적 스릴과 흥분을 충족시키기 위한 목적으로 비경쟁 시스템으로 관광객들에게 제공될 수도 있다는 점에서 스포츠와 아웃도어 레크리에이션의 명확한 구분이 쉽지 않다. 이러한 이유로 여기에서는 능동적 참여 스포츠관광을 경쟁 기반 스포츠 활동과 비경쟁 기반 아웃도어 레크리에이션 활동을 포괄하는 개념으로 접근했다.

능동적 참여 스포츠관광과 유사한 개념으로는 모험 스포츠관광을 들 수 있다. 두 개념은 많은 경우 혼용하여 사용되고 있고 그 명확한 구분이 쉽지는 않다. 다만, 모험 스포츠관광은 위험과 스릴의 요소에 좀 더 초점이

그림 4-1
**스포츠관광 유형**

맞추어져 있다는 점에서 능동적 참여 스포츠관광을 구성하는 모든 스포츠 활동의 적극적 유형이라고도 이해할 수 있다. 즉, 모험 스포츠관광은 능동적 스포츠관광에 포함되는 개념으로 접근할 수 있다. 모험 스포츠관광은 참여자가 거주지에서 벗어난 자연환경과의 상호 작용에 기초한 일정 부분 위험 요소를 내포하고 있는 상업적 활동으로 야외에서 이루어지는 광범위한 범주의 관광 활동을 지칭한다(Hall, 1992). 즉, 모험 스포츠관광은 자연환경에서 참여하게 되는 야외 스포츠활동이 주요 매력인 상업적 관광 활동의 한 유형이라고 볼 수 있다. 모험 관광객은 일반적으로 특별한 장비를 갖추어야 되고, 대부분의 경우 직접 해당 장비를 작동해서 활동에 참여하게 된다. 모험 스포츠관광에 포함되는 일반적인 활동은 등산, 카약, 래프팅, 다이빙, 스노클링, 스키, 스노보드, 서핑, 세일링, 스카이다이빙, 요트, 산악자전거 등으로 산, 바다, 강, 하늘에서 다양하게 이루어지는 실외 레크리에이션 활동들을 지칭하고 있다. 모험 스포츠관광은 일반적으로 20세기부터 유행하게 된 아웃도어 레크리에이션 활동에서 출발한 것으로 볼 수 있다. 사람들이 좀 더 특별한 경험을 찾기 위해 거주 지역을 벗어나 새로운 자연환경에서 아웃도어 레크리에이션 활동에 참여하는 경우가 늘어나고 있고, 이는 곧 아웃도어 레크리에이션 활동이 모험 스포츠관광의 형태로 발전하는 상황이라고 볼 수 있다. 모험 스포츠관광이 일반적인 관광과 가장 크게 다른 점은 모험 스포츠관광에 참가하는 사람들은 야외 스포츠 활동에 직접 참여하여 자신의 경험을 만들어 간다는 점에서 일반적으로 경관 감상(sight seeing)이 주요 활동이 되는 관광과는 뚜렷하게 구별이 된다(Sung, Morrison & O'Leary, 1996).

## 2) 능동적 참여 스포츠관광 참여 동기

능동적 참여 스포츠관광에 참여하는 관광객의 동기는 무엇일까? 물론 스포츠의 유형에 따라 그 참여 동기도 달라질 것이다. 하지만, 능동적 참여 스포츠관광은 일반적으로 스포츠 활동을 수행하기 필요한 일정한 신체 활동을 수반하게 되고 많은 경우에 일상에서 접하게 되는 수준 이상의 위험 요소를 극복해야 되는 측면을 가지고 있다고 볼 수 있다. 기존 연구들에서 조사된 모험 스포츠관광의 참여 동기를 종합적으로 살펴보면 좀 더 광의적인 영역인 능동적 참여 스포츠관광에 대한 참여 동기 또한 쉽게 이해할 수

표 4-1
모험 스포츠관광 참여 동기

| 내적 동기 | 스포츠 활동과 관련 |
|---|---|
| 스릴 | 아드레날린 분출과 흥분 추구 |
| 두려움 | 두려움 극복 |
| 통제 | 자신의 신체에 대한 정신적 그리고 물리적 통제력 유지 |
| 기술 | 전문성을 통해 고난도의 활동을 하는 것 |
| 성취감 | 어려운 목표를 달성하기 위해 도전을 극복하는 것 |
| 신체적 단련 | 신체를 단련하기 위함 |
| 위험 | 위험 자체를 느끼기 위함 |
| **내외적 동기** | **스포츠 활동 장소와 관련** |
| 자연 경관 감상 | 자연의 아름다움을 감상 |
| 정신 | 활동을 통해 영적인 경험 추구 |
| **외적 동기** | **사회적 측면** |
| 사회적 교류 | 친구와 스포츠 활동 경험을 공유하면서 즐거움 추구 |
| 이미지 향상 | 스포츠 활동을 통해 자신의 사회적 이미지를 향상 |
| 탈출 | 일상의 경험으로부터 변화와 탈출 |
| 경쟁 | 다른 사람과의 경쟁심 추구 |

자료: Buckley, R.(2012).

있을 것이다.

표 4-1에 나타나 있듯이, 일반적인 모험 스포츠관광에서 공통적으로 나타나고 있는 참여 동기는 14가지로 분류해 볼 수 있다. 물론, 능동적 참여 스포츠관광과 모험 스포츠관광이 동일하지는 않다. 하지만, 모험 스포츠관광은 체험 스포츠관광을 구성하는 중요한 영역의 하나로 이해할 수 있기 때문에, 체험 스포츠관광에서의 참여 동기 또한 이 14가지의 동기 차원에서 유사하게 접근해 볼 수 있다.

### (1) 내적 동기: 스포츠 활동과 직접 관련

스릴 추구　스릴(thrill)은 순수하게 아드레날린이 분출되는 생리적 현상을 수반한 감정 반응이라고 볼 수 있다. 많은 경우에 관광객이 특히 일정 수준 이상의 위험 요소를 지니고 있는 모험 스포츠에 직접 참여하려는 목적은 이러한 아드레날린이 분출되는 흥분 상태를 경험하기 위함이라고 볼 수 있다. 특히, 스포츠관광객이 참여하는 활동에서 추구하는 형태의 스릴은 부정적인 의미의 신체 반응 경험이 아니라 잠시의 재미나 흥분과 같은 긍정적인 측면에서 이해해야 한다. 또 하나 주목해야 할 점은 스릴은 많은 스포츠 활동에서 요구하는 기술 수준과는 무관하게 발생할 수 있는 감정이라는 부분이다. 예를 들어, 번지점프와 같은 활동에서는 참여자의 기술과는 무관하게 스릴을 느낄 수 있다는 점이다. 덧붙여, 스릴은 반드시 신체 활동을 수반하는 스포츠 활동을 통해서만 경험되는 요소는 아니라는 점 또한 주목해야 한다. 도박이나 영화 감상과 같은 정신적 혹은 시각적 체험이 중심이 되는 활동을 통해서도 추구되는 요소라고 이해할 수 있다.

두려움 극복　모든 스포츠 활동이 일정 정도의 위험과 경쟁 요소를 포함하고 있고, 이러한 위험 요소는 참여자에게 두려움(fear)을 이끌어 내는 기능을 수행한다. 위험 요소라는 측면에서 보면, 관광객이 스포츠 활동에 참여할 때 예상되는 부상과 같은 신체적 위험은 두려움을 느끼게 하는 근본적인 요소라고 볼 수 있다. 하지만, 많은 경우 관광객이 참여하는 스포츠 활동에서 제시되는 위험 요소들은 단지 사회적으로 교묘하게 설계되고 유도된 장치에 불과하다고도 볼 수 있다. 경쟁이라는 요소는 스포츠 활동에 참여하는 관광객들의 사회적 위험에 대한 두려움을 증폭시키는 요인이 될 수 있다. 즉, 경쟁적 요소를 지니고 있는 스포츠 활동에 참여한 관광객은 다른 관광객 혹은 다른 상대와의 경쟁에서 질 수 있다는 사회적 위험을 느끼게 되고, 이는 다시 사회적 두려움을 자극하는 촉매제가 될 수 있다. 관광객은 스포츠 활동에 참여할 때 이러한 신체적 혹은 사회적 위험과 그에 의해 유발되는 두려움을 극복해 나가는 과정 자체를 즐기기 위한 목적을 가지고 있다.

통제 스포츠 활동은 참여자의 신체적 균형과 조화를 통해 일정한 행위를 지속하기 위한 목적을 지닌 활동이라고 볼 수 있다. 관광객은 스포츠 활동에 참여하면서 자신의 신체를 적절하게 통제(control)하는 과정을 통해 스포츠 활동에서 요구하는 일정 난이도의 임무를 수행하게 된다. 자신의 신체와 정신을 적절하게 통제하는 것 자체가 스포츠 활동이 줄 수 있는 중요한 즐거움이자 도전이라고 볼 수 있다. 많은 관광객들이 스포츠 활동이 제공할 수 있는 이러한 통제력을 즐기기 위해 스포츠관광에 참여하게 된다고 이해할 수 있다.

기술 스포츠 활동에 참여하기 위해서는 번지점프와 같이 단순한 레크리에이션 활동과는 달리 일정 수준의 관련된 기술(technique)이 필요하다. 예를 들어, 스키나 스노보드와 같은 대표적 겨울 스포츠 활동을 즐기기 위해서는 참여자가 일정 수준의 시간과 노력을 기울여서 관련 장비를 적절하게 다루고 자신의 신체적 균형을 유지할 수 있는 기술을 점진적으로 습득하는 것이 요구된다. 여타 다른 수상 스포츠 활동들도 마찬가지로 참여자가 해당 스포츠 활동을 즐기기 위해서는 일정 수준의 관련 기술을 지녀야 한다. 이러한 기술 습득 과정 자체가 스포츠관광객들에게는 중요한 즐거움과 자신감을 달성하게 도와주는 요소라고 볼 수 있으며, 관련 스포츠 활동에서 좀 더 전문가적인 단계로 도약하기 위해 기술을 발전시키려는 욕구가 중요한 동기로 작용할 수 있다.

성취감 모든 스포츠 활동은 기본적으로 참여자가 극복해야 될 도전 요소들이 있다. 도전 요소는 개인의 특성과 스포츠 활동의 특성에 따라 달라질 수 있다. 즉, 참여자가 스포츠 활동을 통해서 인식하게 되는 도전 요소는 개인적인 차원에서 보면 신체적 발달, 심리적 혹은 신체적 위험 요인 등이 있을 수 있고, 대인적인 차원에서 보면 다른 참여자와의 직간접적인 경쟁에서 우위에 서야 하는 부분도 있다. 이렇듯, 참여자가 스포츠 활동에 내재되어 있는 다양한 도전 요소들을 극복하는 과정이 스포츠 활동의 중요한 매력이자 목적이 된다고 볼 수 있다. 스포츠관광객들에게도 스포츠 활동의 도전 요소들을 극복해 나가면서 얻게 되는 성취감(achievement)이 스포츠 관광 활동에 참여하는 중요 동기가 될 수 있다.

신체적 단련 스포츠 활동의 근본적인 목적 중 하나는 참여자의 신체를 단련(fitness)하는 데 있다고 볼 수 있다. 스포츠 활동 자체가 참여자가 일상생활에서 하게 되는 다양한 활동들에 비해 상대적으로 신체적인 활동이 주가 되는 특성을 지니고 있다. 스포츠 활동의 핵심 요소인 신체적 활동은 참여자가 자신의 신체를 기능적이고 심미적인 차원에서 단련하기 위한 목적으로 진행될 수 있다.

### (2) 내외적 동기: 스포츠 활동 장소 관련

능동적 참여 스포츠관광은 관광객의 스포츠 활동 참여가 핵심 목적이 되는 형태의 관광이기 때문에, 참여 동기 또한 스포츠 활동과 직접 연관된 요소들로 이루어져 있다. 하지만, 스포츠 활동에 내재된 혜택을 얻기 위한 목적 이외에도 스포츠 활동이 이루어지는 장소를 방문함으로 해서 얻을 수 있는 혜택들도 중요 목적이 될 수 있다. 즉, 활동 외적인 요소들 또한 능동적 스포츠관광의 참여 동기를 구성하고 있다.

자연　능동적 참여 스포츠관광은 대다수의 경우 실외에서 이루어지는 스포츠 활동이 중심이 된다. 각종 수상 스포츠, 스키, 골프와 같은 스포츠 활동은 스포츠 활동 자체의 매력도 중요하지만, 어떠한 자연 경관을 지니고 있는 곳에서 활동이 이루어지는지 또한 중요하다. 관광객들은 이러한 스포츠 활동을 목적으로 하는 여행을 계획할 때 방문 예상 지역의 자연 경관이 지니는 매력이 중요 동인으로 작용할 수 있다.

정신　특히 모험 스포츠 활동이 이루어지는 장소는 자연 그대로의 모습을 유지하고 있는 경우가 많고, 이러한 장소에서 관광객은 단순히 활동이 제공해 주는 즐거움만을 추구하지 않고, 정신(spirit)적인 정화 작용을 할 수 있다는 점을 주목해야 한다. 즉, 래프팅, 카누, 카약과 같이 천혜의 자연환경에 밀착해서 활동이 이루어지는 스포츠관광은 참가자에게 때때로 영적인 편안함을 제공할 수 있고, 이러한 영적 정화 작용에 대한 욕구가 능동적 스포츠관광에 참여하려는 동기로 작용할 수 있다.

### (3) 외적: 사회적 측면

사회적 교류　관광객이 직접 참여하는 능동적 참여 스포츠관광에서는 같이 참가한 다른 관광객들과의 교류가 중요한 참여 동기가 될 수 있다. 일반적으로 관광의 핵심 동기 중 하나로 제시되는 사회적 교류(social interaction)의 욕구는 스포츠 활동에 대한 참여가 주요 목적이 되는 능동적 참여 스포츠관광에서도 동일하게 적용될 수 있다. 특히, 위험 요소가 강조되는 래프팅, 암벽등반, 산악자전거 등과 같은 스포츠에서는 활동에 같이 참여한 다른 관광객들과의 친밀한 사회적 교류가 이루어지고 유대감을 강화시키는 역할을 할 수 있다. 이러한 사회적 교류의 욕구가 능동적 참여 스포츠관광의 중요 동기로 작용을 하게 된다.

이미지 향상　특정한 스포츠관광 활동에 참여하는 것은 사회적으로 자신의 모습을 표출하는 중요한 수단이 될 수 있다. 즉, 스포츠관광 활동에 참여 하는 행위가 특정한 사회·문화적 환경에서 자신의 지위를 나타내 주는 사회적 상징 도구로 활용될 수 있다는 것이다. 예를 들어, 래프팅이라는 모험성과 위험성이 강조되는 스포츠관광 활동은 참여 관광객에게 자신의 역동적이고 모험적인 이미지를 구축하는 수단으로 활용될 수 있다. 일반적인 감상 중심의 관광 활동보다 능동적 참여 스포츠관광은 사회적 상징성이 강하기 때문에 자신의 이미지와 정체성을 구축하고 표현하는 데 더 효율적인 것으로 판단된다. 이러한 사회적 상징성에 의해 능동적 참여 스포츠관광에 참여하는 핵심적 동기 중 하나는 참가자의 이미지 향상(image enhancement)이라고 볼 수 있다.

탈출　관광의 가장 기본적인 동인으로 언급되고 있는 탈출(escape)의 욕구는 능동적 참여 스포츠관광에 있어서도 동일하게 적용될 수 있다. 탈출 동기는 단순히 공간적인 측면에서 자신의 일상에서 벗어나 새로운 환경으로 이동하는 것만을 의미하지는 않고, 관광객이 일상의 역할로부터 탈출 하는 것을 포괄적으로 의미한다. 즉, 여행을 통해 스포츠 활동에 참여하는 동안 개인은 일상의 환경으로부터 벗어나는 동시에 자신이 일상에서 지니고 있던 다양한 사회적 역할로부터 잠시 해방되는 경험을 할 수 있다. 이러한 탈출에 대한 욕구가 능동적 참여 스포츠관광 활동의 참여를 촉진시키는 동기로 볼 수 있다.

경쟁　일반적인 스포츠 활동의 본질적 특성은 다른 사람과의 경쟁(competition) 원리에 있다고 할 수 있다. 동일한 활동에 참여하는 상대와의 경쟁에서 이기는 것을 목적으로 하는 것이 스포츠의 특성이라고 볼 때, 스포츠관광의 참여 동기도 그 경쟁을 즐기는 것을 포함시킬 수 있다. 즉, 다른 스포츠관광객들과의 경쟁하는 과정 자체를 즐기고자 하는 목적이 능동적 참여 스포츠관광의 중요 참여 동기가 될 수 있다.

플로 능동적 참여 스포츠관광 활동에 참여하게 되는 관광객들이 경험할 수 있는 핵심 요소는 무엇일까? 능동적 참여 스포츠관광 활동의 영역과 종류는 매우 다양하기 때문에 참여하는 활동의 특성에 따라 경험 요소도 다양하게 나타날 수 있다. 하지만, 스포츠관광은 기본적으로 일정한 기술과 신체적 활동이 요구되는 스포츠 활동이 중심이 되는 관광 활동이라고 볼 수 있으며, 플로 경험(flow experience)은 이러한 능동적 참여 스포츠관광 경험을 이해하기 위한 기본적인 틀을 제공해 줄 수 있다. 플로는 긍정심리학자인 Csikszentmihalyi가 제시한 개념으로, 사람이 특정한 활동을 수행하는 과정에서 경험하게 되는 몰입 상태를 의미한다고 볼 수 있다. 즉, 플로는 자신의 행위에 깊숙이 몰입하여 시간의 흐름이나 공간 더 나아가서는 자신의 존재 자체도 의식하지 못하는 심리적으로 안정된 최적의 경험 상태라고 이해할 수 있다. 플로를 경험하기 위한 선결 조건은 다음과 같다.

첫째, 참여하는 활동에 대해서 참여자가 명확한 목표를 가지고 있어야 한다.

둘째, 참여하는 활동이 참여자의 수준에 비추어 적절한 난이도를 가지고 있어야 한다.

셋째, 활동의 결과에 대한 피드백이 빠르게 전달되어야 한다.

위의 3가지 조건들 중에서 참여자에게 적합한 수준의 난이도를 제공하는 활동에서 플로 경험이 발생할 수 있다는 관점은 그림 4-2를 통해 더 잘 이해할 수 있다.

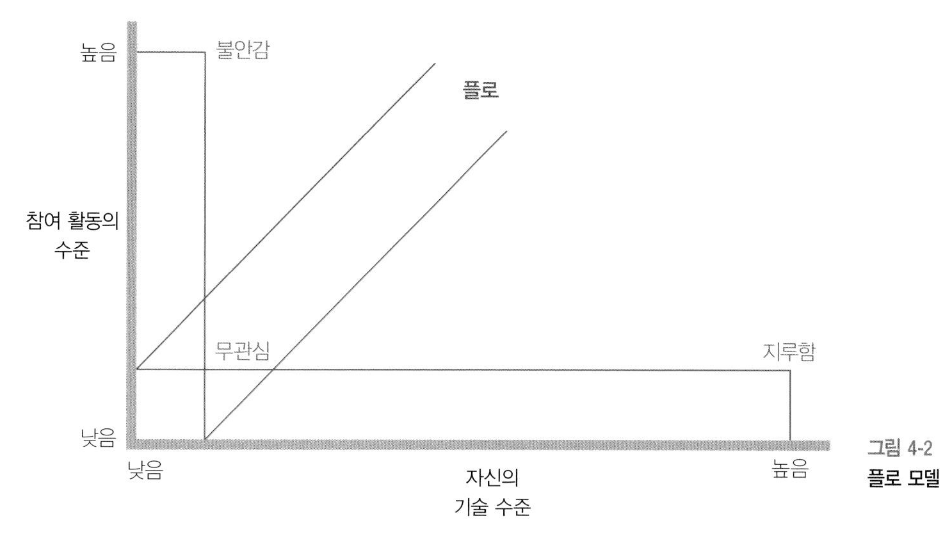


그림 4-2
**플로 모델**

자료: Csikszenmihalyi, M.(1990).

그림 4-2에서 나타나듯이 참여 활동에 내재되어 있는 활동 자체의 난이도 수준과 참여자가 보유하고 있는 기술 수준의 차이에 따라 경험의 형태 혹은 감정 상태가 달라질 수 있다는 점을 이해할 수 있다. 즉, 참여자의 기술 수준에 비해 활동의 난이도가 높을 때는 불안감(anxiety)을 느끼게 되고, 그 반대의 경우에는 지루함(boredom)을 느끼게 된다. 참여자의 기술 수준과 활동의 난이도가 모두 낮을 때는 무관심의 상태로 이어질 수 있다. 플로는 참여자의 기술 수준과 활동의 난이도가 일정 수준 이상에서 적절한 균형을 이루었을 때 발생할 수 있다고 이해할 수 있다. 플로는 스포츠 활동뿐 아니라 독서와 같은 일상적 여가 활동이나 일에서도 경험할 수 있는 최적의 몰입 상태를 의미한다. 플로 상태에 이르게 되면 일에서는 생산성과 창의력이 높아지고, 스포츠 활동에서는 최적의 성과가 나타날 수 있으며, 여가 활동(놀이)에서는 최적의 즐거움을 경험할 수 있게 된다(Csikszentmihalyi, 1990). 하지만, 자발성과 즐거움 자체의 추구라는 전제가 충족되는 활동에서 플로를 좀 더 쉽게 경험할 수 있다는 점을 생각해 보면, 자발성, 목표의 명확성, 신체적 활동, 즉각적 피드백과 같은 속성을 지닌

능동적 참여 스포츠관광 활동이 플로 경험을 제공해 줄 수 있는 효율적인 수단이라는 점 또한 쉽게 이해할 수 있다. 예를 들어, 래프팅과 같은 활동은 참여자의 일정한 기술 수준이 요구되는 자발적 수상 스포츠관광 활동이라는 점과 피드백이 즉시적이라는 점에서 참여 관광객의 래프팅 경험은 플로 이론 관점에서 접근할 수 있다. 마지막으로 중요한 점은 플로 상태에 이르기 위해서는 참여 관광객의 기술 수준과 스포츠 활동의 난이도가 균형을 이루어야 한다는 점이다. 하지만 경험이 축적되면서 참여 관광객의 기술 수준은 자연스럽게 높아질 수 있다. 능동적 참여 스포츠관광을 관리하는 측면에서는 이러한 플로 경험을 제공하기 위해서 참여자의 기술 수준에 적합한 난이도를 갖춘 스포츠 활동을 지속적으로 제공하는 것이 중요하다는 점을 알 수 있다. 덧붙여, 기술 수준이 다른 스포츠관광객에 맞는 차별화된 난이도의 서비스를 제공하는 것이 최적의 경험 수준을 창출해 내기 위해서 필수적인 부분이라는 점 또한 이해할 수 있다.

## 2. 레크리에이션 전문화

능동적 참여 스포츠관광에 몰입하는 관광객의 행동과 태도를 이해하기 위한 중요한 이론적 개념으로 레크리에이션 전문화(recreation specialization)를 들 수 있다. 능동적 참여 스포츠관광은 일반적으로 관광객이 특정한 스포츠 활동에 직접 참여하는 형태를 띠고 있기 때문에 스포츠 활동 참여에 필요한 지식과 기술 수준이 관광객에 따라 다양한 스펙트럼을 보이게 된다. 이렇듯, 관광객이 참여하는 스포츠 활동에 대한 경험에 따라서 관련 지식과 기술 수준이 변화하는 현상과 그에 따른 관광객의 태도와 행동의 변화를 이해하기 위해서는 레크리에이션 전문화 개념이 유용하게 활용될 수 있다.

## 1) 개념적 정의와 특성

Bryan(1997)에 의해 처음 제시된 이후 북미 지역에서 주된 연구가 이루어진 레크리에이션 전문화 개념은 아웃도어 레크리에이션 활동객을 분류하기 위한 도구로 활용되었다. 레크리에이션 전문화는 일반적으로 "스포츠와 여가 활동 영역에서 사용되는 장비와 기술에 의하여 규정되는 일반적인 상태에서 특별한 상태로 이어지는 행동의 연속"이라고 정의된다(Bryan, 1977). 즉, 특정한 스포츠 활동에 참여하는 사람들은 해당 활동에 대한 시간과 경험이 축적되면서 관련 지식과 기술이 초보 단계에서 전문가 단계로 발전하게 된다는 점이 레크리에이션 전문화의 핵심적인 내용이라고 할 수 있다. Bryan은 레크리에이션 전문화 단계를 비정기적으로 참여하는 초보자 단계, 능력을 개발하고 도전을 통해 기술을 입증하려는 발전 단계, 높은 수준의 몰입과 지식과 관련된 활동의 특징을 갖는 전문화 단계 3가지로 구분하고 있다. 즉, 레크리에이션 활동에 참가하는 참여자는 처음에는 일반 참여자로 시작하지만 시간이 경과함에 따라 레크리에이션 활동에 몰입하게 되면서 해당 활동에 대한 전문적인 지식이 축적되고 기술이나 장비도 향상되는 단계로 발전하여 궁극적으로는 전문적인 참여자로 성장하게 된다는 것이다. 스포츠관광객들도 해당 스포츠 활동에 참여하는 시간이 증가하면서 유사한 관심사를 지닌 사람들과의 사회화 과정을 통해 특별한 지식, 기술, 태도, 규범 등을 체득하게 되고 이는 초보 단계에서 전문가 단계로 이어지는 발전 단계로 진행될 수 있다. 레크리에이션 전문화를 규정하는 요소에 대해서는 연구자들 별로 다소 다른 시각이 제시되어 왔다. 이 개념을 처음 도입한 Bryan이 제시한 레크리에이션 전문화를 규정하는 4가지 측면은 기술에 대한 선호도, 세팅에 대한 선호도, 해당 활동에 대한 경험, 해당 활동이 참여자의 삶에서 차지하는 비중을 포함하고 있다. 한편, 최근 연구에서는 레크리에이션 전문화를 구성하는 요소를 해당 레크리에이션 활동에 대한 행위의 집중(a focusing of behavior), 기술과 지식(skill & knowledge), 그리고 헌신(committment)의 3가지 측면으로 규정하고 있다(Scott & Shafer, 2001). 공통적으로 살펴볼 때 레크리에이션 전문화 개념을 구성하는 것은 행동적 요소(behaviroal component), 심리적 요소(psychological component), 인지적 요소(cognitive component)의 3가지로 구분해 볼 수 있다.

## 2) 전문화 수준에 따른 그룹

아웃도어 레크리에이션 활동 참가자들의 다양성을 분석하기 위한 수단으로 레크리에이션 전문화 개념이 주목받기 시작하면서, 시장 세분화의 유용한 도구로 전문화 수준이 활용되고 있다. 즉, 특정한 스포츠 혹은 아웃도어 레크리에이션 활동에 참가하는 사람들의 전문화 수준을 분석하고 수준에 따라 집단을 구분하는 것이 첫 번째 단계이다. 전문화 수준에 따라 구분된 집단 사이의 여러 태도와 행동의 차이를 분석하는 것에 초점을 맞추어 연구들이 진행되어 왔다. 전문화 수준에 따라서 스포츠관광객을 구분하기 위해서는 먼저 전문화 수준을 측정하기 위한 방법을 결정해야 한다. 현재까지 레크리에이션 전문화 수준을 측정하는 방법은 크게 3가지로 정리해 볼 수 있다.

첫째, 다수의 전문화 연구에서 사용했던 다중 변수(multivariable indices) 접근법이다. 이 접근법에서는 전문화 개념을 구성하는 행동적, 심리적, 인지적 측면을 포괄할 수 있는 여러 항목들을 개발하여 참여자의 전문화 수준을 측정하고 있다.

둘째, 사회적 세상(social world) 이론에 기초해서 개발된 전문화 수준 측정법이다(Unruh, 1979). 사회적 세상 이론에 따르면, 모든 사람들은 하나 이상의 다양한 사회 공동체에 속해 있다고 볼 수 있으며, 특정한 사회적 세상에 속해 있는 구성원들은 관여 수준에 따라서 이방인(strangers), 관광객(tourists), 고정적 참가자(regulars), 내부자(insiders)라는 사회적 유형으로 구분된다. 이러한 사회적 세상의 개념을 활용하여 레크리에이션 참가자들을 4가지의 전문화 수준으로 구분할 수 있는 측정법이 개발되어 사용되고 있다(Salz, Loomis & Finn, 2001).

세 번째 방법은 자기 구분 측정법(self-classification measure)으로, 최근 들어 그 효용성에 대한 관심이 높아지고 있는 접근법이다. 전통적으로 레크리에이션 전문화 연구들에서 사용되었던 행동적, 심리적, 인지적 요인을 포괄하는 다중 변수적 측정법은 다수의 항목들을 포함시켜야 하기 때문에 설문 응답율이 저하되는 문제가 나타날 수 있다. 기존 측정 방식의 이러한 비효율성을 개선하기 위한 방편으로 제시된 단일 항목 접근법은 참여자들이 생각하는 특정 레크리에이션 활동에 대한 행동적, 정서적, 인지적 측면을 포괄하는 단일 항목을 제시하고 본인이 어떠한 유형에 속하는지 스스로 판단하여 표기하는 방식이라고 할 수 있다(Scott, Ditton, Stoll, & Eubanks, 2005). 단일 항목을 이용한 자기 구분 측정법은 기존의 측정법과의 비교 연구를 통하여 그 측정 척도의 정확성과 타당성이 확보되었다(Sorice et al., 2009). 다양한 측정 방법에 따라 구분된 전문화 수준별 집단은 일반적으로 3가지 혹은 4가지로 제시되고 있다. 3가지 전문화 수준으로 구분하는 경우에는 가장 전문화 수준이 낮은 집단을 일시적 참여자(casual participants), 중간 정도의 전문화 수준을 가진 집단을 활동적 참여자(active participants), 가장 높은 수준의 전문가 단계에 있는 집단을 헌신적 참여자(committed participants)로 제시하고 있다.

### 3) 전문화 수준에 따른 변화

수많은 전문화 연구들에서는 참가자의 전문화 수준이 그들의 여러 태도와 행동에 직접적인 영향을 미친다는 결과들을 보여주고 있다. 전문화 수준별 집단 사이에 여러 태도와 행동의 차이가 나타나는 이유는 전문화 수준이 높아지면서 해당 활동에 대한 지식, 기술, 관련 공동체에 대한 소속감의 발전 등을 통해 참여자들이 활동에서 중요하게 생각하는 기준들이 변화하기 때문일 것이다. 전문화 수준과 그에 따른 참가자의 변화에 대한 일반적인 명제는 표 4-2에 나타나 있다. 레크리에이션 전문화와 관련된 일반적인 명제 이외에도, 많은 실증적 연구들에서 전문화 수준에 따른 관련 태도와 행

표 4-2
전문화 수준에 관한 일반 명제

| 수준 | 수준에 관한 일반 명제 |
|---|---|
| 1 | 특정한 스포츠 레크리에이션 활동에 참가하는 사람들은 시간이 지나면서 그 활동에 대한 전문성이 높아질 것이다. |
| 2 | 특정한 스포츠 레크리에이션 활동에 대한 전문화 수준이 높아질수록 해당 활동에 대한 투자 비용(해당 활동 참여를 위해 소요되는 재정적, 사회적 비용을 포함한 다양한 비용)이 높아질 것이다. |
| 3 | 특정한 스포츠 레크리에이션 활동에 대한 전문화 수준이 높아질수록 해당 활동이 개인의 삶에서 차지하는 비중 또한 높아질 것이다. |
| 4 | 특정한 스포츠 레크리에이션 활동에 대한 전문화 수준이 높아질수록 해당 활동과 관련된 규칙, 규범, 절차 등에 대한 지지와 수용력 또한 높아질 것이다. |
| 5 | 특정한 스포츠 레크리에이션 활동에 대한 전문화 수준이 높아질수록 관련 장비의 중요성과 그 장비를 사용하는 기술의 중요성 또한 높아질 것이다. |
| 6 | 특정한 스포츠 레크리에이션 활동에 대한 전문화 수준이 높아질수록 특정한 자원에 대한 의존도 또한 높아질 것이다. |
| 7 | 특정한 스포츠 레크리에이션 활동에 대한 전문화 수준이 높아질수록 해당 활동과 관련된 대중 매체의 활용 수준이 높아질 것이다. |
| 8 | 특정한 스포츠 레크리에이션 활동에 대한 전문화 수준이 높아질수록 참여자의 경험에서 차지하는 활동 중심 요소(activity specific elements)들의 중요성이 활동 외적인 요소(non-activity specific elements)들의 중요성에 비해 상대적으로 감소할 것이다. |

자료: Ditton, R., Loomis, D., & Choi, S.(1992).

동의 변화를 보여주는 결과들이 제시되었다.

McFarlene(2004)은 오토캠핑객 연구에서 오토캠핑에 관한 전문화 수준에 따라 캠핑 사이트 선택 기준이 달라질 수 있다는 점을 보여주고 있다. 캠핑에 대한 전문화 수준이 높은 사람들은 그렇지 않은 사람들에 비해 덜 개발된 캠핑장을 선호하는 모습을 나타냈다. 하이킹을 하는 사람들의 혼잡 지각과 환경에 대한 태도에 대해 조사한 연구에서는 전문화 수준이 높은 하이커들은 그렇지 않은 하이커들에 비해 혼잡 지각에 대해서 좀 더 예민하게 반응하는 것으로 나타났다(Hammitt et al., 1984). 즉, 전문화 수준이 높은 하이커들은 하이킹 도중 다른 등산객들을 마주치는 빈도가 높아지는 것에 대해 좀 더 부정적인 태도를 보이는 것으로 나타났고, 환경에 대해 더 우호적인 태도를 지니고 있는 것으로 나타났다. 등산객들의 등산 행위에 대한 선호도를 비교한 연구에서는 전문화 수준이 높은 집단에서 환경에 낮은 영향을 주는 등산법에 대한 선호도가 상대적으로 더 높다는 것을 밝혀냈다(Dyck et al., 2003). 스쿠버다이버들에 관한 전문화 연구에서도 유사하게 전문화 수준이 높은 스쿠버다이버들이 상대적으로 더 높은 친환경 태도와 행위를 보이고 있는 것으로 나타났다(Thapa et al., 2005).

이렇듯, 관련 연구들에서 야외에서 이루어지는 스포츠·레크리에이션 활동에 참여하는 사람들에게서 전문화 수준이 높아질수록 좀 더 친환경적인 태도와 행동으로 변화된다는 점을 보여주고 있다. 이와 같은 결과는 전문화 수준이 높은 집단에서는 관련 자원과 환경을 활용하는 비중이 높고 의존도가 높기 때문에 지속 가능한 형태로 자원을 보존하기 위해 전문화 수준이 낮은 사람들에 비해 좀 더 친환경적이고 보존 중심의 태도와 행동을 보여주는 것으로 이해할 수 있다. 류성옥과 오치옥(2008)은 장소 애착감이 전문화 수준에 따라 달라질 수 있다는 점을 실증적으로 보여주고 있으며, 전문화 수준이 높은 집단이 낮은 집단에 비해 상대적으로 장소 애착감이 더 높게 나타나는 것으로 나타났다.

# 3. 능동적 참여 스포츠관광 유형

능동적 참여 스포츠관광에 포함될 수 있는 스포츠관광의 유형은 관광객이 직접 참여하게 되는 스포츠 활동의 종류에 따라 구분해 볼 수 있다. 특히, 여기에서는 관광객의 직접 참여를 전제로 하는 스포츠 활동의 핵심 자원과 특성에 따라 그 유형을 구분했다.

첫째, 수상에서 물을 핵심 자원으로 활용하는 수상 스포츠관광을 들 수 있다. 수상 스포츠관광은 다시 해양에서 이루어지는 스포츠관광 활동을 지칭하는 해양 스포츠관광과 내수면에서 이루어지는 스포츠 활동에 기초한 내수면 수상 스포츠관광으로 구분할 수 있다.

둘째, 눈과 얼음을 매개로 하여 주로 겨울철에 이루어지는 스포츠 활동을 지칭하는 동계 스포츠관광이 포함될 수 있다.

셋째, 골프를 목적으로 주로 리조트에서 이루어지는 골프 관광을 들 수 있다. 이상의 3가지 유형의 체험 스포츠관광은 다음과 같이 세부적으로 살펴볼 수 있다.

## 1) 해양 스포츠관광

물을 핵심 자원으로 활용하는 스포츠 활동에 참여하는 것이 주요 목적인 관광을 수상 스포츠관광이라고 지칭한다. 흔히 수상 레저 스포츠라고도 불리우는 유형의 스포츠관광으로 전 세계적으로 오랜 역사를 가지고 있기 때문에 그 종류에 있어 매우 광범위하고 다양하다고 볼 수 있다. 특히, 해양 스포츠관광(marine sports tourism)은 해상, 해변, 해저에서 행해지는 모든 형태의 스포츠에 관광 활동으로 참여하는 현상을 말하며, 동력이나 무동력에 의해 이루어지는 놀이와 스포츠를 포괄하고 있다. 전 세계적으로 대중적인 인기를 끌고 있고, 지속적인 수요가 존재하는 해양 스포츠로는 요트, 서핑, 스쿠버다이빙, 모터보트, 제트스키 등으로 다양한 활동을 포함하고 있다. 우리나라는 삼면이 바다로 둘러 싸여 있어 해안선이 1만 2,000km에 달하기 때문에 해양 스포츠에 적합한 환경을 가지고 있으며, 전반적인 생활 수준의 질적 향상과 더불어 해양 스포츠관광에 대한 수요가 지속적으로 높아지고 있다. 국내 해양 스포츠 수요는 2000년 157만 명으로 추산되었으나 2010년에는 554만 명까지 증가하여, 약 10년 사이에 400만 명에 가까운 수요가 새로이 창출된 것으로 나타났다(해양경찰백서, 2010). 여기에서는 해양 스포츠 활동 중에서 관광 산업과의 연계성이 높고 영향력이 높다고 판단되는 요트와 스쿠버다이빙에 대해서 간략한 개요와 특징을 소개하고자 한다.

### (1) 요트 관광

요트는 일반적으로 고부가가치의 성격을 지닌 해양 스포츠로 분류될 수 있

그림 4-3
**요트 관광**

다. 미국과 영국의 경우 1인당 국민 소득이 2만 달러, 일본의 경우에는 3만 달러를 넘어서면서 요트 스포츠가 활성화되었다는 점을 주목해 볼 필요가 있으며, 국내에서도 국민 소득이 증가함에 따라 해양 스포츠 활동으로서 요트를 즐기는 수요가 증가할 것으로 예상할 수 있다. 요트 관광(yacht tourism) 시스템을 구성하는 핵심 요소 중 하나는 마리나를 들 수 있다. 마리나는 요트나 레저 보트의 정박 시설로 주변에 상점, 식당가, 숙박 시설 등이 집적되어 있는 항구 시설을 의미한다. 마리나의 시설은 기본 시설(방파제, 계류 시설 등)과 기능 시설(보관 시설, 클럽하우스 등)로 구분되어 있다. 마리나는 일반적으로 고급 해양 스포츠의 시설 수준을 가늠하는 지표로 많이 활용되는 경향이 있다. 마리나는 요트 관광이 활성화되기 위한 필수 요건이라고 볼 수 있다. 세계 요트 대회는 국제요트연맹(ISAF, International Sailing Federation)에서 승인한 후에 대회별 등급제로 운영되고 있다. 현재, 세계 3대 요트 대회로 승인 받은 대회는 월드 매치 레이싱 투어(World Match Racing Tour), 아메리카스컵(America's Cup), 볼보 오션 레이스(Volvo Ocean Race)를 포함하고 있다.

국내에서는 최근 들어 가처분 소득의 증가, 여가 시간의 확대, 라이프 스타일의 변화 등의 요인들에 의해 요트에 대한 관심이 증가하고 있고 실제 수요도 지속적으로 늘어나고 있는 상황이다. 국내 등록 요트 수와 조정 면허 보유자 수를 살펴보면, 이러한 추세는 좀 더 명확하게 나타난다. 2006년도 기준 등록된 요트 수는 205척에 불과했지만, 2010년에는 6,967척으로 불과 4년만에 30배가 넘는 비약적인 증가세를 기록하고 있다. 조종 면허 보유자 수도 2006년 5만 6,458명이었던 것이 2010년에는 9만 8,518명으로 증가했다. 요트 기반 시설인 마리나는 국내에서 부산 수영만에 처음으로 조성되었고 2012년 기준으로는 경기도 전곡항, 전남 목포 등에 14개소가 개발되었으나 전체 계류 용량은 1,240척으로 전체 요트 수에 대비하여 시설 확보율이 17.8%에 불과할 정도로 스포츠 인프라가 부족한 것으로 나타났다. 국내 마리나 수는 요트 스포츠가 활성화되어 있는 미국(1만 1,000), 일본(570), 독일(2,700) 등과 비교해 보면 아직 매우 미미한 규모에 불과하다. 요트 교육 시설은 요트 관광의 수요 저변을 확산시키기 위해 필수적인 요소로, 2011년 기준 총 19개소의 요트 학교가 운영 중에 있다(국토해양부, 2011). 요트 학교에서는 요트를 직접 소유하지 않은 관광객들이 직접 요트를 체험해 볼 수 있는 기회가 되는 요트 관광의 핵심적 시설의 하나로 이해할 수 있다. 국내에서는 요트 스포츠관광을 활성화시키기 위한 일환으로 2011년 이후 국제 보트쇼(경기 국제보트쇼, 대한민국 국제보트쇼 등) 및 국제 요트 대회(코리아컵, 코리아컵 국제요트대회, 이순신장군배 국제요트대회 등)를 개최하고 있다.

### (2) 스쿠버다이빙 관광

스쿠버다이빙은 수중에서 해저 경관과 생물들을 감상할 목적으로 이루어지는 수중 잠수 활동을 지칭한다. 스쿠버(SCUBA)는 Self-contained Underwater Breathing Apparatus의 약자로 수중 잠수 장비를 지니고 수중에서 이루어지는 다이빙 활동으로 이해할 수 있다. 명칭에서도 나타나듯

그림 4-4
스킨스쿠버

이, 스쿠버다이빙은 초기에는 전문 잠수 장비를 지니고 산업 혹은 군사 목적으로 이루어지던 수중 잠수 활동이 이후 레크리에이션 목적을 지닌 수중 활동으로 확산되었다.

수중에서 이루어지는 레크리에이션 활동이기 때문에 다이버의 안전과 직접적인 관련이 있는 잠수 장비 산업의 기술적 발전과 밀접하게 관련되어 있다. 스쿠버다이빙은 수중 경관과 생물을 감상하는 것이 핵심적인 참여 동기가 되기 때문에, 그러한 경관을 지니고 있는 곳으로 이동하는 여행 활동이 기본적으로 수반된다. 즉, 스쿠버다이빙은 활동 자체의 특성에 기인해서 그 자체로 중요한 관광 활동으로 인식되어 왔다. 특히, 스쿠버다이빙 관광(scuba diving tourism)은 전문적인 장비와 기술이 요구되는 활동이기 때문에, 스쿠버다이빙에 참여하는 관광객들은 일반적으로 스쿠버 산업 운영자들에게 여러 영역(스쿠버다이빙 운영자, 전세 보트 운영자, 스쿠버다이빙 교육과 훈련, 전문 장비점 등)에서 높은 의존도를 보인다. 스쿠버다이빙은 높은 수준의 교육과 훈련이 요구되고, 전문 장비 산업이 필요한 활동이기 때문에, 해당 지역의 관광 산업에 미치는 경제적 파급력도 높은 것으로 나타나고 있다. 높은 부가가치 상품으로 인식되고 있기 때문에 많은 해양 관광지에서 지역 관광 산업을 활성화시키기 위한 수단으로 스쿠버다이빙 산업에 관심을 기울이고 있다. 스쿠버다이빙 관광의 특징 중 하나는 관광객의 스쿠버다이빙 경력이 높아짐에 따라, 선호하는 스쿠버다이빙 환경과 환경에 대한 의식 자체도 변화하게 된다는 점이다. 즉, 전문화 수준이 높은 다이버들은 전문화 수준이 낮은 다이버에 비해 해양 환경 보존에 대한 관심이 더 높고, 환경을 보호하기 위한 행동에 더 적극적으로 참여한다고 알려져 있다. 스쿠버다이빙은 그 특성상 민감한 생태 환경에서 스포츠 활동이 이루어지고, 스쿠버 활동 자체가 민감한 수중 환경에 여러 가지 부정적인 영향을 미칠 수 있다. 특히, 대규모로 이루어지는 스쿠버다이빙 관광은 해당 지역의 수중 생태계에 부정적인 영향을 미칠 수 있다는 점에 대한 우려가 커지고 있다(Dimmock & Musa, 2015). 이러한 점에서 지역을 방문하는 스쿠버다이빙 관광객들의 경력과 기술 수준을 이해하는 것이 환경 보존과 관련한 문제들에 있어 중요한 부분이라고 할 수 있다.

## 2) 내수면 스포츠관광

### (1) 급류 래프팅

국내에서 흔히 래프팅이라고 불리는 급류 래프팅(whitewater rafting)은 참여 관광객의 모험심과 스릴을 충족시키기 위한 대표적 모험 관광 상품으로 잘 알려져 있다. 래프팅은 계곡 사이의 급류를 고무보트를 이용하여 여러 명이 함께 노를 저어 가면서 하류로 내려가는 활동이다. 이 활동의 핵심 요소는 급류를 타면서 급류 사이의 돌출된 바위들과 같이 높은 위험성을 지닌 장애물을 보트에 같이 탄 동료들과의 협력 활동을 통해 극복해 나가는 과정에 있다. 이러한 위험 요소를 극복하는 과정 자체가 래프팅의 핵심 상품이라고 볼 수 있기 때문에 오랫동안 모험 스포츠관광의 대명사처럼 소개되어 왔다. Arnold와 Price(1993)의 연구에 의하면 래프팅에 참여한 관광객들의 핵심 경험은 3가지(자연과의 일체감과 조화, 자신의 재발견과 성장, 동료 관광객들과의 유대감)로 정리해 볼 수 있다.

첫 번째 요소인 '자연과의 일체감과 조화'를 살펴보면, 관광객들은 래프팅을 통해서 자연과 좀 더 밀착된 느낌을 가지게 되고 자연이라는 것이 단순히 관람의 대상이 아니라 자신과 분리될 수 없는 일체감을 경험하게 된다고 볼 수 있다.

둘째, '자신의 재발견과 성장'은 래프팅에 참여한 관광객이 래프팅과 관련한 새로운 지식 및 기술의 습득을 하게 되고, 다양한 어려움과 장애물을 극복하는 과정을 통해 자신의 잠재력을 발견하고 자신감을 가지며 최종적으로는 내적 성장을 경험한다는 차원에서 이해할 수 있다.

셋째, '동료 관광객들과의 유대감'은 같이 래프팅의 어려움을 극복해 나가는 과정에서 함께 보트에 탄 관광객들과 동지 의식을 느끼게 되고, 이는 일상에서 발견하기 힘든 형태의 친밀한 유대감으로 발전하게 된다는 것이다. 물론, 이러한 유대감이 일상으로까지 연장되는지에 관해서는 조심스러운 해석이 필요하다.

래프팅이 제공해 줄 수 있는 이러한 경험적 요소들을 보면, 최근 들어 국내에서 여러 회사들이 동료 의식과 자신감 향상을 위한 기회로 래프팅을 활용하는 이유에 대해 이해할 수 있다. 국내에서는 90년대 중반 이후 처음 소개된 이후 계곡이 깊고 급류가 센 강원도 영월 동강, 인제 내린천, 철원 한탄강 등이 래프팅의 명소로 잘 알려져 있다.

### (2) 카누와 카약

카누(canoe)와 카약(kayak)은 항해 체험과 경관 관람을 위한 이동 수단으로 강 혹은 호수에서 빈번하게 활용되는 대표적인 내수면 수상 스포츠 활

그림 4-5
카누 관광

동이다. 특히, 카누와 카약은 동력을 전혀 이용하지 않는 친환경적인 방식의 수상 스포츠 활동으로 관광 개발에 있어서도 환경 보존의 중요성이 강조되고 있는 현대사회에서 그 활용도가 커지고 있는 분야라고 볼 수 있다. 카누는 양끝이 뾰족한 상판이 개방되어 있는 나무 보트로 한 명 혹은 여러 명이 탑승해서 외날 노를 저어 추진하는 방식으로 운행되며, 북미 지역의 토착 원주민들인 인디언 문화에서 유래한 것으로 알려져 있다. 카약은 북극해 일대에서 거주하고 있는 에스키모로 알려진 이누이트(Inuit) 족에게서 유래한 일인용 보트로 원형은 동물 가죽으로 제작되어 사용되었지만, 현재는 수상 스포츠 목적으로 주로 나무나 플라스틱을 소재로 하여 제작되고 있다. 카누와는 달리 상판이 있고 양날 노를 사용한다.

카누와 카약 모두 수상 스포츠로 대중화된 적절한 배경을 가지고 있다. 둘 다 가볍고, 상대적으로 저렴한 구매 비용, 기술 습득의 용이성, 이동성이 높다는 점, 친환경 무동력이라는 장점들 때문에 전 세계적으로 인기를 끌고 있는 내수면 수상 스포츠 활동으로 자리 잡고 있다. 국내에 카누 및 카약이 본격적으로 자리 잡기 시작한지는 오래되지 않았지만, 수상 스포츠에 대한 전반적인 관심의 증가와 더불어 급속하게 인기 레저 스포츠 활동으로 자리매김하고 있다. 2011년 기준 국내 카누 및 카약 오프라인 클럽 수는 영리를 목적으로 하는 사업체를 제외하고 30여 개에 달하는 것으로 나타났고, 동호인은 약 1만 명 수준으로 파악되었다(김윤영·김영준, 2012).

춘천에 설립된 카누 제작 학교는 최근 들어 진화하고 있는 수상 스포츠 관광 상품의 모습을 잘 보여주고 있다. 2012년부터 시작된 춘천의 카누 제작 학교에서는 참가자들이 교육비와 재료비를 포함해 280만 원을 지불하고 약 10일간 카누 제작 기술을 직접 배우게 되며, 이 과정을 통해 자신이 직접 만든 카누를 소유할 수 있게 된다. 그 이후, 자신이 직접 제작한 카누를 타고 춘천의 물레길을 여행하는 새로운 개념의 수상 스포츠관광 상품이라고 볼 수 있다. 즉, 이 관광 상품은 참여자가 카누의 제작과 운용에 관련된 기술과 지식을 습득하는 동시에, 카누를 타고 물길을 항해하는 스포츠 활동에 직접 참여한다는 점에서 새로운 개념의 체험형 스포츠관광이라고 볼 수 있다. 다른 지역에서도 이처럼 카누나 카약과 같은 무동력 수상 스포츠 활동을 활용한 관광 개발이 시도되고 있다. 예를 들어, 영월 농촌체험마을은 동강과 서강이 만나는 곳인 남한강 합수머리에 위치해 있으며, 일명 '태화산 카누마을'로 알려져 있다. 카누와 카약을 동시에 즐길 수 있는 계류장과 같은 수상 스포츠 시설을 갖추고 있으며, 방문한 관광객이 직접 카누를 몰고 남한강의 정해진 코스를 항해할 수 있는 기회를 즐길 수 있다.

### 3) 동계 스포츠관광(스키 관광)

동계 스포츠관광은 겨울철 눈과 얼음을 핵심 소재로 해서 이루어지는 스포츠에 참여하는 관광 활동으로 스키와 스노보드가 대표적인 종목이라고 할 수 있다. 대표적인 겨울 스포츠로 자리 잡고 있는 스키는 전 세계적으로 그 역사나 규모 면에서 가장 크고 오래된 겨울 스포츠관광 활동이라고 할 수 있다. 스키의 종류는 대표적으로 슬로프 스키와 크로스컨트리 스키 2가지로 구분해 볼 수 있다. 전 세계 대부분의 스키 리조트는 산의 경사도를 이용하여 빠른 속도로 내려오는 슬로프 스키를 중심으로 활동이 이루어지고 있다.

국내 스키 관광의 현황을 살펴보면 다음과 같다. 국내에 도입된 초기에는 일부 특권 계층만 참여할 수 있는 고급 스포츠로 인식되었으나 스키장이 급속하게 증가하면서 현재는 스노보드와 더불어 가장 대중적인 겨울 스포츠로 자리매김하고 있다. 1990년에는 전국에 5개의 스키장이 운영되었고, 스키장당 연간 방문객 수는 11만 3,524명을 기록했다. 2012년에는 전국의 스키장은 17개소로 증가했고, 개소당 이용객 수는 39만 2,072에 달해 2012년 한해 총 이용객은 666만 5,223명을 기록했다. 국내 스키장 수와 절대적인 이용객 수는 확실하게 증가했지만, 2002년까지 연평균 17.7%의 고

그림 4-6
**이탈리아 돌로미테 스키 관광**

속 성장을 기록하던 성장세는 2003년 이후부터 연평균 4.3%로 둔화된 상태이다(한국문화관광연구원, 2013). 국내 스키장의 내국인 증가세는 둔화된 상태지만, 외국인 관광객의 수는 급속하게 증가하고 있다. 공식적인 집계가 시작된 2007년 이후 2012년까지 국내 스키 리조트를 방문한 외국인 관광객의 수는 2배 가까이 증가했다. 국내 스키장을 방문한 외국인의 대다수는 중화권 및 동남아시아 관광객으로 집계되고 있으며, 많은 경우 패키지로 결합된 저가 상품을 통해 유입되기 때문에 실질적 매출에 미치는 영향은 상대적으로 높지 않은 것으로 보고 있다.

동계 스포츠관광 활동의 대표 유형으로 스키는 국내에서 성장세가 둔화되고 있는 모습을 보이고 있으며, 지속적인 성장을 도모하기 위해서는 현재 직면해 있는 여러 문제들을 극복할 수 있는 전략적 접근이 요구된다.

첫째, 계절성 극복의 문제를 들 수 있다. 스키와 스노보드처럼 눈이 있어야 이루어지는 동계 스포츠 활동은 기후적 변화에 매우 민감한 특성을 지니고 있다. 즉, 스키는 계절성이 매우 뚜렷한 스포츠 활동으로 성수기와 비수기의 차이가 극단적으로 나타나는 스포츠관광이라고 볼 수 있으며, 비수기에 필연적으로 발생하게 되는 유휴 시설 관리 비용의 문제와 수익성 약화에 관한 문제가 중요한 이슈라고 볼 수 있다.

둘째, 지구 온난화에 따른 기후 변화로 인해 동계 시즌 동안 영상 기온으로 인한 제설 관리의 어려움이 부각되고 있으며, 우천으로 인한 휴장 빈도도 점차 증가하고 있다.

셋째, 인구 고령화로 인해 새로운 스키 수요의 창출이 점점 더 어려워지고 있다는 점이다.

최근에 들어서는 동계 스포츠 특유의 계절성 문제와 기후 변화에 따른 운영의 어려움, 수요 창출의 어려움 등을 극복하기 위한 여러 가지 전략적 방안이 강구되고 있다. 예를 들어, 기존의 스키 리조트가 스키뿐 아니라 골프, 놀이 시설, 수영장, 호텔 등을 포함하는 사계절형 레저 스포츠 시설들이 복합화·집적화된 복합 리조트로 진화하는 경향을 보이고 있다. 단순 스키 리조트에서 복합 리조트로 변화하면서 연중 상시적으로 관광지의 시설 및 자원을 효율적으로 활용할 수 있게 되어, 운용 비용의 효율화를 도모하고 수요의 확대를 기대할 수 있다.

## 4) 골프 관광

골프는 소수 계층만의 전유물처럼 오랫동안 인식되어 왔으나, 최근 골프에 대한 인식 자체가 변화되면서 건강 및 여가 선용을 위한 대중적인 스포츠로서 자리매김하고 있다. 특히, 리조트를 방문하는 관광객들이 선호하는 대표적인 스포츠 활동으로 인식되고 있어 리조트 개발에 있어 필수적으로 여겨지는 스포츠 시설로 평가받고 있다.

전 세계적으로도 골프에 대한 관심과 재정적인 투자가 지속적으로 증가하고 있으며, 이는 골프 인구의 증가와 맞물려 나타나는 현상이라고 볼 수 있다. 특히, 이러한 투자의 방향이 여가 활동으로 지역주민을 대상으로 하는 골프장 건설에 제한된 것이 아니라, 관광객을 유치하기 위한 중요한 수단으로 골프장의 역할이 더욱 중요하게 평가받고 있는 상황이라고 볼 수 있다. 일반적으로 골프 관광객은 여타 다른 유형의 관광객들에 비해 평균 소득이 높은 것으로 알려져 있고, 그에 따라 방문 관광지에서 더 많은 비용을 지출하는 것으로 나타나고 있다. 물론, 높은 소득과 높은 지출을 특징으로 하는 골프 관광객들이 요구하는 서비스의 질이나 상품의 질에 대한 기준도 일반적인 관광객들보다 상대적으로 높은 것으로 나타나고 있다. 관광지의 단순한 양적인 성장에서 벗어나 질적인 측면의 성장을 도모하는 최근 추세에서는 이러한 가치 중심형 관광객의 유입은 매우 중요한 과제가 되고 있다. 골프 관광은 이러한 측면에서 적절하게 부합하는 형태의 관광이라고 볼 수 있으며, 이런 측면 때문에 전 세계 많은 관광지들에서 골프 리조트 건설을 통해 관광지 활성화를 도모하고 있다고 이해할 수 있다.

하지만, 골프 관광이 지역에 항상 장밋빛 미래만을 보장해 주지는 않는다

그림 4-7
**골프 관광**

는 점 또한 명확히 해야 한다. 첫째, 골프 관광은 환경적인 측면에서 많은 논란이 되고 있는 분야라는 점이다. 앞서 논의했듯이, 골프장 운영에 있어 다수의 환경 유해 물질들(살충제, 화학 비료 등)이 지역 자연환경에 부정적인 영향을 미칠 수 있다. 덧붙여 골프 코스의 잔디를 유지하는 과정에서 과도한 물이 사용되어 지역의 수자원을 고갈시키는 결과로 이어질 수 있다는 점 또한 유의해야 한다. 사회·문화적인 측면에서 볼 때, 골프 관광과 같이 고소득 관광객이 중심이 되는 관광객의 유입은 지역의 사회 구조와 문화적 가치관의 균열을 가져올 수 있다. 특히, 개발 도상국이 저개발 국가에서 이루어지는 골프 관광은 전시 효과를 통해 지역주민들의 문화적 가치관을 변형시키는 결과를 초래할 수 있고, 사회 계층 간의 괴리를 심화시킬 수 있는 원인이 될 수 있다. 경제적 측면에서도 골프장 건설과 운영에 많은 자본과 전문 인력이 요구되기 때문에 전형적인 경제 누수 현상이 발생할 수 있는 가능성 또한 높다. 이러한 잠재적인 문제점들에 대한 대처 전략을 충분히 수립했을 때만 골프 관광이 지역의 활성화에 효율적으로 기여할 수 있다는 점을 명확하게 인식해야 한다.

2012 한국골프지표 조사보고서에 따르면, 국내 골프 인구의 규모는 2007년 275만 명(20세 이상 인구의 9.6%)에서 2012년도에 이르러 약 470만 명(20세 이상 국민의 14.2%)으로 추산되고 있을 정도로 빠른 성장세를 보이고 있다. 국내 골프장 수는 410개, 연간 골프장 방문객 수는 2700만 명에 이르는 것으로 추산되고 있다(대한민국골프백서, 2013). 2011년 기준 국내 골프 및 골프 연관 산업 규모는 총 11조 8000억 원에 이르는 것으로 추산되고 있을 정도로 경제적인 파급력이 매우 큰 산업이라고 볼 수 있다. 세부적으로 살펴보면, 골프장 분야가 약 4조 1000억 원으로 가장 큰 비중을 차지하고 있으며, 스크린 골프 산업이 1조 7000억 원, 골프 연습장 산업이 약 1조 1000원, 클럽 및 기타 용품 6500억 원, 골프 의류 약 2조 1000억 원, 골프 대회 약 300억 원, 골프 관련 미디어 약 800억 원에 이르는 것으로 조사됐다. 특히 주목할 만한 점은 골프 여행과 관련한 산업 규모는 2조 1000억 원에 달

하는 것으로 나타나 그 경제적인 규모 면에서는 스포츠관광의 핵심적인 상품이라고 볼 수 있다.

사례연구

## 소림사 무술 스포츠관광 상품 이야기

무술은 전통적으로 스포츠의 영역에서 다소 벗어나 있었지만, 최근 들어서는 올림픽과 아시안게임과 같은 대형 스포츠 이벤트에 포함된 공식 스포츠의 하나로 인정받기 시작했다. 소림사는 쿵후를 주재로 하는 무술 스포츠, 전통문화, 관광이 접목된 새로운 형태의 관광 상품으로 전 세계적인 관심을 받고 있다.
소림사(少林寺, 샤오린사)는 하남성의 중심 도시인 정주와 낙양 사이에 약간 남쪽으로 처진 작은 도시에 위치하고 있다. 소림사는 서기 464년, 불타선사(佛陀禪師)라는 인도의 승려가 중국으로 와서 불법을 전파하면서 시작되었고, 북위의 효문제의 명으로 495년 공사를 시작하여 창건되었다. 소림사에서는 참선을 보완하는 수행 방법의 하나로 무술을 도입한 것으로도 널리 알려져 있는데, 이 무술이 소림 쿵후로 발전했다(죽기 전에 꼭 봐야 할 세계 건축 1001, 2009). 소림사 내의 주요 관광지는 소림사 정문, 소림 무술관, 탑림 등이다. 소림사 정문은 소실산(少室山)에 위치하고 있으며, 정문에 쓰인 "少林寺" 세 글자는 중국에서 아주 유명한 강희(康熙) 황제의 친필이라는 점을 강조하고 있다. 이곳은 무술 영화 촬영지로 유명하고, 중국 내외의 내빈과 일반 대중을 위한 쇼 등을 진행한다. 소림 무술관은 1988년 개관 이래 10여 개 나라에서 100여 명의 무술 수련자가 와서 무술을 배워 간 곳으로 유명하며, 관광객들이 관람을 하는 장소이다. 탑림은 중국 건축사상 가장 위대한 프로젝트 중 하나로 구분되는데, 다양한 형태의 탑들이 246개의 묘소를 지키고 있다(변재연, 2005).
소림사의 무술이 각종 대중문화를 통해 세계로 알려지면서 전통 소림을 직접 체험하기 위해 외국인들의 발길이 소림사로 이어지고 있다. 소림사 관광객들은 대부분 인근 정주나 낙양을 거점으로 하고 당일 코스로 소림사를 방문하는 관람 형태를 보이고 있다. 도시 중심에서 차로 약 20분 거리에 소림사가 위치

소림사 정문

소림 무술관

탑림

자료: 두산백과.

(계속)

하고 있는데, 관람은 개인 방문도 가능하며 경우에 따라 가이드를 통한 관람도 가능하다. 소림사 입장료는 성인 100위안, 학생 50위안에 구입 가능하고 매표소 옆에서 지도 2장이 무료로 지급된다. 탑림과 소림사의 시설물 및 역사·문화적 유물들을 볼 수 있으며, 실제 수련자들의 무술을 감상할 수 있다. 소림사의 연무정이라는 곳에서 소림사 무예 고수들이 관광객들을 대상으로 무술 공연을 하고, 일부 관객들은 공연 중 무술을 직접 체험해 보기도 한다. 공연 시간은 약 30분이며, 하루에 2~3번 공연한다. 관광객들은 소림사를 방문함에 있어 대부분 관람을 위주로 한 당일 코스 관광을 하고 있다.

소림사에서 즐길 수 있는 또 다른 관광 형태로 체험형 관광이 있다. 중국 남부 지방 원난에 외국인에게 소림사 체험 기회를 제공하는 수도원이 있다. 원난 수도원에서는 본격적인 쿵후 체험을 할 수 있다. 매주 토요일에 시작되는 교육은 오전 5시에 기상하여 수도사와 함께 식사, 취침, 훈련을 수행해야 하는 고된 일정으로 구성되어 있으며, 식단은 채식이고 훈련은 하루에 3번 약 2시간에 걸쳐 진행된다. 오전 기상과 함께 샛강을 따라 구보를, 아침 식사 후 오전 훈련으로 이미지 트레이닝을 통한 쿵후 훈련 및 다수의 스트레칭을 실시한다. 점식 식사 후 오후 훈련으로 오전과 같은 훈련을 2시간 수행한다. 저녁 식사를 마치고 나서 명상의 시간을 거쳐 오후 9시에 취침, 다음 날 다시 오전 5시 기상의 과정을 일주일간 반복하며, 지원자의 의지에 따라 연장 가능하다(Bastiaan, 2013). 쿵후는 태권도와 함께 무술에서 스포츠의 형태로 발전하고 있으며, 이러한 무술 스포츠를 직접 체험하고 수련하려는 목적을 지니고 방문하는 관광객의 수는 지속적으로 증가하고 있는 것으로 나타나고 있다. 최근 미국의 30개 주에서 소림 무술을 연마하는 수련생 500여 명이 소림 무술과 불법을 익히기 위해 소림사를 방문했었고, 국내를 포함한 세

(계속)

계 각국에서 소림 무술에 관심을 가지고 수련을 위해 다음과 같은 체험형 관광에 참여하고 있다. 소림사는 절 자체보다 소림사를 둘러싸고 있는 무술을 연마하는 학교들을 찾아 직접 체험을 추구하는 관광객의 수가 지속적으로 증가하고 있다. 매년 수만 명 이상이 찾아와 무술을 연마하는 곳으로 현재 80여 개의 무술 학교에 4만 명 이상의 학생이 등록되어 있는 것으로 나타났다. 이러한 무술 학교에서는 유치부 과정이라 할 수 있는 3~4세부터 대학 과정인 20대까지 학생들이 넘쳐나고 있다. 외국인의 경우 장기 체류 외국인 학생만 300~400명에 이른다. 현재 소림사는 소림 무술을 세계화하기 위한 다양한 전략을 제시하고 있다. 현재는 소림사 권법으로 유명해졌으나, 근본적으로는 참선을 중요시하는 선종계 사찰이다. 최근 들어, 일부에서 소림사의 지나친 상업화를 우려하는 비판의 목소리가 제기되고 있기도 하지만 무술 스포츠와 관광이 융합된 새로운 형태의 스포츠관광 활동은 지속적으로 그 인기가 높아지고 있는 상황이다.

자료: 소림사 홈페이지.

## 토론문제

1. 능동적 참여 스포츠관광 유형별 관광객들의 핵심 참여 동기는 무엇인지 논의하시오.
2. 레크리에이션 전문화 개념을 통해 살펴볼 때 전문화 수준이 높아짐에 따라 변화하는 관광객들의 선호도는 무엇인지 논의해 보시오.
3. 향후 국내 골프 관광의 트렌드는 어떻게 변화할 지에 대해서 논의해 보시오.
4. 국내에서 해양 스포츠에 대한 관심이 높아지고 있는 배경과 향후 해양 스포츠와 연계된 관광의 트렌드는 어떠한 방식으로 변화할지 논의해 보시오.
5. 무술 스포츠관광의 중요한 영역으로 국내 태권도 관광의 미래는 어떠한지에 대해서 논의해 보시오.

## 참고문헌


김윤영(2012). 수상관광레저산업 활성화 방안-내수면 무동력 수상관광레저 활동을 중심으로. 한국문화관광연구원.

김윤영, 김영준(2012). 요트관광레저 활성화 방안. 한국문화관광연구원.

박경열(2013). 레저스포츠 관광 활성화 방안. 한국문화관광연구원.

박한식, 김남조(2008). 모험관광객이 플로우(flow) 경험구조-래프팅 참여자를 중심으로. 관광연구, 23(1), 191-207.

Arnold, E., & Price, L.(1993). River magic: Extraordinary experience and the extended service encounter. Journal of Consumer Research, 20(1): 24-45.

Bourdeau, P., Corneloup, J., & Mao, P.(2004). Adventure sports and tourism in the French mountains: Dynamics of change and challenges for sustainable development. In B. Ritchie and D. Adair (eds) Sport Tourism: Interrelationships, Impacts and Issues(101-116). Toronto: Channel View Publications.

Buckley, R.(2012). Rush as a key motivation in skilled adventure tourism: Resolving the risk recreation paradox. Tourism Management, 33, 4, 961-970.

Csikszentmihalyi, M.(1990). Flow: The Psychology of Optimal Experience, New York: Harper&Row Publisher.

Dimmock, K. & Musa, G.(2015). Scuba diving tourism system: A framework for collaborative management and sustainability. Marine Policy, 54, 52-58.

Ditton, R., Loomis, D., and Choi, S.(1992). Recreation Specialization: Re-conceptualization from a social worlds perspective. Journal of Leisure Research, 24, 33-51.

Dyck, C., Schneider, I., Thompson, M., & Virden, R.(2003). Specialization among Mountaineers and Its Relationship to Environmental Attitudes. Journal of Park and Recreation Administration, 21(2), 44-62.

Gibson, H.(2002). Sport tourism at a crossroad? Considerations for the future. In S. Gammon and J. Kurtzman (eds) Sport Tourism: Principles and Practice(111-128). Eastbourne: Leisure Studies Association.

Hall, M.(1992). Adventure, Sport and Health Tourism. In Special Interest Tourism, 141−158. Eds B. Weiler & C. Hall. London: Belhaven Press.

Hammitt, W., McDonald, C., and Noe, F.(1984). Use Level andEncounters: Important Variables of Perceived Crowding among Non−specialized Recreationists. Journal of Leisure Research, 16, 1−9.

Jennings, G.(2007). Water−based Tourism, Sport, Leisure, and Recreation Experiences. Oxford, UK: Elsevier Inc.

Sung, H., Morrison, A. & O'Leary, J.(1996). Definition of Adventure Travel: Conceptual Framework for Empirical Application from the Providers' Perspective, Asia Pacific Journal of Tourism Research, 1(2), 47−67.

Thapa, B., Graefe, A., & Meyer, L.(2006). Specialization among Marine based Environmental Behaviors among SCUBA Divers. Journal of Leisure Research, 38(4), 601−615.

Weed, M., & Bull, C.(2009). Sports Tourism: Participants, Policy and Providers. Oxford, UK: Elsevier Ltd.

CHAPTER

# 05

# 이벤트 스포츠관광과 노스탤지어 스포츠관광

1 이벤트 스포츠관광 | 2 노스탤지어 스포츠관광

SPORT TOURISM MANAGEMENT

CHAPTER 5

# 이벤트 스포츠관광과 노스탤지어 **스포츠관광**

스포츠관광은 스포츠와 관광을 두 개의 별개 현상으로 여기는 것이 아니라, 서로 시너지 효과를 창출하는 동시적 현상으로 받아들이는 것이다. 미국의 학계에서는 스포츠관광의 의미를 단순한 관광객의 관점이라기보다는 스포츠관광 상품이나 이벤트에 참가하고, 이를 독려하는 마케팅적 측면에서 스포츠관광의 정의를 내리는 경향이 있다. 그러나 대부분의 학자들은 스포츠관광을 스포츠에 참여하거나 관람을 목적으로 한다는 점에는 동의한다. 즉, 관광 중에 스포츠 활동에 능동적으로 참여하거나, 시각적인 관람 중심의 수동적 참여가 특징이 되는 이벤트 스포츠관광과 노스탤지어 스포츠관광을 하게 된다. 이 장에서는 사례를 중심으로 이벤트 스포츠관광과 노스탤지어 스포츠관광의 개념 및 특징적인 매력 요소를 살펴보고 창의적인 아이디어 창출과 합리적·효율적 사고를 함양하고자 한다.

# 1. 이벤트 스포츠관광

## 1) 이벤트 스포츠관광의 의의

최근의 관광 추세는 단순한 휴식 또는 자연이나 유적지를 보기만 하는 정적인 관광에서 벗어나 스포츠 지향적인 활동을 포함하여 이벤트나 축제 등을 체험하는 동적인 관광이나 특별 관심 분야 위주의 관광(SIT, special interest tourism)을 하는 형태로 변화하고 있다.

선진국에서는 관광과 스포츠 활동을 동시에 충족시키는 스포츠관광 인구가 폭발적으로 증가하는 추세이다. 다양한 스포츠관광의 인프라는 스포츠 관광객에게 관광 매력물로서의 복합적인 기능을 수행하게 되는데(Higham, 2005), 이를 통해 스포츠관광은 관람과 체험의 흥미를 동시에 발생시킬 수 있다.

이벤트 스포츠관광(event sport tourism)은 스포츠를 관람하기 위해 떠나는 여행으로(Gibson, 2003), 주로 스포츠관광 참여 활동 정도와 관광 목적에 따라 구분된다. 이벤트 스포츠관광은 스포츠와 관련된 이벤트를 관람하는 것뿐만 아니라, 참여 선수, 팀 관계자, 운동 단체, 언론 매체 등 다양한 이해관계자들과의 인적 네트워크가 구성될 수 있고, 이를 통해 이벤트 스포츠관광객은 다양한 방식으로 참여에 대한 동기를 부여받을 수 있다.

스포츠 관람의 역사는 고대 그리스까지 거슬러 올라간다. 아테네와 스파르타를 통해 많은 사람들이 모여 신체를 단련하고 국가의 기강을 바로잡기 위한 활동을 하였고, 그러한 과정에서 스포츠의 참가와 관람은 자연스럽게 이어져 갔다. 이후 그리스의 올림피아 평원의 여러 신들의 신전, 조상, 경기장, 기타 공공시설에서 제우스을 비롯한 여러 신의 영혼을 위로하고, 폴리스 간의 화합을 다지기 위한 경기를 하였는데, 이것이 올림피아 제전이 되었다. 올림피아 제전은 기원전 776년에 처음 제전이 시작되어 4년에 한 번

| 연도 | 대회명 | 선수단 | | 전년 동월 대비 관광객 | | 전년 동월 대비 수입 | |
|---|---|---|---|---|---|---|---|
| | | 참가국 | 인원 | 관광객 수 | 증가율 (%) | 수입액 (US $1,000) | 증가율 (%) |
| 1986 | 서울 아시안게임 | 27 | 4,839 | 145,856 | 13.7 | 163,946 | 139.0 |
| 1988 | 서울 올림픽 | 159 | 8,465 | 237,288 | 43.8 | 253,750 | 37.3 |
| 1997 | 무주 동계 유니버시아드 | 48 | 1,350 | 270,801 | 6.2 | 372,385 | −10.1 |
| 1997 | 부산 동아시아대회 | 9 | 2,100 | 347,497 | 7.5 | 469,566 | −6.4 |
| 1999 | 강원 동계 아시안게임 | 23 | 799 | 327,838 | 18.2 | 543,400 | 33.2 |
| 2002 | 한일 월드컵 | 32 | − | 403,466 | −12.3 | 474,200 | −12.0 |
| 2002 | 부산 아시안게임 | 44 | 11,000 | 488,734 | 16.1 | 511,800 | −6.0 |
| 2003 | 대구 하계 유니버시아드 | 174 | 6,634 | 454,411 | −4.7 | 420,700 | −22.9 |
| 2011 | 대구 세계육상선수권대회 | 212 | 6,000 | 977,296 | 40.4 | 1,42100 | 31.8 |
| 2014 | 인천 아시안게임 | 45 | 13,000 | 243,000 | NA | 250,000 | −30.0 |
| 2015 | 광주 하계 유니버시아드 | 170 | 20,000 | − | − | − | − |

자료: 문화체육관광부(2008); 통계청 자료. 재구성.

**표 5-1**
**우리나라 메가 스포츠 이벤트 개최 실적**

씩 행해졌다. 경기 종목도 최초에는 스타디온 달리기뿐이었는데, 횟수를 거듭하면서 5종 경기(경주, 도약, 투창, 투원반, 레슬링) 등 25개 종목으로 증대되었다. 그 당시 경기 참가자뿐만 아니라 스포츠 경기의 관람을 위한 방문자가 증가하였고, 이 시대의 여행객들은 제우스의 보호를 받는 '신성한 사람'으로 생각하여 민가에서는 이들을 따뜻하게 환영하여 숙박을 제공하는 관습이 있었다. 당시의 '융숭한 대접(hospitalis)'을 뜻하는 단어가 오늘날의 환대(hospitality)라는 말의 어원이 되었다. 또한 화폐의 사용과 그리스어의 통용, 숙박 시설 등 편의 시설이 확충되어 이벤트 스포츠관광을 성장시키는 데 초석이 되었다.

우리나라는 1986년 서울 아시아게임과 88년 서울 올림픽이 개최되면서 관광 산업의 비약적인 발전이 이루어져서, 1988년에 외래 관광객 200만 명

| 대회 명 | 대회 기간 | 개최지 | 대회 규모 | 슬로건 |
|---|---|---|---|---|
| 2016년 리우데자네이루 올림픽 | 2016년 8월 5일~21일 | 브라질 리우데자네이루 | 28개 종목, 304개 세부 종목 | Live Your Passion (열정을 가져라) |
| 2017년 런던 세계육상선수권대회 | 미정 | 영국 런던 | 미정 | 풍부한 경험과 전문성 |
| 2018년 러시아 월드컵 | 2018년 6월 8일~7월 8일 | 러시아 | 32개국, 14개 경기장, 13개 도시, 64경기 | Ready to Inspire (놀라움을 기대하라) |
| 2018년 평창 동계 올림픽 | 2018년 2월 9일~2월 25일 | 한국 평창 | 평창과 정선은 마운틴 클러스터, 강릉은 코스탈 클러스터. 15개 종목, 98개의 세부 종목 | 하나된 열정 |

표 5-2
**메가 스포츠 개최 예정 현황**

을 돌파하였다. 국제적인 메가 스포츠 이벤트는 경제적 효과는 물론 국가 이미지 향상에 큰 효과를 거둘 수 있다는 점에서 국가 간의 유치 경쟁이 치열하다. 우리나라는 국제적인 메가 스포츠 이벤트를 꾸준히 개최하고 있으며, 이를 통한 이벤트 스포츠관광의 발전을 도모하고 있다.

현대의 이벤트 스포츠관광은 단순히 경기를 보고 즐기는 단계에만 머무르는 것이 아니라 함께 응원하고, 스포츠 팬십(sports fanship)을 형성하며 스트레스 해소와 욕구 충족, 여가 만족을 줄 수 있는 생활의 중요한 매개체라고 볼 수 있다.

스포츠에 참여하고자 하는 인구의 증가와 스포츠 경기 기술에 대한 관심, 국제 스포츠 대회 및 리그에 대한 정보의 증가와 활용 등으로 이벤트 스포츠관광에 참가하고자 하는 관광객은 꾸준히 증가하고 있으며, 이들은 스포츠가 개최되는 지역을 순회하며 스포츠에 직간접적으로 참가하고 현지의 관광 명소를 탐방하거나 향토 음식을 함께 즐기기도 한다.

이벤트 스포츠관광은 관람 목적형 관광의 성격을 띠고 있어서 원거리 이동을 통해 스포츠 관람을 하는 경우가 많다. 특히 이벤트 스포츠관광의 경우는 경쟁형 스포츠 이벤트일 경우가 많기 때문에 관람과 함께 응원이 동반되는 경우가 많다. 국가 간 경기나 시합 이벤트, 클럽 팀 간의 경기 이벤

그림 5-1
2015년 광주 하계 유니버시아드

트 등 경기와 시합 이벤트의 특성에 따라 관람 및 응원의 형태는 달라질 수 있다.

## 2) 이벤트 스포츠관광의 유형

이벤트 스포츠관광은 스포츠관광객의 참여 능동성에 따라 분류되기도 하는데, 이는 크게 능동적 이벤트 스포츠관광과 수동적 이벤트 스포츠관광으로 구분할 수 있다. 능동적 이벤트 스포츠관광은 올림픽이나 월드컵 등과 같은 메가 스포츠 이벤트 등을 관람할 목적을 갖고 의도적으로 여행을 계획하여 참여하는 품평적 관람객(connoisseur observers)이 해당한다. 수동적 이벤트 스포츠관광은 의도적으로 스포츠를 관람하기 위해 여행 계획

자료: Standeven, J., & De Knop, P.(1999); Funk, D.(2008). 재구성.

그림 5-2
**이벤트 스포츠관광의 유형**

을 수립했다라기보다는 주로 우발적으로 관람에 참여하는 캐주얼 관람객(casual observers)이 속한다(Standeven & De Knop, 1999).

또한, 이벤트 스포츠관광은 관람과 직접 참여의 형태로 구분되어지는데, 관람을 중심으로 하는 이벤트 스포츠관광은 주로 열광적인 팬부터 애호가, 호기심 많은 일반적 스포츠 관람자까지 다양한 부류의 사람들로 구성된다. 직접 참여 형태는 스포츠 고유의 특성을 경험하고자 하는 관광객이 포함된다.

한편, 이벤트 스포츠관광은 이벤트의 규모에 따라 메가 스포츠 이벤트 관람과 소규모 스포츠 이벤트 관람으로 분류할 수 있다. 메가 스포츠 이벤트는 일반적으로 100만 명 규모의 참가자와 관람자가 동원되는 것으로 여겨지며, 경기의 종류와 참여자, 기간 등의 규모가 크기 때문에 메가 스포츠 이벤트라 명명되어지며, 올림픽이나 월드컵, 월드 베이스볼 등과 같은 스포츠 이벤트가 이에 속한다.

반면에 소규모 스포츠는 메가 스포츠와 같이 국제적인 국가 간의 스포츠 경기는 아니지만, 때로는 개최 지역에 많은 관람자를 동원하기도 한다. 소규모 스포츠에는 프로축구, 프로야구, 프로배구, 마라톤, 골프 대회, 산악자전거 대회 등이 속한다.

이벤트 스포츠관광은 Funk(2008)가 분류한 스포츠 이벤트의 유형에 따라 메가 스포츠 이벤트 관광(mega sport event tourism), 홀마크 스포츠 이벤트 관광(hallmark sport event tourism), 메이저 스포츠 이벤트 관광(major sport event tourism), 지역 스포츠 이벤트 관광(regional sport event tourism)으로 구분할 수 있다.

### (1) 메가 스포츠 이벤트 관광

메가 스포츠이벤트 관광은 동·하계 올림픽과 같이 대규모 스포츠 이벤트에 관람과 참여의 목적으로 참가하는 스포츠관광을 말하며, 전 세계 여러 국가에서 수백만 명이 참가하는 대규모 국제 스포츠 행사이다.

하계 올림픽 이벤트스포츠관광의 대표적인 것은 메가 스포츠관광이며, 메가 스포츠이벤트관광의 대표는 하계 올림픽이라고 할 수 있다. 1894년 쿠베르탱(Pierre de Coubertin, 1863~1937)에 의해 시작된 근대 올림픽은 현재 정치적·상업주의적 형태로 많이 바뀌었지만, 인류의 복지 증진과 평화를 실행시키고자 하는 스포츠 화합의 기본적인 약속을 지키며 매 4년마다 열리고 있는 국제적인 스포츠 이벤트이다. 올림픽을 통해 세계가 하나가 되고, 이에 참가하는 선수와 그들을 응원하는 각국의 관람객들은 서로 선의의 경쟁을 하며 독려하고, 응원하고, 평화와 진리를 사랑하는 마음을 나누게 된다. 또한 올림픽에서의 관람이라는 용어는 단순히 보는 것을 넘어 개최국의

그림 5-3
1988년 서울 올림픽 상징물

자료: 위키백과(2014).

ⓒ 위키백과 홈페이지

| 종목 | 경기 종류 | 종목 | 경기 종류 |
|---|---|---|---|
| 골프 | 2 | 승마 | 6 |
| 근대 5종 | 2 | 싱크로나이즈 | 2 |
| 농구 | 2 | 역도 | 15 |
| 다이빙 | 8 | 양궁 | 4 |
| 럭비 | 2 | 요트 | 10 |
| 레슬링 | 18 | 유도 | 14 |
| 배구 | 2 | 육상 | 47 |
| 배드민턴 | 5 | 조정 | 14 |
| 복싱 | 13 | 체조 | 18 |
| 비치발리볼 | 2 | 축구 | 2 |
| 사격 | 17 | 카누 | 16 |
| 사이클 | 18 | 탁구 | 4 |
| 수구 | 2 | 태권도 | 8 |
| 수영 | 34 | 테니스 | 5 |
| 하키 | 2 | 트라이애슬론 | 2 |
| 핸드볼 | 2 | 펜싱 | 10 |

자료: 위키백과(2015).

표 5-3
2016년 브라질 올림픽 정식 종목 및 경기 종류

개막식과 폐막식을 통해 그 나라의 공연 예술과 문화를 이해하게 되고, 각국의 선수들이 경기를 펼칠 때에는 관람객들도 함께 뛰는 것처럼 동참의 의미와 감정 이입의 의미로 재해석되기도 한다.

하계 올림픽의 경우는 육상, 레슬링, 사이클, 골프, 럭비, 유도, 태권도, 핸드볼, 역도, 요트, 축구 등 32개의 정식 종목과 롤러 하키 등 시범 경기 종목, 그 외 여러 가지 예술 공연 행사들이 다채로워 관람의 형태가 다양하다. 특히 2016년부터는 럭비와 골프가 정식 종목으로 채택되었고, 올림픽 운영 기간도 길어져서 관람객들에게는 좋은 스포츠관광의 기회가 될 것이다. 표 5-3은 2016년 8월 5일부터 21일까지 브라질의 리우데자네이루에서 열릴 올림픽의 정식 종목 및 경기 종류이다. 2016년 브라질 리우데자네이루 올림픽은 남미 대륙에서 처음으로 열리는 올림픽이다.

동계 올림픽 동계 올림픽은 4년마다 개최되는 겨울 종합 스포츠 대회이다. 보통 2월에 개최되며, 동계 올림픽은 대부분이 눈 또는 얼음 위에서 경기가 열리는 것이 특징이다. 그 예로는 알파인스키, 바이애슬론, 봅슬레이, 크로스컨트리, 컬링, 피겨스케이팅, 프리스타일 스키, 아이스하키 등이 있다.

최초의 동계 올림픽은 1924년 프랑스의 샤모니에서 개최되었다. 그 이전에는 피겨스케이팅과 아이스하키 경기가 하계 올림픽에서 열렸었다. 세계 제2차 세계대전으로 중단되었다가 1948년부터 다시 개최되었고, 1992년까지는 같은 해에 개최되었는데, 1992년 이후로는 하계 올림픽과는 다른 해에 개최되었다. 하계 올림픽보다는 경기 종목 수가 다양하지 않은 탓인지 하계 올림픽보다 동계 올림픽에 참가하는 나라의 수는 적다. 동계 올림픽을 가장 많이 개최한 나라는 미국이 4번으로 가장 많고, 프랑스가 3번, 이탈리아, 일본, 오스트리아, 노르웨이가 각각 2번씩 개최되었으며, 우리나라에서는 2018년도에 평창에서 처음 동계 올림픽이 개최된다(위키백과, 2015). 표 5-4는 동

표 5-4
**동계 올림픽 경기 종목 및 경기 종류**

| 종목 | 경기 종류 | 종목 | 경기 종류 |
|---|---|---|---|
| 노르딕 복합 | 3 | 스피드스케이팅 | 12 |
| 루지 | 4 | 아이스하키 | 2 |
| 바이애슬론 | 11 | 알파인스키 | 10 |
| 봅슬레이 | 3 | 컬링 | 2 |
| 쇼트트랙 | 8 | 크로스컨트리 | 12 |
| 스노보드 | 10 | 프리스타일 스키 | 10 |
| 스켈레톤 | 2 | 피겨스케이팅 | 5 |
| 스키점프 | 4 | | |

자료: 위키백과(2015).

그림 5-4
동계 올림픽 스키점프대

계 올림픽 경기 종목이다. 개인의 기호 및 취향에 따라 관람하고자 하는 경기들을 자율적으로 선택하여 경기를 관람할 수 있으며, TV나 인터넷, 또는 경기 현장의 분위기를 실감하고 싶다면 해당 경기를 사전 예약을 하여 티켓을 구매하면 된다.

FIFA 월드컵 동·하계 올림픽과 달리 단일 종목으로 세계적 이목이 집중되는 스포츠 경기 중 하나는 FIFA 월드컵(World Cup) 경기이다. 이는 축구 국제기구인 국제축구연맹(FIFA)에 가맹한 축구 협회의 남자 축구 국가 대표 팀이 참가하는 국제 축구 대회이며, 월드컵 축구 또는 월드컵이라도 불린다. 1930년에 첫 대회가 열렸으며, 매 4년마다 경기가 열린다. 올림픽은 하나의 도시를 중심으로 개최되지만, 월드컵은 한 나라를 중심으로 열리며, 대회 기간은 올림픽이 보통 2주 정도인데 비해, 월드컵은 약 한 달 동안 진행된다. 1942년과 1946년에는 제2차 세계대전으로 열리지 못했다.

경기는 예선과 본선으로 나뉘며, 예선은 본선에 진출할 32개 팀을 선발

표 5-5
**대륙별 배분된 본선 진출국 수**

| 종목 | 출전국 수 | 본선 진출국 수 | 본선 진출율 |
|---|---|---|---|
| 아프리카(CAF) | 55 | 5 | 9% |
| 아시아(AFC) | 46 | 4.5 | 9.7% |
| 오세아니아(OFC) | 16 | 0.5 | 3% |
| 유럽(UEFA) | 53 | 13 | 24% |
| 북미(CONCACAF) | 40 | 3.5 | 8.7% |
| 남미(CONMEBOL) | 10 | 3.5 | 45% |
| 개최국(대륙 불문) | 1 | 4.5 | 100% |
| 총합 | 220 | 1 | 14.5% |

자료: 위키백과(2015).

하기 위해 본선보다 3년 일찍 시작한다. 월드컵의 본선은 개최국 경기장에서 한 달 남짓 32개의 팀이 우승을 위해 경쟁하는 방식으로 진행된다. 2014년까지 총 20번 대회가 열리는 동안 8개 팀이 우승을 차지했었다. 우승 횟수가 가장 많은 팀은 브라질로 총 5번의 우승 기록을 세웠다. 그 다음으로는 이탈리아와 독일이 4번, 우루과이와 아르헨티나가 각각 2번, 영국과 프랑스, 스페인이 각각 1번씩 우승을 차지했다. 가장 최근에 열린 2014년 월드컵은 브라질에서 열렸고, 독일이 우승했다. 2018년 월드컵은 러시아에서, 2022년은 카타르에서 개최된다. 우리나라에서도 2002년에는 일본과 공동으로 월드컵을 개최하였고, 역대 최다 거리 응원 관람객을 동원하였으며, 새로운 관람 및 응원 문화로 자리매김하였다. 2002년 한일 월드컵의 성공적인 개회를 기념하기 위해 경기도 수원에는 수원 월드컵 경기장을 개관하였다. 관람 시설로는 영국 프리미어리그 선수로 활약한 박지성의 각종 축구 자료를 전시해 놓은 박지성 존(zone), 축구공 제작 기계, 안정환 골든 볼, 2002년 한일 월드컵 존, 한국 축구 역사존, 북한 축구 이야기, 세계 축구 이야기, 유니폼 존, 영상실 등이 구비되어 있다(수원 월드컵 경기장 관리재단).

월드컵 본선에 진출하는 진출국 배분의 기준은 월드컵에서 대륙별로 거둔 성적과 FIFA 랭킹을 종합해서 결정하게 된다. 본선 진출 티켓 32장 중 일단 개최국인 홈 팀은 대륙과 상관없이 무조건 1장이 고정이고, 만일 공동 주최를 하게 되어 2개국 이상이 개최국이 될 경우는 그 개최국의 대륙은 자동 진출권이 적용됨에 따라 그만큼 그 지역의 예선 참가 팀이 본선에 진출할 수 있는 자릿수가 줄어들게 된다. 개최국을 제외한 31개 이하의 팀의 티켓 배분은 표 5-5와 같다(위키백과, 2015).

### (2) 홀마크 스포츠 이벤트 관광

홀마크 스포츠 이벤트 관광은 주기적으로 어느 특정 지역이나 목적지를 중심으로 개최되는 스포츠 이벤트로 춘천 국제마라톤대회, 괌 국제마라톤, 런던 국제마라톤대회 등이 있다. 홀마크 스포츠 이벤트 관광은 메가스포츠 이벤트에 비해서는 참여 규모나 시장의 크기는 작지만, 국내외적으로 미디어의 관심이 상당히 높기 때문에 장단기적으로 개최지의 인지도, 매력, 수익 창출을 위해 개최하며 지역 축제와 함께 개최 지역의 대표적인 관광 매력물로 역할을 한다.

괌 국제마라톤 괌은 그동안 프로야구단 및 축구단, 박태환을 비롯한 국가대표 수영 선수들의 동계 전지훈련지로 잘 알려져 있을 뿐만 아니라, 수준 높은 골프장을 갖추어 골프 선수들의 전지훈련장으로도 유명한 곳이다. 사계절 내내 온화한 기후와 천혜의 자연 경관을 갖춘 괌에서는 2013년에 처음으로 괌 국제마라톤을 개최하였고, 첫 회부터 전 세계에서 2,150명이 참가하여 성공적인 국제 행사로 평가받았다.

괌 국제마라톤은 풀코스 외에도 5km, 10km 및 하프 마라톤 코스도 마련하여 전문 마라톤 선수뿐만 아니라 동호회, 가족, 친구 단위 등 누구나 가볍게 마라톤은 물론 괌 여행도 즐길 수 있도록 기획하였다. 또한 괌 국제마라톤의 모든 코스는 괌의 주요 관광지와 해변을 감상할 수 있으며, 국제육상경기연맹(IAAF, International Association of Athletic Federations)

사례연구

## 괌 국제마라톤 패키지 상품

괌 국제마라톤 한국 사무국이 국내 주요 패키지 여행사들과 '괌 국제마라톤 2015 패키지 상품'을 출시했다. 괌 국제마라톤은 괌의 아름다운 해변 풍경을 따라 달리는 이색 마라톤으로 매년 약 3,000여 명의 마라토너가 참여하는 국제적인 마라톤 대회이다. 괌 국제마라톤 한국 사무국은 대회를 기념해 하나투어, KRT여행사, 에어텔닷컴, 노랑풍선, 오픈케어 등 국내 주요 여행사들과 협력해 패키지 상품을 선보였다. 본 패키지 상품은 약 5만 원 상당의 마라톤 참가비를 포함해 한국–괌 왕복 항공권, 4박 5일 괌 리조트 숙박권이 제공된다. 상품 구성에 따라 70~120만 원대로 상품 가격 폭이 다양하며 합리적인 가격으로 대회와 괌 여행을 동시 즐길 수 있다. 마라톤 완주자에게는 백화점 상품권, 면세점 상품권 등 다양한 추가 혜택이 제공된다.

괌 국제마라톤 2015 공식 홈페이지 홍보

자료: 여행정보신문(2014. 12. 22).

과 국제 마라톤 및 장거리 경주 연맹(AIMDR, Association of International marathons and Distance Races)으로부터 공식 인증을 받은 국제 공인 대회이다(괌 관광청).

**전미 스톡 자동차 경주** 전미 스톡 자동차 경주(NASCAR, The National Association for Stock Car Auto Racing)란 전미 스톡 자동차 경주 협회의 약자로 미국에서 스톡 자동차 경주를 주최하는 가장 큰 공인 단체이다. NASCAR

자료: NASCAR 투어 패키지 홈페이지.

그림 5-5
NASCAR 투어 패키지 홈페이지 홍보

에서 공인된 자동차 경주로 넥스텔컵 시리즈(NEXTEL Cup Series), 보쉬 시리즈(Bosch Series), 크래프트맨 트럭 시리즈(Craftman Truck Series)가 있다. 20세기 초반 남부의 밀주 제조업자가 배송 차를 개조해서 단속원을 따돌린 것을 계기로 플로리다 주 데이토너 비치에서 개조 차를 갖고 개최된 경주가 NASCAR의 시작으로 보고 있다.

NASCAR는 인공 자원인 전문 트랙 시설을 이용하며, 전문화된 운전자가 참여하는 엘리트 참가 형태로 스포츠관광객은 주로 경기 관람을 한다. NASCAR는 대부분 기업의 스폰서를 통해 운영되며, 스폰서 기업의 전문 운전자와 팬에 대한 절대적인 지원과 이를 통한 두터운 팬 층의 충성심을 통해 현재까지 명성도 높은 스포츠관광 상품으로 자리매김하고 있다. 다양한 기업의 스폰서를 받은 운전자는 경주 직전이나 후에 사인회 등의 다양한 행사에 직접 참여하여 팬들과의 직접적인 접촉을 통해 최상의 스폰서 마케팅을 펼친다. 이렇게 '팬'과 '스폰서 기업', '전문화된 운전자'의 3자 트라이앵글 형태의 상호 의존적 관계는 미국 최고의 이벤트 스포츠관광 상품으로 거듭 발전해 나가고 있다.

### (3) 메이저 스포츠 이벤트 관광

메이저 스포츠 이벤트 관광은 메이저 스포츠 이벤트의 특성상 대회 때마다 개최지가 바뀌는 이벤트 스포츠관광이다. 이는 홀마크 스포츠 이벤트 관광과 차이가 있다. 대회 때마다 개최지가 바뀌지만 메이저 이벤트 관광의 경우도 미디어의 관심과 스포츠 팬들의 참여와 참가율이 상당히 높기 때문에 전 세계 글로벌 기업들의 광고 및 스폰서십이 많은 이벤트 스포츠관광이다. 특히 미국의 경우, NFL 슈퍼볼이나, 월드 시리즈와 같은 메이저 이벤트는 미국 내 단일 프로그램으로는 최고의 시청률을 기록했으며, 해당 스포츠와 팀에 대한 충성도 높은 팬들을 중심으로 한 직접 관람이 이루어지기도 한다.

영연방게임 영연방게임(Commonwealth Games)은 4년마다 개최되는 영국 연방 국가들 간의 종합 스포츠 대회이다. 영국 연방 국가들 중에서 개최지가 선정된다. 1930년에 대영제국경기대회(British Empire Games)라고 명명되어 처음으로 개최되었고, 1978년부터는 영연방게임으로 명칭이 변경되어 지금까지 사용되고 있다. 이 대회는 총 53개의 회원국에서 약 70여 개의 대표 팀이 참가하고 있으며, 대회 참가 인원은 약 4,500명 정도이다. 영연방게임은 참가국인 영국 연방 국가에서 주로 행해지는 경기로 구성되며 동일 언어권을 중심으로 치러지는 국제 경기 대회이다. 다가오는 2018년도는 오스트레일리아 골드코스트에서 개최될 예정이다.

영연방게임은 올림픽처럼 세계적 수준의 스포츠 경기가 같은 시간대에 정해진 장소에서 펼쳐지는 높은 수준의 대규모 스포츠 이벤트이다. 영연방 국가들은 4년마다 개최되는 이 게임을 유치하기 위해 많은 노력을 기울이고 있는데, 그 이유는 이 대회로부터 파생되는 경제적 효과가 매우 크기 때문이다.

자료: 맨체스터 스포츠시티. ⓒ 맨체스터 스포츠시티 홈페이지

그림 5-6
영국 맨체스터 스포츠시티

2002년 영연방게임은 영국의 맨체스터에서 개최되었는데, 대회를 개최한 지 10년이 더 지났음에도 불구하고 지속적인 효과를 창출하고 있어 현재 많은 국제 대회의 모범 사례로 지목되고 있다. 맨체스터의 북서쪽 지역에 스포츠시티(Sportcity)라는 스포츠 시설 단지를 만들어 그 지역을 재개발하였으며, 현재 그곳은 맨체스터 시티의 홈구장으로 활용하고 있다. 맨체스터는 원래 공업 도시로 공장이 많은 지역이었는데, 2002년 영연방게임을 위해 스포츠 시설을 확충하고 성공리에 대회를 개최한 이후 맨체스터 유나이티드와 맨체스터 시티가 영국 프리미어리그에서 라이벌 관계를 유지하면서 리그를 장악하게 되자 축구를 중심으로 하는 관광 도시로 발전하게 되었다.

### (4) 지역 스포츠 이벤트 관광

지역 스포츠 이벤트 관광은 지역을 기반으로 순회 경기의 형태를 띠는 스포츠관광이다. 한국의 프로야구, 영국의 프리미어리그, 미국의 MLB 등이 대표적이다. 특히 지역 스포츠관광은 해당 스포츠에 대한 관여도나 팀에 대

그림 5-7
영국 프리미어리그

한 충성도가 높은 팬들을 중심으로 이루어지는 경우가 많다. 영국 프리미어리그의 경우는 영국 방문의 중요 이유가 축구 경기 관람 때문이라고 한 경우가 절반을 차지했었다. 이와 같이 지역 스포츠관광은 지역 내 관광 활성화 및 지역경제 발전에도 도움을 줄 수 있다. 예를 들어 2011년도에 영국의 스포츠관광 시장은 총 23억 파운드를 영국 경제에 기여한 것으로 보고되고 있으며, 이 중 7억 600만 파운드는 영국을 방문한 90만 명의 해외 축구 팬의 지출에 의한 것으로 알려지고 있다(Dailymail, 2012).

미국 프로야구 리그　메이저리그 베이스볼(MLB: Major League Baseball)은 미국과 캐나다의 최고 수준의 프로야구 리그를 말한다. 이는 1901년부터 공통의 조직 구성에 의해 내셔널 리그와 아메리칸 리그로 조직되어 운영되고 있다(내셔널 리그는 1876년부터 존재했다). MLB는 현재 미국에 29팀, 캐나다에 1개 팀, 총 30개의 팀으로 구성되어 있다. MLB는 국제야구연맹과 월드 베이스볼 클래식도 관리한다.

각 팀의 162경기로 이루어진 각 시즌은 일반적으로 4월의 첫 일요일에

## 사례연구 야구 경기 관람 스포츠관광 상품

모두투어 네트워크에서는 야구 경기 관람을 테마로 한 스포츠관광 상품을 출시하였다.

이 상품은 모두투어 네트워크에서 MBC플러스 미디어와 미국 메이저리그 개막전에 발 맞추어 기획한 미국 메이저리그 야구 경기 관람 상품이다. 이 상품은 '코리안 몬스터' 류현진과 메이저리그에서 성공 신화를 쓴 '추추 트레인' 추신수의 소속 팀의 경기를 중심으로 메이저리그에서 활동하는 선수들을 응원하고 미국 메이저리그 문화도 체험해 볼 수 있도록 구성됐다. 야구 마니아들을 위한 이색 응원 상품도 출시됐다.

8일간의 일정으로 구성된 LA 다저스 경기 관람 상품은 LA 다저스 홈구장인 다저스 스타디움에서 디트로이트 타이거즈와의 2연전 중 첫 경기를 내야석에서 관람할 수 있다. 이 외에도 다저스 스타디움 PUBLIC 내부 관광, SPORTS AUTHORITY 아울렛 매장, 그랜드캐니언, 브라이스캐니언 국립공원, 자이언캐니언 국립공원, 라스베이거스, 은광촌 등을 둘러본다.

텍사스 레인저스 경기 관람 상품은 뉴욕으로 10일간의 일정으로 되어 있으며, 전년도 월드 시리즈 우승팀인 보스턴 레드삭스와 보스턴 레드삭스의 홈구장인 펜웨이 파크(Fenway Park)에서 진행되는 경기를 관람한다. 자유의 여신상, 엠파이어 스테이트 빌딩, 록펠러 센터, 하버드 대학과 캐나다의 나이아가라 폭포, 시닉 터널, 자끄 까르띠에 광장 등 다양한 볼거리가 준비되어 있다.

자료: 아주경제(2014. 3. 13).

시작해서 10월의 첫 일요일에 끝나고, 포스트 시즌은 10월 또는 가끔 11월 초에 시작된다. 두 리그에서는 같은 규칙을 적용하는데, 단 한 가지 예외가 있다. 아메리칸 리그는 지명 타자 제도를 실시하는 반면, 내셔널 리그는 실시하지 않는다. 인터 리그와 월드 시리즈에서 지명 타자제의 실시는 홈팀의 리그에 다라 결정된다. 경기 형식은 정규 시즌과 포스트 시즌으로 구성되며, 각 리그의 우승 팀이 월드 시리즈라는 우승 결정전을 치른 후 월드 챔피언이 된다. 정규 시즌은 4월 초순부터 9월 하순까지 각 팀이 162경기를 치루면서 지구 우승을 다투고, 10월 초부터는 포스트 시즌이 토너먼트 형식으로 진행된다. 토너먼트에서는 각 단계마다 디비전 시리즈, 리그 챔피어십, 월드 시리즈로 연결된다(위키백과). 월드 시리즈에서 가장 우승을 많이 차지한 팀은 뉴욕 양키스이다. 우리나라에서도 메이저리그 선수들을 많이 배출하고 있는데, 현재는 LA 다저스의 류현진과 텍사스 레인저스의 추신수, 최근에는 강정호가 유명하다.

# 2. 노스탤지어 스포츠관광

## 1) 노스탤지어 스포츠관광의 의의

노스탤지어(nostalgia)의 사전적 의미는 '어떤 시기 또는 장소에 대해서 개인적으로 관련을 맺고 있거나 연관성이 있었던 과거에 대해 동경하고 감성적으로 갈망하는 상태'를 뜻한다(위키백과). 노스탤지어와 관련해서는 역사학, 사회학, 인류학, 관광학 등 다양한 분야에서 연구되고 있으며, 그 개념적 정의도 각기 다르게 접근되어 오고 있지만, 공통적으로 일치되는 개념을 정리하면 '한 개인이 현재의 시점에서 과거와 연관시켜 어느 특정 시점의 역사적 사건이나 생활을 그리워하는 것으로, 즐거우면서도 괴로운 감정이 공존하는 하나의 복합적인 감정 유형'이라고 볼 수 있다.

Davis(1979)는 인간은 인생의 전환기에 돌입하여 위기감을 느끼거나 정체성이 흔들리게 되면 노스탤지어에 더 몰입하게 된다고 하였다. 이러한 현상은 어느 한 개인에게만 나타나는 것이 아니라 사회 전체에서도 발생할 수 있다고 하였다.

사람들은 일상생활 속에서 특정 장소에 대한 이미지, 기대, 신념을 발생시키고 기억과 상기, 연상 작용에 의해 더욱더 정서적으로 몰입하기도 한다. 더 나아가 애정 등의 영향을 받아 특정 장소를 방문하려는 의지를 형성하기도 하는데, 이런 욕구가 노스탤지어 관광을 유발하게 된다.

Dann(1994)은 호화스러운 왕궁을 박물관으로, 혹은 교도소나 전쟁 포로 수용소와 같이 어두운 이미지의 버려진 장소나 시설 등은 노스탤지어의 관광 상품으로 활용될 수 있다고 하였다.

특히 문화유산은 노스탤지어를 가장 잘 느끼게 해주는 대상이다. 노스탤지어는 과거와 현대의 대화이며, 정체성과 낭만을 느끼게 해줄 뿐만 아니라 때로는 일상으로부터 탈출과 정신의 고양으로 이끌기도 하는 다원적인 가치를 지닌다(변찬복·한수정, 2013). 이러한 특성으로 인해 노스탤지어는 자기 정체성을 더욱 확고히 할 수 있는 계기가 될 수도 있고, 문화 관광에 대한 재생의 기능을 수행할 수 있다(Sedikides et al, 2004).

Gibson(2003)은 '노스탤지어 스포츠관광이란 명예의 전당, 유명한 경기장, 스포츠의 역사를 보여주는 유적지 같은 스포츠와 관련된 매력물을 방문하는 것'으로 견학 등과 같은 다소 수동적인 형태의 보는 관광에 초점을 맞추어 정의하였다.

그러나 스포츠사회학과 스포츠경영학자 들은 장소와 유적시만이 노스탤지어 스포츠관광의 대상이 아니라 과거의 스포츠 참여와 관람에서 비롯된 특별한 기억과 경험 또한 스포츠 노스탤지어가 될 수 있다고 보았다(Chalip

& Green, 2001; Fairly, 2003). 왜냐하면 한 개인이 스포츠 참여와 관람을 통한 긍정적인 스포츠 경험이 스포츠 노스탤지어가 되며, 이러한 참여와 관람의 향수가 반복적인 스포츠 참여와 관람을 이끌기 때문이다.

한편, Gibson(1998)은 노스탤지어 스포츠관광객들은 정확하게 구분되어진 특성이 없기 때문에 어느 특정 그룹으로 분류되지 않을 수도 있지만 대부분이 가족 단위, 특히 아이들을 동반해서 스포츠 상품이나 기념품을 구매하면서 스포츠관광에 참여한다고 보았기 때문에 '스포츠에 관심이 있는 관광객(tourists interested in sport)' 유형에 속한다고 하였다. Gammon(2002)은 노스탤지어 스포츠관광객은 과거에 스포츠 영웅이나 유명한 스포츠 연회 이벤트 행사에 참여했던 경험을 갖고 있는 자로 '스포츠 판타지 캠프(sports fantasy camps)'라는 독특한 여정을 보유한 관광객이라고 하였다.

따라서 노스탤지어 스포츠관광객은 스포츠관광을 통하여 일상에서 벗어나 과거의 경험과 추억을 되새기며 자기 정체성을 확립할 수 있다. 뿐만 아니라 노스탤지어 스포츠관광은 긍정적인 심리와 정서로 현실 복귀하는 회귀 본능 욕구를 채워줄 수 있다는 점에서 그 중요성이 더해지고 있다.

### 2) 노스탤지어 스포츠관광의 유형

노스탤지어의 유형은 각 분야의 관점에 따라 다양하게 분류된다. 스포츠를 포함한 대중문화 영역에서는 추억과 경험의 기반에 따라 개인적 노스탤지어와 사회·문화적 노스탤지어로 분류하기도 한다. 사회학과 인류학 영역에서는 추억에 대한 동경을 그 대상에 따라 사람에 대한 노스탤지어, 사물에 대한 노스탤지어, 사건에 대한 노스탤지어, 인간 본연의 유전적 노스탤지어로 분류하기도 한다(Davis, 1979; Holak & Havlena, 1992). 오늘날 노스탤지어 스포츠관광은 추억과 경험의 대상에 따라 2가지 범주로 구분될 수 있다.

첫째, 장소 기반 노스탤지어 스포츠관광(place based nostalgia sport tourism)이다. 이는 스포츠 장소에 대한 갈망과 추억이 모티브가 되는 여행이다. 여기서 스포츠 장소는 도시가 될 수도 있고 혹은 특정 시설이 될 수도 있다. 스포츠 장소에 부여하는 의미와 상징성 또한 개인마다 차이가 존재한다. 어떤 이에게는 추억의 장소가 어릴 적 부모와 캐치볼을 했던 스포츠 공원일 것이다. 또 다른 이에게는 관중의 응원 열기로 가득했던, 그래서 당시의 경험이 강하게 마음속에 자리 잡은 맨체스터 유나이티드의 올드 트래퍼드(Old Trafford) 구장이 될 수도 있다. 어쩌면 젊은 시절 아내와 데이트 장소를 제공했던 잠실 야구장이 다시 찾고 싶은 추억의 대상이 될 수도 있다.

노스탤지어 스포츠관광에 있어서 장소와 시설의 중요성을 감안하여, 스포츠관광학자 Gibson(2003)은 노스탤지어 스포츠관광을 스포츠와 관련된 시설과 장소에 국한시켜 이러한 유산을 견학하거나 체험하는 형태로 정의하기도 한다. 올림픽 개최 도시, 월드컵 경기장, 스포츠 영웅과 지도자를 기리는 명예의 전당, 스포츠 박물관 등과 같은 스포츠 유산으로 가치와 상징성을 지니는 장소와 시설로의 여행을 노스탤지어 스포츠관광으로 보는 협의의 관점이다. 이러한 장소 기반의 견해는 역사적 또는 사회적으로 특별한 의미를 담고 있다고 인식되는 상징적인 장소와 유적지의 문화 및 역사에 대한 이해와 이와 관련된 다양한 사회·문화적 경험에 초점을 맞춘다. 스포츠

그림 5-8
로마 콜로세움과 세비야 투우장

장소 중심의 관점에서 노스탤지어 스포츠관광은 시설의 건립의 역사와 의미, 그리고 그곳에서 개최되는 정식 경기나 연습 경기에 대한 관람이 포함되기도 한다.

둘째, 스포츠 영웅 기반 노스탤지어 스포츠관광(sport hero based nostalgia sport tourism)이다. 과거 스포츠 영웅에 대한 갈망과 추억이 모티브가 되는 여행이다. 영웅의 대상은 특정 팀이나 선수, 감독 혹은 구단주가 될 수 있다. 스포츠 팬으로서 개인은 스포츠 대상에 대한 심리적 애착을 형성하기 마련이다. 이는 반복적인 참여와 관람을 통해 형성되고 강화된다. 이러한 영웅 기반 노스탤지어는 스포츠 팬으로서 자신의 영웅과 관련된 흔적으로의 방문 형태를 띠기도 한다. 특정 선수가 활동했던 경기장이나 그 선수의 고향과 박물관을 방문하는 등의 여행을 예로 들 수 있다. 혹은 자신이 좋아하는 옛 스타 선수와 동행하는 유람선 여행 등도 이러한 범주에 포함된다.

이상의 노스탤지어 관광 행동은 대부분 직접적인 체험과 추억에 기반한다. 하지만, 커뮤니케이션 기술이 발달한 오늘날은 미디어를 통한 간접적인 경험과 상징이 장소와 영웅에 대한 갈망이 되기도 한다. 한 번도 가 본 적은 없지만 상징성과 명성을 지닌 뉴욕 양키스 스타디움이 노스탤지어 스포츠관광의 대상이 되는 이유가 바로 여기에 있다.

## 3) 노스탤지어 스포츠관광 사례

### (1) 국립 야구 명예의 전당

1936년 미국 뉴욕의 쿠퍼스타운에는 국립 야구 명예의 전당(National Baseball Hall of Fame)이 설립되었다(국립 야구 명예의 전당). 이곳에는 야구와 관련된 자료들과 훌륭한 야구 선수들을 기리는 청동 장식 액자 등이

자료: 국립 야구 명예의 전당.

ⓒ 국립 야구 명예의 전당 홈페이지

그림 5-9
국립 야구 명예의 전당

전시되어 있는데, 1939년 타이 콥, 호너스 와그너, 베이브 루스, 크리스티 매튜슨, 월터 존슨을 시작으로 현재까지의 선수, 감독, 심판, 단장을 포함한 총 306명이 이 명예의 전당에 이름을 올리고 있다.

국립 야구 명예의 전당에 들기 위해서는 매우 엄격한 조건을 충족해야 한다. 우선, 후보가 되기 위해서는 선수로 10년 이상 메이저리그의 경력이 필요하고, 은퇴 후 5년부터 후보 자격이 주어진다. 후보자는 최대 15년까지 후보의 자격이 주어진다. 후보자들이 야구 명예의 전당에 헌액되려면 1년에 한 번씩 실시되는 미국야구기자협회(BBWAA)의 기자단 투표에서 75% 이상의 득표를 얻어야 하며, 5% 미만의 득표일 경우에는 야구 명예의 전당 후보에서 영원히 탈락하게 된다. 이러한 투표에서 투표자는 메이저리그를 10년 이상 취재한 기자들로 구성되며, 1인당 최대 10명의 후보에게 투표할 수 있는 투표권이 주어진다.

이외에 베테랑 위원회를 통해 야구 명예의 전당에 입성할 수 있는데, 여기에는 감독, 심판, 구단 관계자나 후보 자격을 잃은 지 5년 이상의 선수들 중 과거 60% 이상 득표를 했었던 득표자들에게 한 번 재심사를 통해 통과가 되면 입성할 수 있게 된다.

야구 명예의 전당 투표 기준은 선수들의 실력은 기본이고 여기에 도덕성, 인성도 중요한 기준이 된다. 메이저리그 통산 최다 홈런왕 배리 본즈의 경우는 약물 파동과 같은 도덕성에 결함을 지녔기에 야구 명예의 전당 입성에 있어서는 저조한 득표율을 보였었다.

### (2) 하키 명예의 전당

캐나다 토론토에 위치한 하키 명예의 전당(HHOF, Hockey Hall of Fame)은 아이스하키의 역사를 보존하고 그 발전을 기리기 위해 1943년에 설립되어졌으며, 실제 건물이 건설된 것은 1961년이다. 캐나다의 국민 스포츠인 아이스하키의 역사와 유명한 선수들에 대한 자료를 소장하고 전시한다. 유명한 팀과 선수들의 유니폼, 경기 기록, 기념 동상, 스탠리컵(Stanley Cup: 북미 프로 아이스하키리그 우승컵) 등이 전시되어 있다. 또한 이곳에서는 관람객이 직접 하키를 체험해 볼 수 있는 시설도 마련되어 있다.

2013년 7월 10일 HHOF 선발위원회는 북미 아이스하키리그(NHL)에서 금자탑을 쌓아 올린 스콧 니더마이어와 크리스 첼리오스를 하키 명예의 전당 올해의 헌액자로 결정하였다. 특히 북미 아이스하키리그 역사상 최고 수비수로 손꼽히는 니더마이어는 아이스하키 선수로서 가능했던 모든 우승 트

그림 5-10
하키 명예의 전당

자료: 하키 명예의 전당.

ⓒ 하키 명예의 전당 홈페이지

로피를 획득했던 보기 드문 선수이다. 그는 한 번도 어렵다는 스탠리컵 챔피언을 4번이나 차지했으며, 1991년과 2004년 국제아이스하키연맹 주니어 세계선수권대회, 2002년 솔트레이크시티 대회, 2010년 밴쿠버 동계 올림픽에서 세계 정상에 올랐었다. 이와 같이 하키 명예의 전당에서는 하키와 관련된 역사, 선수, 이들의 사진 및 기념품 등을 관람할 수 있다.

### (3) 로잔 올림픽 박물관

1915년 쿠베르탱 남작은 스위스 로잔에 국제올림픽위원회(IOC, Intranational Olympic Committee) 총본부를 창설하고 초기 올림픽 박물관을 세웠다. 이 박물관은 일시적으로 1982년 일반인에게 개방하였다가 잠시 휴장 후 1988년 12월 9일에 다시 문을 열었다. 최근에는 또 다시 리노베이션을 마치고 2013년 12월에 재개장하였다. 로잔 올림픽 박물관은 올림픽의 전통을 보존하고 올림픽 운동의 발전을 설명하는 예술 작품과 물품들을 전시하고 있다.

특히, 로잔 올림픽 박물관은 시청각 자료, 컴퓨터와 로봇 기술로 인해 관

그림 5-11
**로잔 올림픽 박물관**

자료: 로잔 올림픽 박물관.

ⓒ 로잔 올림픽 박물관 홈페이지

HOW TO BOOK, OPENING TIMES, PRICES, AND HOW TO GET HERE

Essential information about the Wimbledon Lawn Tennis Museum and Tours

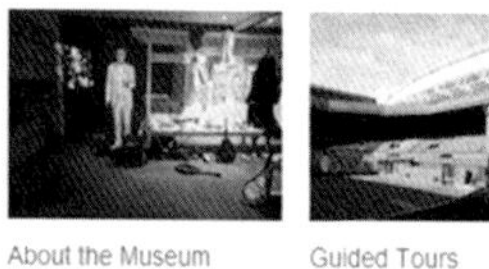

About the Museum

Guided Tours

Education and learning

그림 5-12
윔블던 론 테니스 박물관

자료: 윔블던 론 테니스 박물관.

ⓒ 윔블던 론 테니스 박물관 홈페이지

람객들이 경기의 가장 위대한 순간과 선수들의 감정을 그대로 느낄 수 있어서 독특하고 생동감 있는 관람을 할 수 있기 때문에 스포츠와 올림픽 정신에 관심이 많은 사람, 역사, 문화, 예술에 흥미가 있는 사람들이 주로 많이 관람하고 있다. 스포츠와 관광·문화 도시 로잔은 이를 좋아하는 스포츠관광객들의 목적지로서 최적의 장소이다.

### (4) 윔블던 론 테니스 박물관

윔블던 론 테니스 박물관(Wimbledon Lawn Tennis Museum)은 윔블던 챔피언십의 발생지인 런던 남부 윔블던의 올 잉글랜드 론 테니스 클럽(All England Lawn Tennis Club)에 위치하고 있으며, 1977년에 개관하였다. 테니스 스포츠와 관련된 물품을 전시한 박물관이다. 1555년부터의 수집품들이 다양하게 전시되어 있다. 특히, 올 잉글랜드 론 테니스 클럽을 관광하는 티켓 가격에 옵션으로 박물관 관람이 포함되어 있어 경제적이다.

윔블던 테니스 박물관 & 투어는 테니스 발상지에 대해서 흥미 있는 지식을 얻을 수 있는 최고의 체험형 관광이다. 박물관 벽의 대형 스크린에는 테니스의 과학적인 면을 소개하는 동영상이 있고, 9개 외국어로 된 오디오 가이드가 갖추어져 있다. 1880년대 선수들이 착용했던 운동복, 19세기의 테니스공과 라켓 등이 전시되어 있다.

자료: 마카오 정부 관광청.

ⓒ 마카오 정부 관광청 홈페이지

그림 5-13
마카오 그랑프리 박물관

### (5) 마카오 그랑프리 박물관

마카오 그랑프리는 1954년 관련 기관의 지원과 마카오 주민들의 열정으로 대회를 처음 시작하게 되었고, 오늘날 전 세계 관광객과 대회 마니아들은 '기아 레이스(Guia Race)'와 F3 그랑프리(Formula 3 Grand Prix)'를 보기 위해 마카오로 관광을 갈 정도로 마카오 그랑프리는 국제적인 스포츠 이벤트이자 관광 상품이 되었다. 이 대회는 매년 11월에 개최된다.

1993년에는 이 대회 40주년을 기념하여 경주용 자동차와 오토바이를 진열한 박물관을 개관하였다. 마카오 그랑프리 박물관(Macau Grand Prix Museum)에는 세계 유명 선수들의 사진과 경주용품, 기념품, 경주용 자동차를 동시에 관람할 수 있다. F1 그랑프리의 황제라 불리는 미하엘 슈마허가 F3 그랑프리에서 활약할 당시 사용했던 레이싱카와 우승 장면은 박물관 안에서 위상을 뽐내고 있다. 또한 박물관 내에서는 레이싱을 간접 경험해 볼 수 있는 시뮬레이션 공간도 마련되어 있으며, 시뮬레이션은 세계에서 가장 유명한 레이싱 코스를 달려볼 수 있다(마카오 정부 관광청). 마카오 그랑프리 박물관 입장료는 무료이다.

### (6) 영국 국립 축구 박물관

영국 국립 축구 박물관(National Football Museum, Manchester UK)은 2001년 영국 프레스턴 지역에 처음 세워졌으나 2012년에 맨체스터 도심의 어비스 빌딩으로 확장 이전했다. 연간 35만 명의 관람객이 찾을 정도로 맨체스터의 유명한 관광 명소가 되었다. 무료로 운영되는 국립 축구 박물관은 세계 최고의 인기를 누리는 축구와 축구 스타들과 관련된 극적인 순간, 역사, 열정이 살아 움직일 것 같은 생동감 넘치는 사진 및 전시물 14만여 종이 전시되고 있다.

박물관은 각 층마다 다른 테마로 꾸며져 있다. 실제 축구 경기장 입구처럼 꾸며진 '회전문'을 통해 박물관 안으로 들어간다. 이곳을 통과하면 자동으로 관람객 수가 계산된다.

1층에는 1872년 세계 최초의 국제 축구 대회에서 입었던 유니폼과 1966년 웸블리 월드컵 결승전의 모습, 축구에서 영감을 받은 다양한 작품들도 함께 전시되어 있으며, 영국에서 활약했던 유명 선수들의 명예의 전당이 있다. 2층에는 박물관 관람자가 참여할 수 있는 게임과 활동이 준비되어 있

그림 5-14
**영국 국립 축구 박물관**

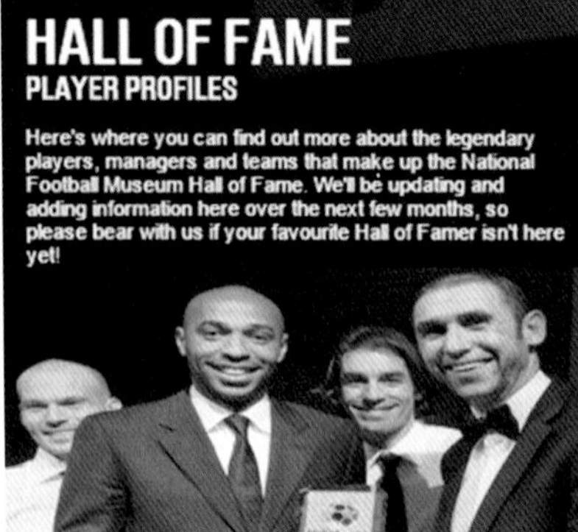

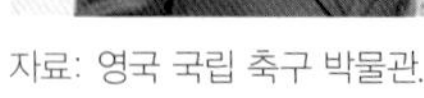
자료: 영국 국립 축구 박물관.

ⓒ 영국 국립 축구 박물관 홈페이지

다. 실물 크기의 체험형 승부차기 존, 축구 해설위원처럼 실제 축구 경기 일부를 보면서 오토큐(autocue) 화면에 뜨는 대사도 읽어 볼 수 있다. 이는 최첨단 게임 풋볼 플러스(football plus) 체험의 일부로 제공된다. 이 밖에도 시대별로 내려온 경기 트로피, 경기장 정보, 10분 정도의 축구 다큐멘터리 영화를 상영하는 극장도 있다. 3층과 5층은 어린이를 위한 층으로 어린이들이 직접 체험하고 만지며 배울 수 있는 곳이다. 옛날 유니폼이 전시되어 있으며, 직접 입고 사진을 찍어도 된다. 4층은 아티스트들의 전시 공간으로 몇 달에 한 번씩 전시회는 바뀐다. 6층과 7층에는 식당이 있어 식사가 가능하다(영국 국립 축구 박물관).

### (7) 태권도원

2014년 전라북도 무주의 수려한 덕유산 기슭에 태권도의 가치 창출 및 확산을 통한 새로운 태권도 문화의 창조를 목표로 태권도원이 건립되었다. 즉, 태권도원이 한국을 넘어 세계인의 자랑스러운 문화유산으로, 태권도의 정신과 가치를 세계의 보편적 가치로 승화시키는 중심이 될 수 있다는 포부를 갖고 탄생한 것이다(태권도원).

태권도 종주국의 자부심에 걸 맞게 231만 4,000m$^2$의 부지에 세계 최대 규모의 다양한 태권도 체험 수련 공간 및 문화 교류의 장을 제공하는 시설을 갖추고 있다. 먼저 태권도 체험을 위한 경기장, 공연장, 박물관, 체험관 등을 엮어 체험 공간으로 조성하였다. 또한 태권도를 학문적으로 연구하고 전문연수를 위한 수련 공간과 태권도 고단자와 명인들의 얼을 기리고 태권도의 근본 정신을 계승하는 상징 공간으로 나눠져 있다.

그 밖에 워터 슬라이드, 모노레일과 전망대, 숙박 시설, 푸드코트, 기념품을 판매하는 뮤지엄숍, 고객 서비스 센터, 셔틀버스 등의 관광 시설과 편의 시설을 갖추고 있다.

태권도 체험 프로그램으로는 태권도 사범과 함께 하는 1일 수련 체험 프로그램(힐링 태권 체조, 태권도 호신술), 고대와 근·현대에 걸친 각종 태권

그림 5-15 **태권도원**

도 관련 유물 5천여 점을 보유한 태권도 박물관 견학, 태권도 공연 관람, 태권도 IT 체험, 태권도원 투어가 있다. 뿐만 아니라 태권도 수련생, 학생, 외국인 등의 일정에 따라 맞춤형 숙박 패키지 프로그램도 제공하고 있다. 표 5-6은 태권도원을 방문한 외국인 관광객 단체의 태권도 관광 일정의 예시이다.

| 구분 | 1일차 | 2일차 | 3일차 | 4일차 |
|---|---|---|---|---|
| 07:00~08:00 | | 기상 | 기상 | 기상 |
| 08:00~09:00 | | 이동 | 조식 | 조식 |
| 09:00~10:00 | | 이동 | 이동 | |
| | | 태권 힐링테라피<br>(수련관 5) | 장구 체험<br>(전통문화 체험관) | |
| 10:00~11:00 | | | | |
| 11:00~12:00 | | | | 퇴소 |
| 이동 | | 이동 | | |
| 12:00~13:00 | | 중식 | 중식 | |
| 13:00~14:00 | | 자유 시간 | 자유 시간 | |
| 14:00~15:00 | | 품새<br>(수련관2) | 겨루기<br>(수련관 2) | |
| 15:00~16:00 | | | | |
| 16:00~17:00 | 자유시간 | | | |
| 17:00~18:00 | | | | |
| 18:00~19:00 | 태권도원 도착 | 석식 | | |

표 5-6
**미국 사범 단체 태권도 관광 일정 예시**

## 토론문제

1. Funk(2008)가 분류한 스포츠 이벤트의 유형에 따른 4가지 이벤트 스포츠관광의 특징에 대해 설명하시오.
2. 노스탤지어 스포츠관광의 의의에 대해 논하시오.
3. 이벤트 스포츠관광과 노스탤지어 스포츠관광을 통해 스포츠관광객이 얻을 수 있는 혜택은 무엇일지 구체적으로 설명해 보시오.
4. 본인이 해보고 싶은 이벤트 스포츠관광과 노스탤지어 스포츠관광은 위의 사례 중 어느 것이며, 하고 싶은 이유에 대해 설명하시오.

## 참고문헌

문화체육관광부(2008). 관광레저도시 활성화를 위한 스포츠관광 콘텐츠 도입 방안 연구. 경기도수원월드컵경기장관리재단.

변찬복, 한수정(2013). 세계문화유산의 관광체험, 진정성 및 관광만족간의 관계. 호텔경영학연구. 22(4), 261-282.

아주경제. 2014. 3. 13.

여행정보신문. 2014.12. 22.

Chalip, L., and Green, B.C.(2001). Leveraging large sports events for tourism:Lessons learned from the Sydney Olympics. Supplemental proceedings of the Travel and Tourism Research Association 32nd Annual Conference. Boise, ID: TTRA.

Davis,F.(1979). Yearing for Yesterday: A Sociology of Nostalgia. A Sociology of Nostalgia. New York: Free Press.

Dailymail(2012). Sport provides a boost for UK tourist industry as 900,000 football fans flock to Britain.

Delpy, L.(1998). An overview of sport tourism: Building towards a dimensional framework. *Journal of Vacation Marketing*, 4(1), 23-38.

Funk, D.(2008). Consumer behaviour in sport and events. Queeensland: Butterworth-Heinemann.

Fairley, S.(2003). In search of relived social experience: Group-based nostalgia sport tourism. Journal of Sport Management, 17(3), 284-304.

Gammon, S.(2002). Fantasy, nostalgia and the pursuit of what never was. *In Sport Tourism*: Principles and Practice(S. Gammon and J. Kurtzman, eds), eastbourne: LSA.

Gibson, H. J.(1998). Sport Tourism: A Critical Analysis of Research. *Sport Management Review*, 1, 45-76.

Gibson, H. J.(2003). Sport tourism: An introduction to the special issue. Journal of Sport Management, 17(3), 205-213.

Higham, J.(2005). Sport Tourism Destinations: issues, opportunities and analysis. In J. Higham (Ed), pp. 1–14. Oxford: Elsevier Butterworth-Heinemann.

Holak, S. L., & Havlena, W. J.(1992). Nostalgia: An Exploratory Study of Themes and Emotions in the Nostalgic Experience. *Advances in Consumer Research*, Vol. 19, John F. Sherry, Jr. and Brian Sternthal, eds., Association of Consumer Research, Provo, UT, 380–387.

Sedikides, C., Wildschut, T., & Baden, D.(2004). Nostalgia: Conceptual Issues and Existential Function. Jeff Greenberg, Ed., *Handbook of Experimental existential Psychology*, 200–214.

Standeven, J., & De Knop, P.(1999). Sport Tourism. Champaign, IL: Human Kinetics.

괌 관광청 http://www.welcometoguam.co.kr

국립 야구 명예의 전당 http://baseballhall.org

마카오 정부 관광청 http://kr.macautourism.gov.mo

영국 국립 축구 박물관 http://www.nationalfootballmuseum.com

윔블던 론 테니스 박물관 http://www.wimbledon.com/en_GB/museum_and_tours

전미 스톡 자동차 경주 협회 http://www.nascar.com & www.sportstravel.com

하키 명예의 전당 http://hhof.com

로잔 올림픽 박물관 http://www.lausanne.ch

태권도원 http://www.tkdwon.kr

Daily Mail http://www.dailymail.co.uk

CHAPTER

# 06

# 이벤트와 스포츠 관광

SPORT TOURISM MANAGEMENT

CHAPTER 6

# 이벤트와 스포츠관광

스포츠와 관광의 대중화는 이전보다 다양한 계층에서의 스포츠관광 참여를 의미한다. 이러한 스포츠관광의 대중화는 스포츠와 관광을 단순히 관람의 형태로 즐기려는 수동적인 태도에서 스포츠관광 활동의 주체가 되려는 능동적 태도로의 변화로 볼 수 있으며, 이러한 능동적 활동은 스포츠관광을 주제로 한 다양한 이벤트의 기획과 개발에서 비롯된다. 이에 이벤트에 대한 일반적 이해와 스포츠관광을 주제로 한 이벤트의 기획, 접근 방법에 대한 고찰은 스포츠관광을 이해하는 데 중요한 측면이 될 것이다.

# 1. 스포츠관광 이벤트의 이해

## 1) 이벤트의 개념

### (1) 이벤트의 정의

현대사회는 이벤트의 시대라 할 만큼 개인의 일상생활에서부터 국가 위상 확립을 위한 이벤트 등 사회의 다양한 분야에서 직간접적으로 이벤트를 활용하고 있으나 매우 포괄적이고 복합적으로 사용되고 있기 때문에 이벤트의 개념을 이해하는 것은 중요하다.

이벤트의 어원은 라틴어 e-(out, 밖으로)와 venire(to come, 오다)의 합성어 'evenire'의 과거분사형인 'eventus'에서 유래되어 'event'로 사용되고 있으며, '발생(occurrence)·우발적 사건(happening)'과 같이 '특별하게 발생하는 일'을 가리킨다.

사전적 개념　사전적 개념을 살펴보면, '현존하는 것과는 다르게 무언가 발생하는 일(anything that happens, distinguished from anything that exists)' 또는 '발생된 중요한 일(a noteworthy occurrence, especially one of great important)'이라는 의미이다. 따라서 이벤트란 중요한 의미를 갖고 자연적으로 발생되는 현상을 포함하여 발생되는 일, 각종 사건과 행사 등 일상생활에서 발생하는 모든 일의 다양한 의미를 내포하고 있다.

현상적 의미　우리가 사용하고 있는 이벤트의 용어는 사전적인 의미와는 달리 "특정의 의도된 목적을 실현하기 위해 사람들이 모이도록 계획을 갖고 진행하는 행사"라는 뜻을 내포하고 있는 현상적 의미이다(문경주, 2007). 현상적 의미는 이벤트 산업의 의미로서 특정한 목적을 위해 인위적으로 발생시키는 계획된 일이라는 구체적이고 제한적 의미를 지니고 있다(이경모,

2011). 따라서 서양에서는 국가의 기념식, 축제, 전시회 등 목적이 분명하고 인위적인 의미가 포함된 스페셜 이벤트라는 용어로 사용하기도 한다.

서양적 의미 '스포츠 행사, 아주 큰 사건이나 행사와 관측 행사' 등을 뜻하며 전시회, 축제, 콘서트와 같이 행사의 성격을 수식해 주는 형용사와 함께 사용되고 있다.

동양적 의미 우리나라의 의미를 살펴보면, 사람을 모아 놓고 현장에 실시되는 모든 활동 형태를 이벤트로 규정함으로써 서양보다 더 폭넓게 사용되고

표 6-1
학자별 이벤트 정의

| 구분 | 학자 | 정의 |
|---|---|---|
| 국내 | 조현호 외 (2001) | 기획성과 연출력 및 사회적 의미를 가진 행사로서 자연과 사람을 대상으로 한 쌍방향적·융합적 커뮤니케이션의 장 |
| | 이경모 (2011) | 주어진 기간 동안 정해진 장소에 사람을 모이게 하여 사회·문화적 경험을 제공하는 행사 또는 의식으로서 긍정적 참여를 위해 비일상적으로 특별히 계획된 활동 |
| | 김희진 (2004) | 특정한 목적·기간·장소·대상을 전제로 하여 실시되는 개별적이고 직접적이며 쌍방향적인 커뮤니케이션 매체 |
| 서양 | Wilkinson (1998) | 주어진 시간 동안 특정 욕구를 충족시키기 위해 계획된 일회성 행사 |
| | Uysl et al (1993) | 방문객을 성공적으로 맞이할 수 있도록 해주는 한 지역의 문화자원 |
| | Fredline et al (2003) | 일상 체험의 이면에 레저와 사회적 기회를 가진 소비자에게 제공하는 제한된 기간에 1회 또는 비정기적으로 발생하는 것 |
| 일본 | 일본 통상산업성 이벤트연구회 (1987) | 무엇인가 목적을 달성하기 위한 수단으로서의 행사 |
| | 고사카 센지 (1996) | 뚜렷한 목적을 가지고 일정힌 기간 동안 특정한 장소에서 대상이 되는 사람들에게 개별적이고 직접적으로 자극을 체험시키는 미디어 |
| | 구마노 (1998) | 무엇인가 이변을 일으키는 의도된 것, 즉 기업이나 단체가 그 목적을 달성하기 위해서 행하는 비일상적인 특별한 활동 |

있으며, 일본의 이벤트 프로듀서협회에 의하면 '목적을 가지고 특정한 기간에 특정 장소에서 대상이 되는 모든 사람들에게 개별적이고 직접적인 자극을 체험시키는 매체'라고 정의하고 있다.

학자별 이벤트 정의 이벤트의 정의는 동양과 서양, 학자별, 이벤트 분야에 따라 매우 다양하다. 이는 다양한 이벤트 분야의 학계와 업계에서 해석하는 이벤트의 시각이 다르기 때문이다. 동양과 서양 학자별 이벤트의 정의는 표 7-1과 같다.

따라서 이벤트에 대한 정의를 요약해 보면 이벤트란 특정 목적을 달성하기 위해 개인이나 집단(대상)이 특정한 시간과 장소에 사람들을 모이도록 하여 메시지를 전달하거나 자극하는 행위로 개별적이고 직접적이며 쌍방향적인 커뮤니케이션 매체라고 할 수 있다(윤영원, 2006).

## 2) 이벤트의 개념적 접근

이벤트에 관한 개념적 접근도 다양한 형태로 이루어지고 있다.

### (1) 학문적 접근 개념

제례론적 접근

- 사학·문학·민속학 측면에서 접근하는 개념
- 인간의 능력으로는 통제 불가능한 초자연적 현상을 인간의 생활 속으로 끌어들여 제례(祭禮)나 전통 행사로 발전했으며, 전통 행사는 현대 이벤트의 근원

미디어론적 접근

- 심리학·마케팅·매체를 이용한 접근

- 주최자와 참여자 간의 쌍방향 의사 전달이 가능한 미디어로 성장: two-way communication
- 사회의 변화에 따라 커뮤니케이션 미디어로 발전

문화 예술론적 접근

- 예술적·문화적·기술적으로 접근
- 이벤트 그 자체로 문화성과 창조성을 지닌 창조물로 인식
- 이를 이미지화·시각화를 통해 수행하기 위해 연출, 기술, 엔지니어링 등이 필요

산업론적 접근

- 경제학·경영학·관광학으로 접근
- 이벤트는 복합적인 성격을 지닌 업종으로서 여러 종류의 산업과 연계되고 융합되어 새로운 산업의 형태로 형성
- 예: 이벤트 + 체육 → 스포츠 이벤트

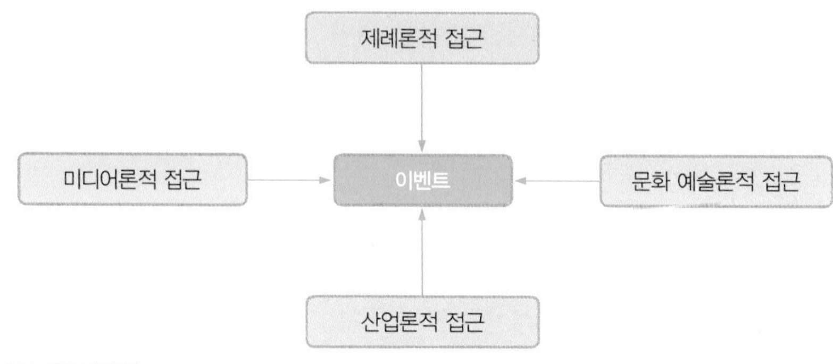


그림 6-1
이벤트의 개념적 접근

자료: 이경모(2011).

## (2) 산업 분야별 접근 개념

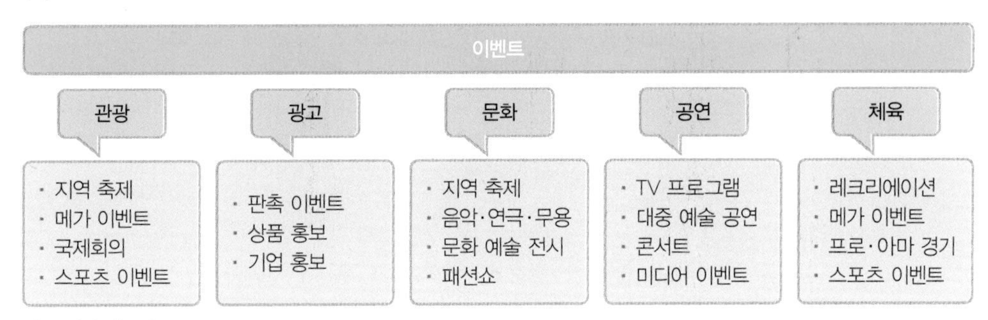


자료: 이경모(2011).

그림 6-2 이벤트의 산업 분야별 접근

표 6-2
산업 분야별
이벤트에 대한 접근 방식

| 분야 | 접근 방식 |
|---|---|
| 관광 | · 이벤트를 관광 상품으로 생각하는 분야<br>· 관광 산업의 활성화를 위하여 개발된 소프트웨어로서 관광 이벤트를 접근 |
| 문화 | · 이벤트를 문화 상품이라고 생각하는 분야<br>· 소득 수준이 높아지고 삶의 질을 중시할 때 대중들은 문화나 스포츠에 대한 니즈가 높아지기 때문에 이벤트에 참여한다고 보는 접근 방식 |
| 광고 | · 이벤트를 설득적 커뮤니케이션 기법으로 활용하는 분야<br>· 광고·판매·촉진·PR의 수단으로 이벤트를 접근 |
| 정보 | · 이벤트를 정보 교류의 수단이자 장으로 생각하는 분야<br>· 정보의 습득과 공유가 국제적 범위로 확대되면서 정보 교류를 위하여 이벤트가 발전했다는 견해 |
| 스포츠 | · 레크리에이션 이벤트(레저 이벤트)의 출발점<br>· 건강에 대한 관심의 증가와 스포츠 활동을 통한 기분 전환과 즐거움 추구. 건전하고 자기 개발을 통한 여가 활용 |

자료: 손선미(2012).

## 3) 이벤트의 분류

이벤트의 다양한 분류들 중 이벤트가 개최되는 현상적 측면에 기초하여 이벤트의 유형을 성격에 따라 소분류와 세분류로 나눈 이경모(2011)의 분류 방법을 대표로 보여주고자 한다.

표 6-3
이벤트 유형의 분류

<table>
<tr><th>대분류</th><th colspan="2">소분류</th><th colspan="2">세분류</th></tr>
<tr><td rowspan="5">축제 이벤트</td><td colspan="2">개최 기관</td><td colspan="2">지방자치단체 주최 축제, 민간 단체 주최 축제</td></tr>
<tr><td colspan="2">프로그램</td><td colspan="2">전통문화 축제, 예술 축제, 종합 축제</td></tr>
<tr><td colspan="2">개최 목적</td><td colspan="2">주민 화합 축제, 문화 관광 축제, 산업 축제, 특수 목적 축제</td></tr>
<tr><td colspan="2">자원 유형</td><td colspan="2">자연, 조형 구조물, 생활용품, 역사적 사건, 역사적 인물, 음식, 전통문화</td></tr>
<tr><td colspan="2">실시 형태</td><td colspan="2">축제, 지역 축제, 카니발, 축연, 퍼레이드, 가장행렬</td></tr>
<tr><td rowspan="8">전시 · 박람회 이벤트</td><td rowspan="4">전시회</td><td rowspan="2">전시 목적</td><td>교역 전시</td><td>교역전, 견본시, 산업 전시회</td></tr>
<tr><td>감상 전시</td><td>예술품 전시회, 문화유산 전시회</td></tr>
<tr><td>개최 주기</td><td colspan="2">비엔날레, 트리엔날레, 카로티엔날레</td></tr>
<tr><td>전시 주제</td><td colspan="2">정치, 경제, 사회, 문화·예술, 과학, 의학, 산업, 교육, 관광, 친선, 스포츠, 종교, 무역</td></tr>
<tr><td rowspan="3">박람회</td><td rowspan="2">BIE 인준</td><td>BIE 인준</td><td>인정(전문) 박람회, 등록(종합) 박람회</td></tr>
<tr><td>BIE 비인준</td><td>국제 박람회, 전국 규모 박람회, 지방 박람회</td></tr>
<tr><td>행사 주제</td><td colspan="2">인간, 자연, 과학, 환경, 평화, 생활, 기술</td></tr>
<tr><td rowspan="5">회의 이벤트</td><td colspan="2" rowspan="2">규모</td><td>대규모</td><td>컨벤션, 컨퍼런스, 콩그레스</td></tr>
<tr><td>소규모</td><td>포럼, 심포지움, 패널디스커션, 워크숍, 강연, 세미나, 미팅</td></tr>
<tr><td colspan="2">개최 조직</td><td colspan="2">협회, 기업, 교육·연구 기관, 정부 기관, 지방자치단체, 정당, 종교 단체, 사회봉사 단체, 노동조합</td></tr>
<tr><td colspan="2">회의 주제</td><td colspan="2">정치, 경제, 사회, 문화·예술, 과학, 의학, 산업, 교육, 관광, 친선, 스포츠, 종교, 무역</td></tr>
<tr><td colspan="2">개최 지역</td><td colspan="2">지역 회의, 국내 회의, 국제 회의</td></tr>
<tr><td rowspan="2">문화 이벤트</td><td colspan="2">문화 주제</td><td colspan="2">방송·연예, 음악, 예능, 연극, 영화, 예술</td></tr>
<tr><td colspan="2">경쟁 유무</td><td colspan="2">경연 대회, 발표회, 콘서트</td></tr>
<tr><td rowspan="2">스포츠 이벤트</td><td colspan="2">상업성 유무</td><td colspan="2">프로 스포츠 경기, 아마추어 스포츠 경기</td></tr>
<tr><td colspan="2">참여 형태</td><td colspan="2">관전하는 스포츠, 선수로 참여하는 스포츠, 교육에 참여하는 스포츠</td></tr>
</table>

(계속)

| 대분류 | 소분류 | 세분류 |
|---|---|---|
| 기업 이벤트 | 개최 목적 | PR, 판매 촉진, 사내 단합, 고객 서비스, 구성원 인센티브 |
| | 실시 형태 | 신상품 설명회, 판촉 캠페인, 사내 체육대회, 사은 서비스 |
| 정치 이벤트 | 개최 목적 | 전당 대회, 정치 연설, 군중 집회, 후원회 |
| 개인 이벤트 | 규칙적 반복 | 생일, 결혼 기념 |
| | 불규칙적 반복 | 파티, 축하연, 특정 모임 |

자료: 이경모(2005).

표 6-4
**이봉훈의 이벤트 분류**

| 이벤트 분류 | 내용 |
|---|---|
| 스포츠 이벤트 | · 경기 시합, 프로축구·프로야구의 개막식에도 여러 가지 프로그램이 가미됨<br>· 메가 이벤트로 올림픽, 월드컵, 동계 올림픽 등 |
| 레저·레포츠 이벤트 | · 레포츠(레저와 스포츠의 합성어)<br>· 수상 스키, 윈드서핑, 스킨스쿠버다이빙, 스키, 실내 암벽등반, 산악자전거, 오리엔티어링 등<br>· 이와 같은 스포츠를 레저화하여 참가 회원을 모집하고 실시하는 이벤트 |
| 축제 | 참여자 간의 동질감 형성과 감동을 공유하고 독특한 기획으로 볼거리 제공 |
| 공연 | 무대·출연자·관객이 있으며, 출연자가 매개체를 통해 특별한 방법으로 관객에게 보여주는 행위의 모든 것 |
| 전시 | · 물품·이미지를 펼쳐 놓아 보여주는 형태<br>· 전문 전시회, 종합 전시회 |
| 경연 | · 여러 참가자들이 가지고 있는 기량을 선보이고 등수(순위)를 정하여 상을 수여<br>· 많은 경연 대회에서 축제·쇼 형태를 띠고 각기 독특한 기획을 가미하여 독창적인 형태를 창출 |
| 회의 | · 각종 회의, 강연회, 심포지움 등을 포함하는 형태<br>· 국내·국제 회의를 막론하고 참여자들이 단순히 토론이나 발표의 장으로만 생각하지 않으며, 주최자도 다양한 프로그램을 준비하여 이벤트적인 요소를 많이 가미 |
| 시상 | 상을 주고받는 행사로서 전문적 기획과 연출력을 가미<br>예: 아카데미상, 대종상, 각종 음악 관련 시상식, 부산 국제영화제 등 |
| 집회 및 대회 | 참가자의 모객이 중요하며, 모인 사람들은 단순 참여자가 아닌 참여자 자체가 이벤트의 주요 대상 |

자료: 이봉훈(1997).

표 6-5
Getz의 분류

| 유형 | 이벤트 내용 |
| --- | --- |
| 스포츠 이벤트 | 프로 경기, 아마추어 경기 |
| 문화 이벤트 | 축제, 카니발, 종교 행사, 퍼레이드, 문화유산 관련 행사 |
| 예술·연예 이벤트 | 콘서트, 공연 이벤트, 전시회, 시상식 |
| 정치 이벤트 | 취임식, 수여식, 부임식, VIP 방문, 정치적 집회 |
| 상업 이벤트 | 박람회, 산업 전시회, 전람회, 회의, 홍보, 기금 조성 이벤트 |
| 교육·과학 이벤트 | 세미나, 워크숍, 학술 대회, 통역 수행 이벤트 |
| 레크리에이션 이벤트 | 게임, 운동 놀이, 오락 이벤트 |
| 개인 이벤트 | 기념일, 행사, 가족 휴가, 파티, 잔치, 동창회, 친목회 |

자료: Getz(1997).

표 6-6
이벤트 개최 주최에 따른 분류

| 구분 | 주최 | 종류 | 비고 |
| --- | --- | --- | --- |
| 공공 이벤트 | 정부<br>공공기관 | 무료 행정형(세금·기부금)<br>유료 행정형(채산제 도입) | 국가 이벤트<br>지역 이벤트 |
| 기업 이벤트 | 기업 | PR형(대내외)<br>SP형(판촉) | 문화 공공형<br>판매 촉진형 |
| 사회 이벤트 | 개인·단체 | 정치 이벤트<br>종교 이벤트<br>회의 이벤트<br>오락 이벤트<br>문화 이벤트<br>스포츠 이벤트 | 개인 이벤트 |

자료: 이정학(2004).

## 4) 이벤트의 구성 요소

성공적인 이벤트의 개최와 운영을 위해서는 기본적으로 필요한 몇 가지의 요소가 있다.

### (1) 이벤트의 기간: When

이벤트의 개최 시기는 참가자의 관심과 접근성을 제한시키거나 최대화시킬 수 있기 때문에 중요한 사항으로 개최 기간을 설정하기 위해서는 계절별·시간대별 특성과 개최 횟수 등이 고려되어야 한다. 예를 들면, 여름은 겨울보다 해의 길이가 긴만큼 사람들 활동량의 시간도 길어지기 때문에 겨울보다 여름을 더 선호한다.

### (2) 이벤트의 장소: Where

이벤트의 개최 장소는 이벤트 참가자들이 모이는 곳으로 접근성에 직접적인 영향을 주는 요소이다. 모든 이벤트는 개최 장소가 정해져 있으며, 이 장소는 2가지의 의미로 생각해 볼 수 있다. 첫째는 이벤트 자체가 개최되는 지역으로 접근성을 결정하고, 두 번째는 이벤트 내의 프로그램이 운영되는 회장·공간과 같이 특정 장소로 이벤트 운영에 필요한 주위 환경을 결정하는 요소라 할 수 있다.

### (3) 이벤트의 주최자: Whom

이벤트를 기획하는 주최자의 특성과 성격에 따라 이벤트의 개최 목적은 달라진다. 지방자치단체와 같은 비영리 단체는 이미지 제고나 PR 목적의 이벤트 성격이 강하며, 영리를 목적으로 하는 기업은 자사의 제품 판매 촉진을 위한 제품 홍보에 많은 비중을 둔다.

### (4) 참가 대상: Who

이벤트 기획과 운영에서 가장 기본이 되는 요소는 '누구를 위하여 개최하는 이벤트인가' 하는 것이다. 그 이유는 이벤트의 참가 대상이 누구인가에 따라 이벤트의 성격과 이벤트 프로그램 자체가 달라질 수 있기 때문이다. 참가 대상이 결정되지 못하면 이벤트의 핵심 내용과 콘셉트를 설정하지 못하게 된다. 다시 말해 참가 대상은 이벤트 개최 전 기획과 운영의 개념을 설정하는 핵심 요소인 것이다. 표적화된 참가 대상을 결정하기 위해서는 참가자의 인구통계적, 지리적, 사회심리학적, 경제적 특성 등을 고려하여 선발한다.

### (5) 이벤트의 개최 목적: Why

이벤트의 개최 목적과 목표는 이벤트 개최 개념을 설정하는 요소이다. 이벤트의 개최 목적들을 살펴보면, 먼저 메가 이벤트 개최를 통한 국가 이미지 제고, 경제적 효과, 관광 자원 개발 등이 있고, 기업의 촉진을 목적으로 한 판매 촉진과 기업의 인지도 제고 등이 있으며, 지역사회와 관련된 목적으로는 지역주민 화합과 개최지 이미지 향상 등이 있다.

이벤트의 개최 목적에 따라 이벤트를 구성하는 다른 요소들의 결정 수준도 달라질 수 있기 때문에 개최 목적을 명확하게 하는 것이 중요하며, 명확한 개최 목적은 이벤트의 성공과 실패를 결정하는 중요한 요소가 된다.

### (6) 이벤트의 내용: What

이벤트의 내용은 참가자들에게 전달하고자 하는 내용들로, 참가자들이 가장 오랫동안 기억하는 직접적인 구성 요소이다. 이벤트에 참여하여 무엇을 어떻게 체험했는지에 따라 이벤트의 추억과 경험의 만족도가 달라지고 이는 이벤트의 평가 척도가 되기 때문에 매우 중요하며, 새롭고 독특한 아이디어와 체계적으로 준비하는 정도에 따라 이벤트의 수준이 결정되는 요소이다. 이벤트의 내용에는 이벤트의 주제, 주제를 뒷받침하는 다양한 프로그램, 운영과 연출 방법, 이벤트 참가자들을 배려하는 서비스 요인 등을 포함하여야 한다.

## 5) 이벤트의 특성

### (1) 긍정성

'일상적으로 발생되지 않는 무언가 중요한 일'이라는 이벤트의 사전적 의미가 중대시된다면 그 범위는 매우 폭넓어 질 것이다. 예를 들면 사고(교통사고), 싸움, 화재, 전쟁 등과 같은 부정적인 의미를 갖고 발생되는 사건들도 사전적 의미에서는 이벤트에 속할 수 있기 때문이다.

그러나 사회와 이벤트 산업에서 통용되고 있는 이벤트는 긍정적인 의미로 발생되는 일로 즐거움, 좋은 일에 대한 축원, 기쁨과 행복, 발전 지향 등의 긍정적인 개념을 바탕으로 발생되는 의미가 함축되어 있다고 할 수 있다. 평생 한 번 일어나는 일일지라도 슬프고 화나는 부정적 의미의 사건과 사고라면 이벤트가 아닌 것이다.

### (2) 계획성

이벤트는 '주어진 시간에 특정한 목적을 달성하기 위하여 인위적으로 행해지는 계획된 행사'라는 개념을 지니고 있기 때문에 자연적으로 발생하는 일들을 이벤트라고 하지 않는 것이다. 따라서 홍수, 지진, 태풍과 같이 자연적으로 발생하는 사건들은 이벤트라고 할 수 없는 것이다. 운동 경기, 축제, 콘서트, 환영회 등과 같이 인위적으로 특별하게 계획된 활동만 이벤트라 한다.

### (3) 비일상성

이벤트가 긍정적이고 인위적으로 계획된 개념을 포함하고 있더라도 일상적으로 행해지는 활동이거나 일상생활에서 늘 접할 수 있는 것이라면, 이것은 이벤트라고 할 수 없다. 예를 들면, 출퇴근, 매일 접하게 되는 일상적인 식사, 일상적으로 하는 업무 처리 등이다. 따라서 이벤트는 일상생활과는 구별되어 빈번이 발생되지 않는 개념의 일 또는 행사라고 할 수 있으며, 매일 부딪히고 반복되는 일상적인 활동들은 이벤트로 간주하지 않는다.

## 6) 이벤트의 목적

이벤트의 목적은 이벤트 개최를 통해 얻고자하는 효과에 따라 달라지며 개최자 유형에 따라 국가, 지방자치단체, 민간 단체, 기업 특정 집단, 개인 등 다르게 나타난다.

- 공공 단체의 개최 목적은 지역 이미지 제고, 환경 개선, 지역경제 발전 및 활성화, 지역사회 발전, 관광객 유치, 지역주민 결속력 강화, 주민의 여가 제공 등

| 구분 | 내용 |
| --- | --- |
| 삶의 활력제 | 이벤트의 참여를 통하여 경험하는 즐거움과 일탈은 반복적인 일상생활의 무료함과 스트레스를 해소하고 여가를 보람 있고 의미 있는 시간으로 바꾸어 삶의 활력을 찾게 해주는 자극제로 삶의 가치를 추구하게 된다. |
| 지역 특성 이미지 부각 | · 다른 지역과의 차별성·지역의 특성과 이미지를 널리 홍보할 수 있는 방안<br>· 이미지 개선을 위한 좋은 방안 |
| 판촉 및 홍보 | · 이벤트를 통한 국가·지방자치단체의 지역 이미지 홍보와 지역 관광 활성화에 기여<br>· 이벤트를 통한 판촉 활동으로 기업의 이미지 향상 |
| 지역 진흥 촉진 | · 다양한 문화 활동 증대<br>· 고유 문화 발굴을 통한 지역주민의 문화 수준 향상<br>· 지역 기반 시설의 재정비<br>· 이벤트와 관련된 산업 발전 기여 |
| 교류 및 협력의 장 | · 관습과 생활 방식 등의 문화적 차이 이해<br>· 교류를 통한 개인적 공감<br>· 국가 간의 이해와 친선 도모 |
| 공공 서비스 | · 이벤트 참가자의 문화 수준 향상<br>· 지역주민 화합<br>· 국민에게 행복감 고취 |

그림 6-3
이벤트의 목적

자료: 송정일(2002). 재구성.

- 기업의 개최 목적은 기업 이미지 제고, 상품 판매 촉진, 기업의 PR, 수익 창출, 정보 교환, 교역과 우호 증진, 국제 교류, 사교 활동 등

또한 이벤트 주최자와 참여자 쌍방향의 의사소통과 기대하는 효과에 따라 그림 6-3과 같이 여러 가지 형태로 나타날 수 있다.

# 2. 관광 이벤트의 특성

## 1) 관광 이벤트의 개념

과거의 관광 형태가 세계 각 국가가 갖는 고유한 문화를 보존하고 발전시켜 그 나라만의 전통과 문화를 알 수 있는 유적지, 박물관, 문화유산 등을 감상·관람하는 정적이고 소극적인 관광의 형태를 보였다면, 현대의 관광은 다른 나라의 문화, 행사, 축제, 공연 등을 직접 참여하고 체험하는 동적이고 적극적인 관광으로 빠르게 변화하고 있다. 이는 체험을 중시하는 관광객들의 욕구와 만족을 충족시켜 줄 수 있도록 관광지에서의 연출이 필요하게 되었음을 시사하는 것이다. 세계 각국은 이러한 관광객의 욕구와 변화에 맞추어 관광과 이벤트를 접목하여 기존의 이벤트를 적절하게 관광 상품화하거나 새로운 이벤트를 개발하여 매력 있는 관광 상품화 전략을 꾀하기 위해 노력하고 있다.

관광 이벤트는 '관광'과 '이벤트'의 합성어로 관광적 요소와 특정의 주제를 지닌 관광 상품적 가치와 목적을 가지며, 유무형의 관광 자원에 특정한 연출을 계획하여 부가가치를 극대화시키는 가치 창조의 작업이다. 즉, 관광에 이

사례연구

## 얼음나라 화천 산천어축제

- 일시: 2015년 1월 10일(토)~2월 1일(일) 23일간
- 개최 장소: 강원도 화천군 화천읍
- 축제 운영: 주최(화천군), 주관(재단법인 나라)
- 주요 특징
  - 산천어 체험: 얼음낚시, 맨손 잡기, 루어 잡기 등
  - 눈·얼음 체험: 눈썰매, 봅슬레이, 얼곰이 성, 얼곰이 자전거, 얼음 썰매, 얼음 축구, 창작 썰매 등
  - 문화 체험: 여는 마당, 창작 썰매 콘테스트, 겨울 문화촌, 산천어 복불복 이벤트, 천사의 날, 군부대의 날 등
  - 시가지·연계 행사: 선등거리, 선등거리 공연, 실내 얼음 조각 광장, 서화산 빙벽 포토존, 산천어 공방, 커피 박물관, 화천 생태영상센터, 화천 민속박물관, 화천 조경철천문대 등
  - 먹거리·살거리: 공식 먹거리 터, 산천어 식당, 산천어·축산구이터 등

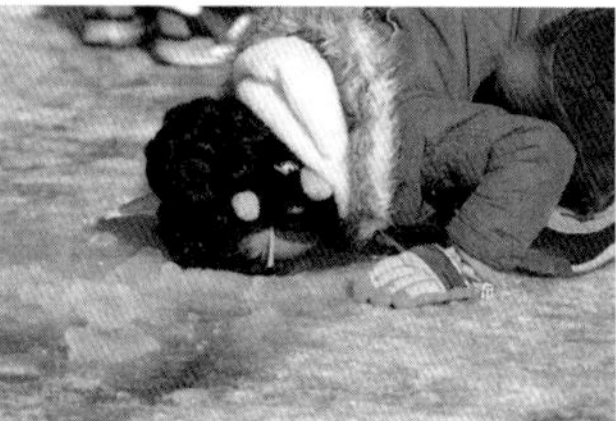

창작 썰매, 산천어 맨손 잡기, 얼음낚시, 산천어구이 체험

자료: 재단법인 나라.

벤트가 접목된 새로운 엔터테인먼트의 가치를 창조해 내는 문화 산업이다.

궁극적으로 관광 이미지를 창출하는 것이며, 관광객으로 하여금 관광지로 유도하기 위한 이미지를 창출하는 것이다. 그러므로 관광 이벤트가 성공하기 위해서는 독창성과 국제성, 미래 지향적인 성격을 기초로 특색 있는 주제와 매력적인 관광 대상의 연출, 주도면밀한 기획과 계획의 추진이라는 요소가 종합적으로 어우러져야 한다.

예를 들면, 화천 산천어축제는 북한강 상류에 위치한 화천군의 청정 환경과 산천어를 주제로 1만 2,000개의 얼음 구멍을 뚫은 화천천에서의 얼음낚시, 산천어 맨손 잡기, 얼음 축구, 창작 썰매 콘테스트, 빙판 골프 등 남녀노소 누구나 함께 즐길 수 있는 다양한 겨울 레포츠 체험 행사와 직접 잡은 산천어를 축제장 곳곳에 설치된 무료 구이터에서 소금구이 또는 회 서비스

표 6-7
관광 이벤트에 관한 견해

| 구분 | 내용 |
|---|---|
| 한국관광공사 (1996) | 외래 관광객의 유치를 목적으로 기획된 행사나 외래 관광객이 관심을 가질 만한 관광 자원적 매력이 높아 관광객의 참여율이 높은 행사 |
| 박현지 (1999) | 이벤트의 성격이 독특한 관광 매력을 발휘하여 관광객을 유도할 수 있는 관광 상품적 가치가 있는 이벤트<br>예: 이천의 도자기박람회(도자기를 판매하기 위한 이벤트이나 이를 보기 위해 많은 관광객들이 방문하여 관광 활동을 하기 때문에 이는 관광 이벤트가 됨) |
| 이미혜 (2000) | 관광 지역 이미지 제고를 위해 개최되는 관광 목적의 사건·행사로 긍정적인 관광 이미지를 창출하고 관광객에게 다양한 볼거리, 놀거리 등을 제공하여 관광 활동 욕구를 유발하여 관광 수요 창출 |
| 오정학·허상현·오휘영 (2002) | 특정한 주제의 행사를 통해 관광객에게 독특한 경험을 제공하는 관광 프로그램의 일종 |
| Jago et al (2003) | 지역의 이벤트 행사를 통해 관광객을 유치하여 지역 개발을 촉진하며 지역의 이미지를 형성하고 지역 명소·관광 명소로 이름이 알려지게 하는 체계적인 계획 및 개발 행위이며 마케팅 활동 |
| 손선미 (2008) | · 관광객 관점: 다른 지역의 특정 장소에서 일정 기간 동안 개최되는 이벤트에 참여하기 위해 이동하는 특별히 계획한 활동<br>· 주최자 관점: 관광객을 유치하기 위해 개최하는 이벤트 |

센터에서 싱싱한 회로 먹는 즐거움까지 제공하여 외부 지역의 방문객들을 많이 유치함으로써, 화천군의 이미지 홍보와 화천 지역경제 활력 및 지역의 새로운 겨울 문화 정착이라는 관광 이벤트의 성공적인 사례로 꼽히고 있다.

이처럼 관광 이벤트는 지역의 이벤트 개최를 통하여 관광객을 유치하여 지역 개발을 촉진하며 지역의 이미지를 형성하고 홍보함으로써 명소로 이름이 알려지게 하는 체계적인 계획 및 개발 행위로 관광 목적지의 브랜드화에 유리하게 작용할 수 있는 것이다(손선미, 2012)

관광 이벤트에 대한 학자 및 기관들의 견해는 표 6-7과 같은데, 보는 관점에 따라 관광 이벤트의 개념은 그 범위가 넓고 이벤트가 갖는 특성도 달라진다.

## 2) 관광 이벤트의 특성

관광 이벤트는 참여하는 관광객의 입장에서 몇 가지 특별한 경험을 제공한다.

### (1) 체험성

관광객이 일상생활 또는 관광지에서는 경험할 수 없는 특별한 체험과 감동을 제공한다. 즉 '관광지에서 계획된 행사에 직접 참여하고 경험하는' 형식으로 관광객 자신의 직접적인 체험을 자극하는 관광 형태로 참여한 관광객은 즐거움과 만족, 감동을 느낀다.

### (2) 교류성

특정 이벤트에 참여하는 관광객은 공통의 관심사를 갖고 있다는 특정 관심 분야에 대한 소속감과 참여자로 동질성과 유대감을 형성하게 하는 특성으로 이벤트에 참여하는 관광객에게 동일한 문화적 연대 의식을 갖게 함으로써 관심 분야에 더욱 적극적으로 유입될 수 있는 기회를 제공한다.

### (3) 교육성

체험을 통한 교육적 효과를 제공하는 특성을 갖는다. 일반적으로 이벤트는 문화적 체험 또는 정보와 지식의 전달을 제공하는 미디어의 역할을 수행한다. 따라서 관광객은 이벤트의 참여를 통하여 교육적 체험을 할 수 있는 기회를 갖게 되는 것이다.

# 3. 스포츠 이벤트의 특성

## 1) 스포츠 이벤트의 개념

스포츠란 신체와 정신 건강을 개선하고, 사회적 관계를 형성하기 위한 활동 또는 다양한 수준의 경쟁과 비경쟁에 참여하는 것으로, 그 활동에 따른 결과를 얻게 되는 모든 신체 활동을 통칭한다(한상훈·강인호, 2002). 스포츠는 노동 활동이 아닌 신체와 정신적 활동으로 오락적 성격을 포함하고 있으며, 신체의 한계를 극복하는 의미를 갖는 특별 활동으로 재미와 오락, 휴식, 정신적 건강 회복과 체력 단련, 단조로운 생활 탈피와 일상에서의 스트레스 해소, 모임과 대인 관계 증진, 자기 개발과 스릴 등을 위한 욕구 증대로 더욱 활발해지고 있다.

스포츠 이벤트는 이벤트의 성립 요건을 충족시키는 이벤트의 한 분류로 스포츠적인 요소가 포함된 각종 경기와 행사 등을 일컫는다. 즉 건강·레크리에이션·모험·스포츠를 통하여 개인의 삶의 질적 향상을 도모하기 위한 프로그램으로, 스포츠 이벤트의 관전, 강습, 직접 참여를 목적으로 사람들이 모이도록 모임을 개최하여 특정의 목적을 달성하기 위해 행해지는 행사

표 6-8
스포츠 이벤트의 정의

| 학자 | 내용 |
|---|---|
| 임태성(1999) | 스포츠 제반 활동을 통해서 특정한 목적을 가지고 특정한 기간에 특정한 장소를 대상으로 하여 모든 사람들에게 직간접적으로 자극과 감동을 체험하게 하는 긍정적 측면의 모든 행사 |
| 조배행(1999) | 스포츠 경기와 이에 수반되는 각종 문화 행사 |
| 이용철(2000) | 올림픽에서부터 중·고교 아마추어 경기에 이르는 다양한 경기의 직간접 참여로 참여자와 연출자 모두가 공감하는 커뮤니케이션적인 프로그램 |
| 이형오·정성범(2007) | 사람들을 모이게 하여 특정의 목적 실현을 위한 세계 각 스포츠 경기, 대외적인 스포츠 행사, 스포츠 교실·스포츠 관련 강연회, 지역의 스포츠 대회, 주민체육대회 등을 포함한 행사 |
| 유재희(2012) | 스포츠 이벤트의 체험(직접 체험)과 관전(간접 체험)을 통하여 삶의 질을 향상시키고 남녀노소 누구나 즐기는 건전한 여가 문화 |
| 김희진(2013) | 기업, 조직, 단체 등이 특정 목적 아래 스포츠가 가지고 있는 건강미, 오락성, 역동성, 스타성 등의 특성을 이용해 주최 또는 협찬 형태로 이루어지는 스포츠 행사나 체전 |

자료: 유재희(2012), 재구성.

표 6-9
스포츠 이벤트의 종류

| 종류 | 내용 |
|---|---|
| 관전형 | 기업이나 특정 단체가 스포츠 팬에게 화제나 볼거리를 제공하기 위해 프로 또는 유명 선수들을 초청하여 게임을 실시하는 형태의 행사 |
| 참가형 | 건강 증진과 조직 의식의 강화를 목적으로 자발적인 참가를 유도하여 개최하여 체험하는 행사 |

자료: 김희진(2004).

이다(이경모, 2011). 그 외 여러 학자들의 정의는 표 6-8에 정리되어 있다. 스포츠 이벤트의 종류는 크게 관전형과 참가형으로 나뉘며 표 6-9에 정리되어 있다. 스포츠 이벤트 종류 중 관전형은 기업이 이익의 환원, 기업의 이미지 상승, 판매 촉진 등의 목적을 가지고 TV, 라디오 등의 미디어를 이용하여 대중 매체, 스포츠 단체, 스포츠 프로덕션 및 광고 회사 등이 유기적으로 연결하여 스포츠의 빅 이벤트를 방송하여 관람 스포츠를 제공하는 것이다. 참가형은 지방자치단체, 공공 단체, 기업, 학교 및 여러 단체에서 주최하는 스포츠 이벤트에 직접 참가하는 것이다.

스포츠 이벤트 참여 목적은 내적 모험을 통한 자아 개발에 중점을 두고, 외적으로는 건강 증진과 체력 단련 등을 도모하기 위함이다. 대표적인 스포츠 이벤트는 다양한 문화 행사를 포함하는 월드컵, 올림픽과 같은 메가 스포츠 경기와 스포츠 동호회를 중심으로 개최되는 아마추어 스포츠 경기 등이 있다(이용철, 2001).

스포츠 이벤트는 현대인들의 건강에 대한 높은 관심과 인식의 확산, 여성의 활발한 스포츠 참가, 유명 경기에 대한 대중적 지지를 받으면서 큰 규모로 성장하기 시작했다. 즉 일상에서의 정신적 스트레스와 반복되는 일상에서 벗어나 스트레스와 무료함을 해결해 주고 웰빙이라는 사회 트렌드에 맞물려 스포츠를 통한 정신과 신체의 건강한 삶을 영위하고자 하는 욕구는 스포츠 이벤트를 성장시키는 요인이 되었다. 또한 여성의 경제 활동과 여가 시간의 증가, 건강 유지와 몸매 관리, 사교 등의 참여 동기와 목적을 통한 적극적인 참여와 고령화에 따른 노년층의 스포츠에 대한 관심 증대는 다양한 연령층의 참여율 증가를 가져왔다. 그리고 스포츠 이벤트 유치에 따른 문화 교류, 국가의 이미지 제고, 국민 건강 지향, 스포츠를 통한 공감대 형성 등의 긍정적인 효과들은 스포츠관광과 스포츠 이벤트를 더욱 활성화시키는 이유가 되었다.

### 2) 스포츠 이벤트의 특성

스포츠 이벤트는 다른 이벤드에서는 볼 수 없는 현장성, 진실성, 신기성, 지역 애호 및 애국주의, 건강성, 대중성, 화제성과 회상성 등의 특성을 갖는다(한국관광공사, 1996; 이경모, 2011).

### (1) 현장성

스포츠 이벤트는 스포츠의 종류에 따라 특정 장소와 특정 시간에 의해 일어나는 특성이 있기 때문에 관광객이 경기가 개최되는 장소로 이동해야 한다. 관중은 경기가 진행되는 장소에 도착함으로써 선수와 같이 호흡하는 제2의 선수가 된다. 다시 말해 현장으로 이동해야만 그 현장에서 공통의 관심을 갖는 관중들과 선수, 심판 등과 어울려 현장의 생동감에 몰입하며 자기 도취와 스릴을 최대한 느끼며 즐길 수 있게 된다.

### (2) 진실성

관중들이 관람석에 앉아 경기를 관람하는 이유는 운동선수들 각자가 자신의 기량을 최대한 발휘하여 경쟁했을 때 어떠한 결과가 나타나는지 보고자 함이다. 즉 관중들은 경기장에서의 진지하고 진실된 시합 장면을 보고자 하는 것이다. 이렇게 관광객들이 많은 돈을 지불하거나, 바다를 건너는 장시간의 이동을 하면서까지 스포츠 이벤트에 참여하는 것은 꾸미지 않은 수준 높은 경기를 보기 위함이다.

### (3) 신기성

환경이나 기후, 선수의 컨디션이나 경기 상황 등 여러 가지 요소들의 복합적인 영향으로 경기장의 상황은 끊임없이 변화하며, 승부는 예상하지 못한 반전과 뜻밖의 결과들로 놀라움과 신기성(新奇性)을 도출해 내는 특징이 있다. 긴장감 도는 경기 시합은 관람객에게 기쁨, 걱정, 화남, 실망, 상상, 희열, 아쉬움, 뜻밖의 일 등을 조성하게 한다.

### (4) 지역 애호 및 애국주의

스포츠 이벤트에 참여하는 관중들은 자신이 소속된 연고지와 국적을 응원하며, 자신이 응원하는 팀 또는 선수가 승리할 수 있도록 모두 한마음 한 뜻으로 결속된다. 2002년 한일 월드컵이 좋은 예이다. 일반적으로 스포츠 이벤트는 특정 집단의 응집력을 생성시키는 효과를 지닌다. 즉 자신도 모르는 사이 자신이 속해 있는 조직의 한 구성원으로서 의지, 정신, 감정의 표현을 일체화시키거나 결집력을 상승하게 만들어 준다.

### (5) 건강성

스포츠 이벤트가 가지고 있는 통쾌감과 해방감은 일상의 스트레스에 노출되어 있는 현대인들에게 정신적 안정을 찾아주는 역할을 한다. 정신적 안정을 취한 후에는 건강에 대한 재인식을 하게 됨으로써 관심 있는 생활 스포츠 참여를 유도하며, 이는 건강하고 아름다운 신체를 가지고자 노력을 하게 하는 특징이 있다.

### (6) 대중성

현대인들은 다양한 매체를 통하여 스포츠에 관심을 가지게 되며 이것은 단순히 보는 스포츠뿐만 아니라 직접 참여하는 스포츠로 관심이 확산된다. 여성 스포츠 참여자들로 예를 들면, 현대 여성은 과거보다 경제력과 시간적 여유가 많아지면서 여가 선용의 방안으로 헬스클럽과 요가를 비롯한 다양한 스포츠 활동 등을 통해 건강한 몸매 유지와 사교 활동의 참여율이 높아지고 있다. 또한 사회 구성원이 점점 고령화되면서 노년층도 참여할 수 있는 다양한 스포츠 활동이 생겨나고 있으며, 어린아이들은 신체 발달을 위해 많이 참여하고 있다. 이는 스포츠 참여에 따른 연령적 제한 없이 남녀노소 누구나 스포츠를 참여할 수 있으며, 참여 인구가 늘고 있는 대중성을 보여주는 것이다.

### (7) 화제성과 회상성

스포츠 이벤트는 현장에서 타인과 공통된 화제를 나눌 수 있는 분위기가 조성되며, 스포츠 이벤트가 끝난 후에도 공감된 화제를 공유함으로써 끊임없는 회상을 제공해 준다. 특히 이러한 화제성과 회상성(回想性)은 관광객의 지속적인 유입을 유도하고, 지속적인 언론과 다양한 매체의 보도로 지역 이미지를 홍보할 수 있으며, 지역경제를 강화시킬 수 있는 가치를 지닌다.

## 3) 스포츠관광 이벤트의 분류

건강 증진, 지역 이미지 제고 및 지역경제 활성화, 기업 홍보 등 다양한 목적으로 개최되는 스포츠 이벤트는 참가자가 스포츠를 직접 또는 간접적으로 참여하거나 즐길 수 있는 활동으로 참가자들의 다양한 특성에 맞추어 관전형·참여형·강습형 스포츠 이벤트로 분류할 수 있다.

### (1) 관전형 스포츠 이벤트

관전형 스포츠 이벤트란 기업 또는 특정 단체가 관객과 소비자에게 볼거리와 화제, 대중화를 제공하기 위한 목적으로 프로선수나 유명 선수들을 초청해서 주최하는 여러 형태의 경기, 대회, 행사를 불특정 다수의 많은 사람들에게 관전의 즐거움을 제공하는 이벤트이다.

프로 또는 프로에 가까운 수준의 체력과 기술을 가진 사람들이 경기하는 것을 보고 즐기며, 오락과 교양 등을 얻기 위해 간접적으로 참여하는 것

그림 6-4
런던 올림픽과 아메리칸 풋볼

으로 국내외의 각종 스포츠 대회 관전을 통하여 개인 또는 단체로 월드컵, 올림픽 및 국가, 지방자치단체, 특정 단체에서 개최하는 스포츠 경기에 참여하는 것이다(이경모, 2011).

올림픽과 월드컵, F1 그랑프리 등이 대표적인 관전형 스포츠 이벤트이며, 프로야구, 프로축구, 프로농구 등이 국내의 대표적인 관전 스포츠 산업이다. 테니스와 골프 등 개인적인 프로 스포츠와 자동차 경주와 경마, 스피드 스케이트 등 트랙에서 진행되는 트랙 경주도 관전 스포츠의 한 예이다.

관전의 방식은 경기나 행사가 진행되는 실제 장소(경기장, 행사장)를 방문하여 관람하는 직접 관전과 TV, 인터넷 또는 그 외에 다양한 매체를 이용하여 시청하는 간접 관전으로 구분된다.

### (2) 참여형 스포츠 이벤트

특정 스포츠 이벤트에 직접 참여하는 '행하는' 것으로 신체 활동과 행동을 통해 자아 욕구를 충족시키는 것으로 개인 또는 단체가 직접 국내외 스포츠 경기에 참여하는 것으로 지방자치단체, 기업, 학교, 협회 등의 조직체가 참가자의 건강 증진과 공동체 의식의 강화를 목적으로 자발적인 참가를 유도해 개최하는 스포츠 행사이다.

참여형 스포츠 이벤트는 공익성이 크고 친선 목적과 교류의 성격이 강하

그림 6-5
산악 스키와 카이트서핑

| 날짜 | 대회명 | 장소 | 주최 |
|---|---|---|---|
| 1/11 | 제8회 전국 새해알몸마라톤 | 두류공원(내) 야구장 | 대구광역시육상연합회 |
| 1/11 | 제10회 여수 마라톤대회 | 여수 세계박람회 행사장 | 여수시, 여수신문 |
| 2/15 | 제12회 밀양 아리랑마라톤 | 밀양 공설운동장 | 밀양시 |
| 3/29 | 제25회 3.15 마라톤 | 창원시 마산 삼각지공원 | 3.15의거기념사업회 |
| 3/29 | 제15회 인천 국제하프마라톤 | 인천 문학 월드컵 경기장 | (주)인천일보 |
| 4/4 | 제24회 경주 벚꽃마라톤 | 경주 세계 문화 엑스포 광장 | 경주시, 요미우리신문 서부 본사 |
| 5/9 | 제14회 여주 세종대왕마라톤 | 여주 현암 강변공원 | 여주시체육 · 생활체육회 |
| 5/16 | 제10회 인제 내린천 전국마라톤 | 인제군 인제읍 인제 잔디 구장 | 인제군, 인제군육상연합회 |
| 5/17 | 제15회 제천 의림지 전국마라톤 | 제천시 모산동 의림지 쉼터 광장 | 제천마라톤조직위원회 |
| 5/31 | 제9회 반기문마라톤대회 | 충북 음성 종합운동장 앞 광장 | 음성군체육회 |
| 6/13 | 제13회 광주 빛고을 울트라마라톤 | 광주광역시청 | 광주마라톤클럽 |
| 6/28 | 제12회 새벽강변마라톤대회 | 여의도 한강공원 이벤트광장 | (사)한국마라톤협회 |
| 8/15 | 제15회 지리산화대종주트레일워커 | 구례 화엄사, 성삼재 | (사)한국산악마라톤연맹 |
| 9/20 | 제8회 가평 자라섬 전국마라톤 | 가평 종합운동장 | 가평군, (사)한국마라톤협회 |
| 10/4 | 제14회 부산 바다하프마라톤 | 해운대 벡스코 주차장 | 부산광역시, 부산일보사 |
| 10/11 | 제15회 홍성 마라톤 | 홍주 종합운동장(충남) | 홍성군체육회 |

표 6-10
국내 스포츠 이벤트 일정표
: 마라톤

며 개최하는 주체에 따라 다른 목적을 갖는다. 지방자치단체는 지역주민들의 자발적인 참가 유도를 통해 참가자들과의 원활한 소통과 건강 증진, 화합 등 비영리 목적을 가지며, 기업은 기업의 이미지 향상과 수익성의 목적을 가진다.

참여형 스포츠에는 전국체육대회, 전국소년체전과 주민들의 참가를 위한 각 시도별 지방자치단체가 주최하는 각종 스포츠 행사와 기업에서 주관하는 사내 체육대회와 학교 운동회 등도 포함되며(김희진, 2004) 피트니스클럽, 검도, 탁구, 볼링, 실내 수영장처럼 실내 체육관에서 이루어지는 것과 어린이 축구 교실, 리틀 야구단처럼 학교나 공설 운동장을 빌려 사업 활동을 하는 것도 있다. 또한 골프, 스키, 요트, 실외 테니스, 스키, 수영, 스포츠를 주요 프로그램으로 갖는 리조트와 콘도 등 실외 스포츠의 여러 시설을 갖춘 교외 클럽과 해양 및 휴양지 스포츠 클럽 운영도 참여형 스포츠에 포함된다.

현재 일반인 참여를 대상으로 하는 마라톤 대회는 표 6-10에 나열한 것 외에도 123개가 더 등록되어 있으며 이처럼 급속도로 증가하는 이유는 참여형 스포츠 이벤트가 증가하고 있음을 보여주는 것이다(이경모, 2011). 그 외에 전국 직장인 야구 대회, 전국 사회인 테니스 대회 등도 있다.

### (3) 강습형 스포츠 이벤트

강습형 스포츠 이벤트는 관전형과 참여형 스포츠 이벤트가 혼합된 형태이며, 특정 스포츠에 대한 지식 습득의 목적을 갖는다. 스킨스쿠버, 스쿠버다이빙 등 특정 스포츠를 배우기 위하여 스포츠 교실이나 강습회 등에 참여하는 것이다. 지식 습득과 배움을 목적으로 하는 모든 스포츠는 다 포함된다. 예를 들면, 태권도, 골프, 축구, 야구, 볼링, 검도, 펜싱, 수영 등이 있다.

그림 6-6
스키 강습

# 4. 스포츠관광 이벤트의 기획

## 1) 스포츠관광 이벤트 기획의 의의

기획이란 어떤 일을 준비할 때 앞으로 해야 할 일에 대한 절차와 과정을 나타내는 것으로 문제 해결을 위해 일정 기간 일어날 수 있는 상황들을 미리 예측하고 의도에 따라 목표한 결과를 도출할 수 있게 하는 사고 과정과 행동 양식이라고 할 수 있다.

이벤트의 성공 여부는 내용에 따른 목적과 목표, 가치를 부여하는 기획에 따라 결정된다. 즉 이벤트에서 목적과 목표를 달성하기 위해 필요한 수단을 생각해 내는 것이기 때문에 이벤트의 준비는 기획이고, 기획에 의해 시작하며, 기획에 따라 진행되고 기획에 의해 끝난다. 기획에서 성공해야 이

표 6-11
기획 시 고려해야 할 조건

| 요건 | 내용 |
|---|---|
| 개성 | 주제에 맞는 그 국가 그 지역만이 가지고 있는 고유성, 특정 스포츠만이 가지고 있는 속성과 특이성, 그 기업만이 가지고 있는 차별적 요소 등을 발굴해야 한다. |
| 참가자의 입장 고려 | 스포츠 이벤트 참가자들의 입장에서 참여자들의 선호도와 취향, 욕구 등을 고려하여 스포츠 이벤트 주제와 내용에 따른 참가자들의 대상별 속성 분석을 한다. |
| 수익성 | 스포츠 이벤트의 개최를 통해 개최 지역과 기업, 지역주민, 참가자 모두에게 이익과 편의를 제공할 수 있어야 한다. |
| 참가의 극대화 | 이벤트의 성공은 '얼마나 많은 사람들이 참가했는가'이다. 최대한 많은 사람들을 집객할 수 있도록 관심과 흥미를 유발할 수 있는 스포츠 이벤트만의 직간접 체험 프로그램을 제공하고, 스포츠 이벤트를 알릴 수 있는 유명한 스타 스포츠의 홍보, 다양한 마케팅 전략을 이용한 기획이 필요하다. |
| 안전성 | 스포츠 이벤트는 참가자들의 직간접적으로 스포츠 활동과 경기 참어를 전제로 하기 때문에 빌생할 수 있는 예기치 못한 위험에 대비해야 한다. 항상 안전을 최우선으로 해야 한다. |
| 논리적 뒷받침 | 훌륭한 아이디어라도 편협하거나 독선적이면 안 된다. 많은 사람들이 같이 공유할 수 있는 보편타당적인 논리의 전개가 필요하다. |

벤트도 성공할 수 있는 것이다. 이벤트는 비일상적이고 새로운 가치 창조라는 창의성을 많이 필요로 하는 분야이기 때문에 특히나 기획을 중요하게 생각하는 것이다.

## 2) 스포츠관광 이벤트 기획의 요건

스포츠관광 이벤트를 기획할 때 생각해 보아야 할 요건은 표 6-11과 같다.

## 3) 스포츠관광 이벤트 기획 과정

### (1) 계획

이벤트의 운영과 관리는 일반적인 사업들과는 달리 계획대로 진행이 되지 않을 경우, 실패로 직결되어 끝나는 경우가 많으며 시행착오 수정 후 개선된 이벤트를 같은 사람에게 다시 제공하기가 쉽지 않기 때문에 이벤트 수행을 위한 전략적 계획 수립은 매우 중요한 과정이다.

따라서 잘못된 계획은 실패로 끝난다는 것을 염두하고 이벤트 계획에 임해야 하며, 이벤트는 종류가 다양하기 때문에 계획도 다양한 방법으로 전개될 수 있음을 인지해야 한다. 종류와 성격, 규모에 따라 계획의 단계는 단순해지거나 복잡해질 수도 있기 때문에 상황에 맞게 계획을 수립하면 된다.

### (2) 아이디어 개발

기획의 성공은 아이디어의 참신함과 독창성 또는 좋은 내용인가에 따라 크게 좌우된다. 스포츠·관광·이벤트라는 한정된 내부 자원 속에서 어떤 아이디어를 찾아내어, 이벤트 참가자들의 잠재 욕구를 깨우고 그 욕구를 충족시켜 줄 것인가에 대한 고민이라고 할 수 있다. 즉 스포츠관광 이벤트의 매력을 어떻게 창조할 것인가에 대한 고민인 것이다. 따라서 스포츠관광 이벤트의 개최 지역과 주제에 적합한 아이디어를 찾아내야 한다.

아이디어 개발을 위해서는 다양한 분야의 많은 사람들과 의견 교환, 새로운 것을 받아들이는 수용 자세와 사소한 것도 눈여겨보고 틀에서 벗어난 사고를 하도록 노력해야 한다. 또한 제안되는 다양한 아이디어를 이벤트 개최 목적과의 일치 여부, 이벤트의 이미지, 주제화의 적합성, 운영과 마케팅의 실현 가능성, 경쟁 이벤트들과의 차이, 경제성 등을 검토하여 최종 아이디어로 선발한다.

### (3) 목적과 목표

이벤트에는 복합적인 요소가 있으며, 여러 가지의 목적을 가지고 있기 때문에 목적을 확실하게 파악하는 것이 중요하다. 이벤트를 개최하는 주최자들은 내외부적 목적과 목표를 가지고 있으며, 이벤트 참가자들 또한 나름의 참가 목적을 가지고 있다. 따라서 이벤트 기획가는 추측이나 가정보다는 철저한 조사와 분석을 통한 의사 결정을 함으로써 주최자와 참가자 모두의 기대에 만족을 줄 수 있도록 하는 것이 중요하다.

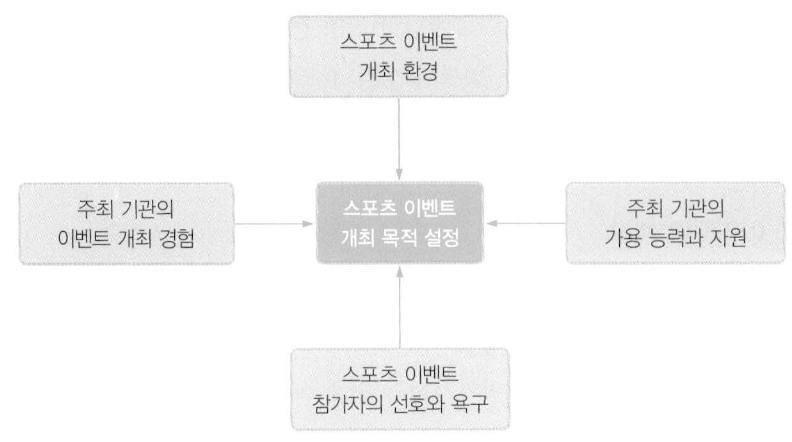


그림 6-7
**이벤트 개최 목적 설정과 영향 요인**

자료: 이경모(2011).

| 전체 이벤트 | 방문객 | 재무 | 운영 |
|---|---|---|---|
| · 인지도 증가율<br>· 이미지 포지셔닝<br>· 시장에서의 위치 | · 방문객 수<br>· 특정 수요 참여율<br>· 방문객 수 성장률 | · 개최지 경계 효과<br>· 수입 지출 규모<br>· 이벤트 운영 수익성<br>· 스폰서십 확보 규모<br>· 수입 성장률 | · 자원봉사자 규모<br>· 리스크 억제율<br>· 프로그램 만족도<br>· 서비스 만족도 |

자료: 이경모(2011).

그림 6-8
**이벤트의 주요 목표**

이벤트 개최를 위한 외부적인 환경 조성, 내부적인 이벤트 수행 능력이 갖추어져 있는지 등의 여부를 파악하고, 과거 개최 경험의 형태를 파악하며 참가자들의 선호도와 욕구를 조사하고 파악하는 것이 중요하다. 그리고 그림 6-7의 영향 요인들을 잘 조화시켜 이벤트의 개최 목적을 도출하고, 개최 목적이 설정되면 환경 분석과 시장 조사를 통하여 이벤트의 구체적인 목표를 설정하게 된다.

이벤트의 목표는 이벤트의 규모에 따라 하나의 목표를 가질 수도 있고, 또는 이벤트의 규모가 커질수록 많은 이해관계자가 개입하면서 여러 가지의 목표를 동시에 추구하기도 하므로 목표 달성 가능 범위 내에서 가능한 명확하고 계량적으로 잘 파악하여 설정해야 한다. 대표적인 목표로는 이벤트 전체의 목표, 방문객과 관련된 목표, 재무적으로 관련된 목표, 이벤트 운영 관련 목표 등이 있으며 각각의 세부 관련 목표는 그림 6-8과 같이 구분할 수 있다(이경모, 2011).

### (4) 스포츠관광 이벤트의 기본 계획 수립

이벤트 운영에 필요한 기본적인 계획을 수립해야 하며, 그림 6-9에서 제시한 6W2H를 활용한다. 각각의 요소는 전체 조건을 확인하고 중점적으로 생각해야 할 사안이 무엇인지에 대해 파악하고 계획의 전체적인 체계를 수립하게 한다(동경광고마케팅연구회, 1998).

그림 6-9
**기본 계획 수립 요소**

| 요소 | 구분 | 중점 내용 |
|---|---|---|
| · when | · 시기 | · 최적의 개최 시기와 기간 |
| · where | · 장소 | · 개최 지역 및 행사 공간 |
| · who | · 주최 | · 주최자의 특성 및 환경 |
| · whom | · 대상 | · 표적 대상 |
| · what | · 내용 | · 개념과 주제 |
| · why | · 목적 | · 주최자에 따른 목적 |
| · how | · 방법 | · 진행 방법 |
| · how much | · 예산 | · 예산 산정 및 관리 |

자료: 동경광고마케팅연구회(1998).

**스포츠관광 이벤트 개최를 위한 최적 시기와 기간: when** 개최하고자 하는 시기의 계절적 특성과 기후 조건, 유사한 이벤트의 유무 등을 확인하고 신중히 결정해야 한다. 앞의 표 6-10의 국내 마라톤 대회 일정표에서 보는 것과 같이 국내에서 개최되는 많은 마라톤들이 만족할 만한 개최를 위해서는 여러 가지의 조건들을 잘 조사하고 비교하여야 할 것이다.

지방자치단체에서는 스포츠관광 이벤트 개최를 통하여 지역의 이미지 제고와 경제적 활성화 등 스포츠관광 이벤트를 통한 효과를 창출하기 위해 경쟁적으로 이벤트를 기획하고 있기 때문에 다양한 분석을 통하여 개최 목적을 달성할 수 있는 가장 유리한 시기를 결정하는 것이 중요하다. 표 6-12는 국내에서 개최되고 있는 스포츠 이벤트 현황을 표로 작성한 것이다.

**개최 지역 및 공간: where** 이벤트 개최 장소는 개최 지역과 행사장, 행사지로 구분할 수 있다. 개최 지역은 이벤트가 개최되는 광의의 개념으로 국가, 도시, 생활문화가 동일한 지역을 의미하며, 개최 지역까지의 선정 고려 요인으로는 접근성과 개최 지역의 중심성, 개최 지역의 이미지와 개최 지역 내의 시설 밀집성 등을 잘 살펴보아야 한다.

행사장은 실제로 이벤트가 개최되는 장소를 의미하며, 행사장 선정에는 행사장의 수용 능력, 안전성, 교통 관리의 효율성, 서비스 지원, 비용의 효율

표 6-12
국내 스포츠 이벤트 현황

| 이벤트명 | 내용 |
| --- | --- |
| 제28회<br>북극곰 수영축제 | · 부산 해운대해수욕장 일원<br>· 2015년 1월 4일(일)<br>· 겨울 바다 수영 |
| 제22회<br>바다로세계로 | · 경남 거제 구조라해수욕장 일원<br>· 매년 7월 말~8월 초<br>· 해양 축제: 윈드서핑, 세계 여자비치발리볼, 핀 수영 등 |
| 제14회<br>핑크리본 사랑마라톤 | · 서울, 부산, 광주, 대전, 대구: 5개 지역에서 개최<br>· 핑크리본 캠페인으로 시작된 사회 공헌 마라톤 |
| 제5회<br>청송 아이스클라이밍 월드컵 | · 경북 청송군 청송읍 얼음골<br>· 2015년 1월 10일~1월 11일(일) |
| 제9회<br>전국해양스포츠체전 | · 울주군 지하해수욕장<br>· 해양스포츠체전 |
| 영암 F1 코리아 그랑프리 | · 전남 영암 코리아인터내셔널서킷<br>· 자동차 경주 |

성, 참관하러 온 관중들의 관리와 대기 행렬 관리의 용이성 등이 고려되어야 한다. 행사지는 이벤트가 개최되면 일상생활에 영향을 미치는 전체 공간을 뜻한다.

경주 벚꽃마라톤대회는 매년 4월에 경주 세계문화엑스포 광장 앞에서 개최된다. 여기서 개최 지역은 '경주'이고 행사장은 '경주 세계문화엑스포 광장'이다.

**주최자: who** 이벤트 주최를 결정하는 것은 2가지의 의미를 갖는다. 먼저 개최하는 이벤트의 대표자인 개최자를 명확하게 정하는 것이고, 둘째는 개최자의 운영 조직을 구성하는 것이다(이경모, 2011). 이벤트의 공식 주최자를 단일 주최자와 공동 주최자 중 어떻게 할 것인지 결정해야 하며, 또한 재정적·행정적 지원을 확보할 수 있는 주최도 공동 주최와 협찬, 후원의 문제도 이때 결정하는 것이 바람직하다.

표적 대상(참가 대상): whom 표적 대상이 결정되어야 그들의 욕구에 만족을 줄 수 있는 개최 목적과 목표 설정이 가능해진다. 또한 이벤트 개최 환경 분석과 운영 목표도 설정할 수 있기 때문에 표적 대상은 매우 중요하다. 특히 요즘의 이벤트 소비자들은 다양한 니즈(needs)와 욕구(wants)를 가지고 있기 때문에 이벤트 개최 목적에 맞는 표적화된 참가 대상을 선정하기 위한 노력이 필요하다.

개념과 주제: what 이벤트를 통해 표적 대상에 전달하고 싶은 메시지가 무엇인지 잘 생각해 보아야 한다. 스포츠 이벤트의 주제는 해당 스포츠 행사의 특성을 수용할 수 있어야 한다. 예를 들면, 월드컵은 축구를 통한 우호 증진을, 올림픽은 스포츠를 통한 세계 평화와 인류애의 올림픽 정신을 담아야 한다. 또한 현 사회상을 반영하여 개최 지역주민, 국민 더 나아가 전 인류가 화합하고 결속을 다지는 계기로 삼아야 하며, 주제는 누구나 쉽게 이해할 수 있고 개최 의도가 명확히 제시되는 내용의 설정과 흥미를 유발할 수 있어야 한다.

목적: why 이벤트의 개최 목적은 이벤트 개최를 통해 얻고자 하는 필요성을 알게 되면서 시작된다. 실현 가능한 목적을 수립하여 그에 합당한 기획 과정을 수반하여 목적을 달성해야 한다.

진행 방법: how 목적을 달성하기 위한 다양한 방법들의 구상이며 어떻게 표적 대상에게 접근할 것인지, 이벤트 개최 전·진행 중·개최 후, 각각의 과정에서 이루고자 하는 목적과의 관련 및 일치성을 연관시켜 결정한다.

예산: how much 이벤트의 유형과 성격에 따라 다르지만, 이벤트는 일시적으로 개최되는 무형의 상품으로 개최에 따른 위험성을 생각해 보아야 한다. 수입과 지출은 가능하면 상세하게 산출하여 예산을 관리할 수 있도록

하며, 이벤트에 투자되는 많은 규모의 자금은 비용 대비 편익이라는 측면에서 충분히 고려하고 신중하게 책정되어야 한다.

# 5. 스포츠관광 이벤트의 유치와 마케팅

스포츠관광 이벤트 개최는 주최국(주최 지역)의 대회 조직, 운영 능력, 마케팅 등 하드 인프라 구축의 능력을 자연스럽게 대외적으로 알리고, 홍보하여 관심을 집중시킬 수 있으며, 사회, 정치, 경제, 문화 등 제반 분야에서의 발전과 촉진의 계기가 되고, 사회와 경제 등 각 분야의 유무형 파급 효과와 시너지 효과로 국가와 지역 발전의 매개 역할을 하며, 국민과 주민의 화합, 자긍심 고취, 참여와 국제 스포츠 이벤트 경험에 따른 세계화 촉진에 매개 역할을 한다. 이러한 긍정의 효과들로 점점 더 유치 경쟁은 치열해지고 있으며, 그렇기 때문에 유치 성공을 위한 기획과 전략을 잘 알아야 한다.

## 1) 유치 활동

이벤트 유치 활동(budding activities)은 이벤트를 개최하고자 하는 신청국의 사회, 경제, 문화 등의 인프라, 유치하고자 하는 의지, 국가의 지원 체계 구축 등의 모든 과정을 이벤트 유치 결정권이 있는 기구와 의장들에게 보여 주고 설득하는 과정이다. 유치 활동은 유치를 준비하기 위해 결성된 특정의 유치위원회를 중심으로 전개되는 연속적이고 복합적인 활동이며, 유치 활동을 펼치는 경쟁국과의 관계에서 경쟁 우위를 선점하고 성공적으로

## 사례연구 2018년 평창 동계 올림픽 유치 과정

- 유치 활동 내용
  - 2009년 1월: 개최 희망 의사 피력(평창시)
  - 2009년 7월 31일: 국제올림픽위원회(IOC), 각 국가 올림픽위원회(NOC)의 개최 의향 도시 공식 초청
  - 2009년 10월 15일: 유치 신청 마감(평창 신청)
  - 2009년 12월 2~5일: 스위스 로잔에서 유치 신청, 도시 세미나 개최
  - 2010년 3월 15일 : 유치 신청 파일 접수
  - 2010년 3월 22일: 최종 후보 도시 선정 – 평창(대한민국), 안시(프랑스), 뮌헨(독일)
  - 2011년 1월 11일: 후보 도시 유치 파일(Bid Book) 제출
  - 2011년 2~3월: IOC 평가위원회 후보 도시 현지 실사
  - 2011년 5월 10일: 현지 실사 평가 보고서 발표(총평 8.5점으로 뮌헨과 공동 1위)
  - 2011년 5월 18~19일: 후보 도시 브리핑(스위스 로잔)
  - 2011년 7월 6일: 최종 프레젠테이션 및 개최지 결정(발표: 김연아)
  - 평창 개최 유치 결정(평창 63표, 뮌헨 25표, 안시 7표)

2018년 평창 동계 올림픽 유치 절차 일정표

| 단계 | 내용 | 일정 |
|---|---|---|
| 1단계 | NOC·IOC에 신청 도시명 통보 | 2009년 10월 15일 |
| | 후보 도시 선정 절차 서명 날인 | 2009년 11월 1일 |
| | 신청 도시 부담금 납부(15만 달러) | 2009년 11월 1일 |
| | 2018년 신청 도시를 위한 IOC 정보 세미나 | 2009년 12월 2~5일(스위스 로잔) |
| | 2010년 밴쿠버 동계 올림픽 옵저버 프로그램 | 2010년 2월 12~28일 |
| | IOC에 신청 도시 파일 및 보증서(4개) 제출 | 2010년 3월 15일 |
| | 개별 화상 회의(1시간) | 2010년 4월(실무단 회의 기간 중) |
| | IOC 및 전문가, 신청 도시 파일 검토 | 2010년 3~6월 |
| | 2010년 밴쿠버 동계 올림픽 사후 설명 | 2010년 6월 7~10일(러시아 소치) |
| | IOC 집행위원회, 2018년 후보 도시 선정 | 2010년 6월 21~23일 |
| 2단계 | 후보 도시 부담금 납부(50만 달러) | 추후 통지(2010년 7월 말 예정) |
| | 후보 도시 워크숍 | 2010년 9월 (스위스 로잔) |
| | IOC에 후보 도시 파일 제출 | 2011년 1월 11일 |
| | 2018년 조사평가위원회 방문 | 2011년 2월 중순~3월 |
| | IOC 위원 대상으로 후보 도시 브리핑 | 2011년 5월(스위스 로잔) |
| | IOC 2018년 조사평가위원회 보고서 공개 | 2011년 6월 |
| | 2018년 제23회 동계 올림픽 개최지 선정 | 2011년 7월 6일 제123회 IOC 총회(남아프리카공화국 더반) |

유치권을 획득하기 위한 전략적 활동이다.

초대형 스포츠관광 이벤트는 일반적으로 국가 간 유치 경쟁을 통해 개최 지역을 사전에 결정하며 올림픽은 7년, 월드컵은 12년 전에 유치 국가나 지역이 결정된다. 또한 전 세계의 관심과 사랑을 받고 있기 때문에 유치를 위한 국가와 지역 간의 경쟁이 더욱 치열하다.

유치에 참여하기 위해서는 해당 국제 스포츠 기구, 협회, 연맹 등에서 요구하는 다양한 기준 외에도 유치 참여 국가의 정치·경제·사회·문화적으로 국제 행사를 진행할 수 있는 조건이 충족되어야 한다.

스포츠관광 이벤트의 유치에 참여하기 위한 기본적인 진행 순서는 다음과 같다.

① 스포츠관광 이벤트의 유치 의사 피력
② 유치 신청서 제출
③ 유치에 참여한 모든 국가들 세미나
④ 유치 계획서 제출
⑤ 유치 후보 도시 선정
⑥ 관련 국제기구의 신청 도시 현지 실사
⑦ 홍보 활동 전개
⑧ 최종 프레젠테이션
⑨ 개최지 결정(개최지 발표)

'2018년 평창 동계 올림픽 유치 과정' 사례를 통하여 국제 스포츠관광 이벤트의 유치 과정을 이해하는 데 도움을 주고자 한다. 국제올림픽위원회(IOC)에 2018년 동계 올림픽 유치 신청을 통해 전 세계에 유치 의사를 알리는 것으로 유치는 시작되며 정해진 절차에 따라 준비하고 진행하면 된다.

평창 동계 올림픽 유치 과정 사례에서 보는 바와 같이, 유치 결정권을 가지고 있는 IOC에 유치 신청, 회원국 공시, 현지 실사, IOC 총회 투표 등 연

## 사례연구 F1 코리아 그랑프리

- 일시: 2014년 3월 16일(결선 기준) 호주 GP를 시작으로 11월 23일 아부다비 GP까지 총 19개 대회
- 주최: 국제자동차연맹(FIA)
- 역사: 1950년~현재
- 주요 특징
  - 전 세계를 투어하는 초대형 모터 스포츠 이벤트
  - 전 세계 22개국의 GP를 돌며 기본 17~22개 대회 진행
  - 월드컵, 올림픽과 함께 세계 3대 인기 스포츠
  - 연간 400만 명, 85개국 5억 명 이상 시청
  - 기업 후원 약 4조 원(300개 글로벌 기업 참여)
- 코리아 인터내셔널 서킷(KIC)의 특징
  - 건설: 전 세계 7번째, 아시아 3번째
  - 서킷 규모: 세계 4위, 아시아 2위
  - 반시계 방향의 첫 아시아 서킷(반시계 방향 경기장 4곳: 터키, 브라질, 싱가포르, 아부다비)

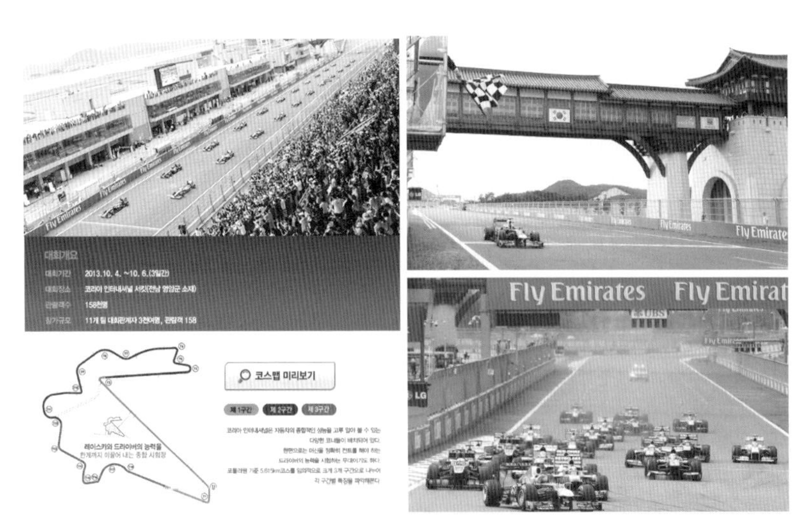



영암 F1 코리아 그랑프리

속적인 과정을 거쳐 결정된다. 따라서 스포츠관광 이벤트의 유치 활동에서는 IOC 사무국을 중심으로 진행되는 현지 실사 준비, IOC 총회 참가 각국 대표들에 대한 외교 활동, 민간 기업의 지원적 외교 활동, 현지 실사와 총회 프레젠테이션에서 신청국의 개최 의지에 대한 설득력을 피력하는 등 시간적 흐름에 따라 다양한 활동이 이루어지며, 특정 상황에서 유치하고자 하는 개최국의 의지를 충분히 표명할 수 있는 다양한 준비를 해야 한다.

## 2) 유치 전략

스포츠관광 이벤트의 성공적인 유치를 위해서는 유치 경쟁 심화에 따른 유치 활동을 최적화할 수 있는 전략적인 접근이 필요하며, 이러한 유치 전략은 전략 요인과 실천 전략으로 나누어 생각해 볼 수 있다. 전략 요인은 SWOT 분석과 경쟁력 평가 모형을 기반으로 한 경쟁 요인을 분석하고, 유치 경쟁을 신청하는 국가가 가지고 있는 국가 경쟁력과 관광 산업 경쟁력을 더 강화시킬 수 있는 방법들을 모색하여 유치 전략을 탐색해야 한다.

경쟁력이란 경쟁할 만한 힘 또는 그런 능력으로 정부, 기업, 특정 단체, 국민 등 그 범위는 포괄적이나 경쟁력 결정에 영향을 미치는 주체들이다. 관광 산업 경쟁력은 정부와 공공 부문의 관광 산업 지원, 핵심 자원과 관광 매력물, 정책, 산업 여건, 시장 대응성, 시장 여건의 변화, 관광 목적지 관리 활동, 공급의 구조와 품질, 시장과 조직 구조, 장애와 발전 요인 등 다양하다. 따라서 유치 경쟁국과의 경쟁에서 우위를 차지할 수 있는, 국가 경쟁력과 관광 산업 경쟁력(이벤트와 스포츠 포함) 결정에 영향을 미치는 유치 전략을 수립하고 실행해야 한다.

실천 전략은 독창적인 모델 구축, 전략적인 테마(주제와 콘셉트) 결정, 유치 조직 체계의 확립과 역할 분담, 정부와 국가의 확고한 유치 의지와 다양한 지원, 체계적인 홍보 활동, 사회단체와 시민들의 관심과 참여를 통한 축제화의 방향 설정(유치 희망 지역의 주민들, 더 나아가 국민들이 한마음 한뜻으로 유치를 위한 홍보 활동과 유치 희망을 위한 다양한 행사의 자발적 참여 등) 등의 전략이 수립되어야 한다.

## 토론문제

1. 우리나라와 선진국의 스포츠관광 시설을 비교하여 상호 보완할 점에 관해 토의하시오.
2. 스포츠 이벤트 요건을 충족하고 있는 스포츠 이벤트의 예를 찾아 토의하시오.
3. 이벤트의 개최 목적을 잘 생각해 보고, 가장 최근에 개최된 메가 이벤트(월드컵, 하계 올림픽, 동계 올림픽 등) 중 하나를 선택하여 관광적 측면에서 토의하시오.
4. 스포츠관광 이벤트의 성공 사례와 실패 사례를 찾아 토의하시오.
5. 참가했던 스포츠관광 이벤트의 경험에 대하여 토의하시오.

## 참고문헌


김희진(2004). 세일즈프로모션. 커뮤니케이션북스.

동경광고마케팅연구회(1998). 신이벤트 마케팅전략. 커뮤니케이션북스.

문경주(2007). 이벤트학의 이해. KSI한국학술정보(주).

박남환, 신홍범, 한왕택(2011). 스포츠 이벤트의 경제학.

손선미(2012). 관광이벤트론. 대왕사.

송정일(2002). 이벤트플래닝. 백산출판사.

이경모(2011). 이벤트학원론. 백산출판사.

이봉훈(1997). 이벤트교과서. 계백.

이정학(2004). 관광이벤트경영실무론. 기문사.

윤영원(2006). 스포츠이벤트의 핵심.

한상훈, 강인호(2002). 스포츠관광. 백산출판사.

이용철(2001). 스포츠 이벤트 관광자의 동기요인에 관한 실증적 연구. 경기대학교 대학원 석사학위논문.

오정학, 허상현, 오휘영(2002). 이벤트관광객의 만족요인 연구: 경주 벚꽃마라톤축제. 관광레저연구, 14(1), 203-216.

유재희(2012). IPA를 이용한 스포츠이벤트 관람객의 만족요인 연구-해양스포츠이벤트 경기국제보트쇼를 중심으로, 이벤트컨벤션연구, 8(2), 41-56.

한국관광공사(1996). 현장감의 레저를 추구하는 스포츠관광. 관광정보.

Getz, D.(1997). Event Management & Event Tourism, Cognizant Communication Corporation.

문화체육관광부 http://www.mcst.go.kr

2018년 평창 동계 올림픽 조직위원회 http://pyeongchang2018.com

얼음나라 화천 산천어축제 http://www.narafestival.com

F1 코리아 그랑프리 http://www.koreagp.kr

CHAPTER

# 07

# 스포츠관광 자원과 시설

CHAPTER 7

# 스포츠관광 자원과 시설

스포츠관광이 성립되기 위해서는 관광 목적지에서 관광객들을 위한 관련 자원 및 시설을 보유하고 있어야 한다. 스포츠와 관광 활동이 복합적으로 이루어지는 스포츠관광의 특성상 관광지의 매력성과 특성을 결정짓는 것은 이러한 자원의 유형과 품질에 달려 있다고 해도 과언이 아니다. 이 장에서는 스포츠관광의 본질적 특성을 좀 더 이해하기 위해서 스포츠관광 자원의 유형과 특징에 대해 알아보고, 공유재로서의 특성을 지니고 있는 스포츠관광 자원과 시설에 관해 논의를 진행하였다. 덧붙여, 스포츠관광 자원의 특성에 기초하여 수용력 개념을 소개하고 관련된 전략적 관리 방안에 대해서도 추가적으로 논의를 진행하였다. 올림픽이나 월드컵과 같은 스포츠 메가 이벤트를 통한 관광 개발에서 중요하게 다루어지고 있는 시설물 활용 방안에 대한 이슈 또한 사례를 통해서 논의하였다.

# 1. 관광 자원과 스포츠관광 자원

## 1) 개념 및 특성

관광 자원이란 무엇인가? 관광 자원의 개념적 특성을 규정하기 위해 여러 학자들이 나름대로의 정의를 내려왔다. 대표적으로 김홍운(1988)은 관광 자원에 대한 정의를 다음과 같이 내리고 있다. "관광 자원은 매력성을 지니고 있고, 유인성을 지니고 있으면서, 개발을 통하여 관광 대상이 된다는 점과, 관광 자원은 자연과 인간의 상호 작용의 결과이며, 범위가 자연 자원과 인문 자원, 유형 자원과 무형 자원 등 아주 다양하고 사회 구조나 시대에 따라 가치가 다르며 보존·보호가 필요하다". 한편, 박석희(2000)는 기존 여러 관광 자원의 정의를 분석하여 다음과 같이 종합적인 방식으로 관광 자원의 정의를 내리고 있다. 관광 자원이란 "관광자의 관광 동기나 관광 행동을 유발하게끔 매력과 유인성을 지니고 있으면서, 관광자의 욕구를 충족시켜 주는 유무형의 소재와 관광 활동을 원활히 하기 위해 필요한 제반 요소인데, 보전·보호가 필요하고, 관광 자원이 지닌 가치는 관광자와 시대에 따라 변화하며, 비소모성과 비이동성을 지닌다."라고 정의하고 있다. 스포츠관광 자원에 대한 명확한 정의는 내려져 있지는 않지만, 위에서 제시한 관광 자원의 범위에서 규정해 볼 수 있다. 이상의 정의들을 살펴보면, 관광 자원은 기본적으로 관광이라는 서비스 현상을 발생시키는 요소라고 볼 수 있으며, 그 범위는 자연, 문화, 인공 시설 등을 광범위하게 포괄하고 있는 유동적 성격을 지닌 생산 요소라고 이해할 수 있다. 스포츠관광 자원도 마찬가지 맥락으로 이해할 수 있으며, 특히 관광객의 스포츠 활동과 관련한 참여 동기나 행동을 유발하게끔 매력과 유인성을 지니고 있으면서, 관광객의 욕구를 충족시켜 줄 수 있는 유무형의 소재와 제반 요소라고 잠정적으로 규정할 수 있다.

### 2) 관광 자원 분류

관광 자원을 분류하는 방법은 분류의 기준점을 어느 곳에 두느냐에 따라 여러 가지 다양하게 제시될 수 있다. 즉, 관광 자원을 분류하는 데 있어 관광 자원의 입지적 특성, 이용 수준, 토지 이용 단위, 자원의 성격 등과 같은 분류 기준이 적용될 수 있으며, 그 기준에 따라 다양한 방식의 관광 자원 유형이 제시될 수 있다(박석희, 2000). 이처럼 다양한 관광 자원 분류 방법이 여러 학자들에 의해 제시되었고, 각 분류법은 그 이용 목적에 따른 강점과 약점이 뚜렷하게 구별된다고 할 수 있다. 김홍운(1988)이 제시한 관광 자원 분류는 자원의 본질적 특성에 따라 이루어졌으며, 이 분류법에서는 관광 자원을 5가지(자연적 관광 자원, 문화적 관광 자원, 사회적 관광 자원, 산업적 관광 자원, 위락적 관광 자원) 유형으로 구분하고 있다. 또 다른 관광 자원 분류법에서는 관광 자원을 유형과 무형으로 1차적으로 분류하고, 유형 자원은 다시 자연, 문화, 사회, 산업, 레저 자원을 포함하는 5가지 유형으로 추가 구분되며, 무형 자원은 인적 자원과 비인적 자원으로 추가적으로 분류될 수 있다(김영규, 2010).

이와 같이 관광 자원의 통상적인 분류 방식은 관광 자원의 특성 및 가치에 따라 정리·분류한 접근이다. 크게 4분류로 나누어지는데, 1차 분류는 다음과 같다.

- 유형과 무형으로 나누는 분류
- 자연 자원, 인문 자원으로 분류
- 자연 자원, 문화 자원, 인문(인적, 사회) 자원, 새로운(산업적) 관광 자원으로 분류
- 자연 자원, 사회·문화·인공(혼합형) 자원

이상의 분류에서 몇 가지 한계성을 살펴보면, 1차 분류로서 유형과 무형

<table>
<tr><th>분류</th><th>1차</th><th>2차</th><th colspan="3">3차 및 구성 인자</th></tr>
<tr><td rowspan="9">관광 자원</td><td rowspan="2">자연 관광 자원</td><td>유형 관광 자원</td><td colspan="3">산(휴양림), 섬, 바다(해수욕장), 온천, 동굴, 계곡, 강, 공원, 평야, 폭포, 동식물, 토양</td></tr>
<tr><td>무형 관광 자원</td><td colspan="3">기후, 기상, 일조, 자연 현상(파도 등), 지질, 천문 등</td></tr>
<tr><td rowspan="7">인문 관광 자원</td><td rowspan="4">사회·문화 관광 자원</td><td rowspan="2">사회 관광 자원</td><td>유형 관광 자원</td><td>사회 시설, 무용, 토속 음식물, 스포츠</td></tr>
<tr><td>무형 관광 자원</td><td>국민성, 풍속, 습관, 전통적인 기술, 언어, 인심, 예절 등의 인간 생활의 규범</td></tr>
<tr><td rowspan="2">문화 관광 자원</td><td>유형 관광 자원</td><td>역사 유적지, 문화재(미술품, 공예품, 조각품 등), 사찰, 휴양지</td></tr>
<tr><td>무형 관광 자원</td><td>축제, 고유 종교, 철학, 사상, 역사, 제도, 문학 등 문화적 가치를 띠는 것</td></tr>
<tr><td rowspan="2">산업 관광 자원</td><td>유형 관광 자원</td><td colspan="2">유통 단지, 공업 단지, 관광 목장, 백화점, 전시회, 사회 공공시설, 농업, 생산 공정 프로그램, 상업, 기술 연구소, 후생 시설 등</td></tr>
<tr><td>무형 관광 자원</td><td colspan="2">조직, 운영, 제조 공정 등</td></tr>
<tr><td>레저·레크리에이션 자원</td><td colspan="3">캠프장, 수영장, 놀이공원, 놀이 시설, 쇼핑센터, 수렵장, 승마장, 나이트클럽, 래프팅, 번지점프, 지형지물(유명한 건물), 종합 레저 복합 센터, 스키장, 갬블링(카지노), 경마장, 경륜장 등</td></tr>
</table>

표 7-1
**관광 자원 유형 분류**

으로 분류하고 하위 분류에서 자연 관광 자원과 인문 자원 등으로 분류를 했을 경우 하위 분류 유형에 속하는 자원이 무형 분류에 속할 수도 있고, 무형 분류에 속하는 자원이 유형 분류에 속할 경우도 있다. 이러한 문제를 해결하기 위해서, 최상위 분류 단계를 각 자원별 생성 과정의 시작점을 따져 자연적으로 생성된 자원인 자연 관광 자원과 인위적으로 생성된 인문 관광 자원으로 크게 구분해 볼 수 있다. 자연 관광 자원은 인간의 자본과 노동력 등 인위적인 노력이 가미되지 않은 상태로 존재하는 자연 경관과 생태계 등을 포괄적으로 지칭하는 것으로, 수많은 관광 활동의 배경적인 요소로서도 이해할 수 있다. 일부 학자들은 이를 관광 배경 요소(tourism background elements)라고 지칭하기도 한다(Healy, 1994). 자연 관광 자원은 다시 유형 자원과 무형 자원으로 추가적으로 구분될 수 있다. 인문 관광 자원은 인간의 노력과 자본력, 지혜가 투입되어 관광객의 관광 동기를 유발하게 하고 관광 욕구를 충족시켜 주기 위해 새롭게 형성된 자원을 말하며, 이는 사회 관광 자원, 인공 자원과 새롭게 대두되고 있는 관광·레크리에이션 자원으로 분류한다. 이 세 분류 또한 유형과 무형으로 구분한다. 이상의 분류를 표로 정리하면 표 7-1과 같다.

## 2. 스포츠관광 자원 분류

스포츠관광은 스포츠 활동에 직접 참여하거나 스포츠와 관련한 콘텐츠를 학습할 목적으로 이루어지는 관광 현상이다. 관광 자원에 대한 분류는 여러 학자들에 의해서 시도되었고 그에 따라 여러 분류 체계가 제시되었지만, 스포츠관광 자원에 대한 분류 체계는 아직까지 명확히 합의된 내용이 나타나지 않고 있다. 여기에서는 일부 학자들이 제시한 스포츠 자원 분류 체계를 소개하고 스포츠관광 자원과의 연계성을 논의하고자 한다. 대표적으로, Standeven와 De Knop(1999)가 제시한 스포츠 자원에 대한 유형 분류는 스포츠관광의 핵심적 요소인 스포츠 활동의 성격에 따른 분류 방식으로 이해할 수 있다. 표 7-2에 제시되어 있듯이, 스포츠 활동은 환경을 적극적으로 활용하는지 혹은 사람들과의 관계 중심인지에 따라 구분되었다. 세부적으로는, 스포츠 활동의 성격이 자연환경을 직접 이용하는지, 경관으로서 활용되는지, 역사적 의미를 지니는 환경인지, 오락적 요소가 강조되는지에 따라 다른 스포츠 활동으로 구분되고 있다. 스포츠관광은 이러한 세부적인 스포츠 활동이 중요한 자원으로 활용되어 이루어지는 관광 현상이라

| 분류 | | 자연적 | 경관 | 인공적·역사적 | 문화적·오락적 |
|---|---|---|---|---|---|
| 환경적 | 자연적 | 서핑, 낚시, 항해, 요트, 스쿠버다이빙, 수영, 스노클링 | 산책·하이킹, 사이클링, 스키, 철인3종 경기, 스카이다이빙, 기구 타기, 동굴 탐험, 사냥, 연날리기, 조깅, 래프팅, 승마, 암벽등반, 카누 | 역사적으로 스포츠 활동이 이루어진 자연환경 방문 | 아이스스케이팅, 롤러스케이팅, 스케이트, 보드, 요가 |
| | 인공적 | 수상 스키, 제트스키, 패러글라이딩 | 스키점프, 루지, 봅슬레이, 곡마 | 스포츠 박물관, 명예의 전당, 역사적인 스포츠 건물 | 육상경기, 체조경기, 피트니스, 번지점프, 인공 암벽등반, 트램폴린 |
| 대인 관계적 | 격투 | – | – | 마상 창 시합 | 펜싱, 유도, 검도, 가라테, 태권도, 복싱, 레슬링 |
| | 경쟁 | 비치발리볼 | 전통적 게임들<br>▪ Road Bowl(아일랜드)<br>▪ Tira del bola(스페인)<br>▪ Palla(이탈리아)<br>▪ 길거리 축구<br>▪ 길거리 하키 | 테니스 | 축구, 테니스, 야구, 크리켓, 농구, 배드민턴, 크로케, 아이스하키, 라켓볼, 스쿼시, 탁구, 스누키, 하키, 골프, 볼링, 배구, 소프트볼, 양궁 |

자료: Standeven, J. & De Knop, P.(1999).

**표 7-2**
**스포츠 자원 분류**

는 점에서 이 분류가 가지는 의미를 찾을 수 있다.

스포츠관광을 구성하는 직접적인 자원에 대한 분류는 자연적 요소, 유산, 이벤트, 시설물로 크게 4가지 차원에서 구분해 볼 수 있다(표 7-3). 다양한 스포츠 활동을 제공해 주는 요소로 자연환경이 가지는 중요성을 고려하여 대표적으로 국립공원, 바다, 강 등이 스포츠관광을 구성하는 첫째 중요 자원으로 이해할 수 있다. 둘째는 유산으로 스포츠 박물관, 스포츠 활동과 관련한 유적지, 올림픽 경기장 등이 문화유산으로의 가치를 지니고 있는 스포츠관광 자원으로 볼 수 있다. 이벤트는 관람형 스포츠관광객들을 관광지로 유인하는 대표적인 자원으로 이해할 수 있으며, 올림픽이나 월드컵과 같은 메가 이벤트들이 대표적인 스포츠 이벤트 자원으로 볼 수 있다. 마지막으로, 시설물은 스포츠관광 활동이 가능할 수 있도록 인공적으

표 7-3
**스포츠관광 자원 분류**

| 자연적 요소 | 유산 | 이벤트 | 시설물 |
|---|---|---|---|
| 공원(국립, 지역), 산, 절벽, 온천, 해안 및 바다, 호수, 강, 야외 놀이터, 황야 | 박물관, 고고학적인 유적지, 역사적인 스타디움, 역사적인 원형 경기장 | 메가 스포츠 이벤트(올림픽, 월드컵 등), 국내외 경기, 축제, 스포츠 교육 및 연수 | 마리나, 골프 코스, 아이스링크, 스타디움, 원형 경기장, 레저 센터, 수영장, 인공 스키 슬로프, 인공 암벽, 테니스 및 라켓 코트, 레이스 코트, 볼링장, 육상 트랙, 등산로 |

자료: Standeven, Joy & De Knop, Paul.(1999).

로 만들어진 자원으로 각종 스포츠 스타디움이나, 수영장, 아이스링크 등이 이 분류에 포함되는 자원이다.

한편, Gibson(1998)이 제시한 스포츠관광 자원 분류는 스포츠관광의 유형에 따른 자원의 구분으로서 좀 더 명확하게 이해할 수 있다. 그녀가 제시한 스포츠관광의 유형은 크게 3가지(능동적 참여 스포츠관광, 이벤트 스포츠관광, 노스탤지어 스포츠관광)로 구분될 수 있다. 각 유형별 성격에 맞는 스포츠관광 자원은 표 7-4에 나타나 있듯이, 능동적 참여 스포츠관광은 각종 수상 자원 및 산악 지형 등 아웃도어 레크리에이션 활동을 지원하는 자원으로 구성되어 있다. 이벤트 스포츠관광은 대부분 스포츠 관람이 관광 활동의 핵심이 되는 유형으로 이 유형에 포함되는 자원 또한 각종 다양한 스포츠 이벤트를 포함하고 있다. 마지막으로, 노스탤지어 스포츠관광은

그림 7-1
**스포츠관광 시설물**

| 관광 유형 | 내용 | 관련 자원 |
| --- | --- | --- |
| 능동적 참여 스포츠관광 | 관광객의 직접 참여를 전제로 하는 스포츠관광 | · 직접 스포츠에 참여할 수 있도록 하는 자원(내륙 수상 자원, 해양 자원, 산 등)<br>· 생활 체육과 프로를 포함하는 각종 스포츠 종목(익스트림 스포츠, 골프 등) |
| 이벤트 스포츠관광 | · 참여 및 관람형 스포츠관광<br>· 큰 범주: 올림픽, 월드컵, F-1 등<br>· 작은 범주: 아마추어 및 비엘리트 스포츠 이벤트 | · 다수가 관람형에 포함<br>· 기본적으로 이벤트 자체가 하나의 관광 자원으로 역할을 수행(메가 이벤트인 올림픽, 월드컵, F-1 그랑프리, 동호인 대회 같은 아마추어 및 비엘리트 스포츠 이벤트)<br>· 이벤트 수행에 있어 필수적으로 수반되는 시설 측면 또한 관광 자원으로 역할. 즉, 경기장, 체육관, 자연·인공적 스포츠 시설이 이에 해당 |
| 노스탤지어 스포츠관광 | · 참여, 방문 및 관람형 스포츠관광<br>· 향수를 자극하는 스포츠 유산을 방문 | · 방문할 곳이 있는 시설적 측면 강조<br>· 스포츠 박물관, 명예의 전당, 테마 바 및 레스토랑, 역사가 있는 장소 |

자료: Gibson, H.(1998).

표 7-4
스포츠관광 유형별 자원 분류

스포츠 박물관이나 명예의 전당과 같이 스포츠와 관련된 역사적, 교육적 내용을 지니고 있는 특별한 인공적 시설물이 포함되어 있다.

# 3. 스포츠관광 자원의 특성

## 1) 공유 자원적 특성

### (1) 공유 자원의 개념

공유 자원(common pool resource)은 그 소유권 자체가 명확하지 않거나 공공의 영역에 귀속되는 것으로 인식되기 때문에 일반 대중들 누구나가 자유롭게 이용 가능하여 남용의 대상이 될 수 있는 자원을 지칭한다. 이는 공동체 관리 자원인 공공재(common property)와는 명확하게 구별되는 자원이라고 볼 수 있다. 전통적인 형태의 공유 자원은 공기, 대기 환경, 수자원, 해양, 생태계, 어족 자원, 산림, 야생 동물, 목초지 등을 포함하고 있다. 최근에는 거리와 교통 체계, 항구, 도심 공간, 인터넷, 주파수, 지적 재산 등 또한 공유 자원으로 여겨지고 있다. 관광 활동은 기본적으로 관광지가 지니고 있는 수많은 자원들(자연 자원, 사회·문화 자원, 인공 자원)을 소비하는 행위라고 볼 수 있다. 이러한 자원들은 관광객 편의 시설(스키 센터, 마리나, 골프 코스 등), 자연 환경(공기, 물, 대지 등), 기반 시설(하수 시설, 도로망, 대중교통 시스템, 상수 시설, 쓰레기 처리 시설, 통신 시설 등), 지역주민과 관광객 모두의 편의를 위한 시설(병원, 레스토랑, 주유소, 은행 등), 지역의 경관으로 구분해 볼 수 있다. 스포츠관광에서도 동일하게 이용되는 이러한 관광 자원들은 많은 경우 사용자의 제한이 어렵거나 불가능하며, 때에 따라서는 사용자 간의 마찰이 발생할 가능성이 높은 공유 자원의 성격을 지니고 있다고 볼 수 있다. 자연환경에서 이루어지는 체험 중심의 능동적 스포츠관광 활동뿐 아니라 관람형 스포츠관광에서도 이러한 공유 자원의 적절한 관리가 중요한 이슈라고 할 수 있다.

### (2) 공유 자원의 비극

미국의 생물학자 Hardin이 제시한 공유 자원의 비극(tragedy of the commons)이라는 개념은 공유 자원이 지닌 특성과 그에 따른 문제점을 잘 보여주고 있다. Hardin이 공유 자원의 비극을 설명하기 위해 제시한 우화는 다음과 같다.

누구의 소유도 아닌 개방된 초지가 있다고 가정할 때, 목축가는 2가지 생각에 기초하여 자신의 이익을 극대화하려 한다. 첫째, 사료비가 들지 않기 때문에 초지에 방목하는 자신의 가축 수가 많을수록 자신의 소유물인 그 가축이 성장해서 팔 때, 그 이익은 모두 자신에게 돌아올 것이라는 것을 안다. 둘째, 과도한 방목으로 인해 초지에 피해가 생긴다면 그 피해는 초지를 공유하는 모든 사람에게 분산되기 때문에 자신에게 돌아오는 피해는 일부분에 불과하다. 이에 따라, 자신의 이익을 극대화시키기 위해 목축가는 계속해서 방목하는 가축의 수를 늘리려는 동기를 가지게 된다. 하지만, 여기서 문제는 다른 목축가들도 동일한 생각과 결론으로 끊임없이 방목하는 가축의 수를 늘려 최대의 이익을 거두려 한다는 점이다. 이러한 행동이 이어질 경우 결국에는 초목은 고갈되고 초지는 황폐해져 한 마리의 가축도 방목할 수 없는 비극이 초래될 수 있다는 것이다.

이 우화의 핵심적 논리는 개개인의 이익 추구가 보장되고, 모든 사람들이 공동으로 초지를 자유로이 사용할 수 있는 이러한 체제하에서는 초지가 제한된 자원이라는 사실을 알면서도 방목하는 가축의 수를 무제한으로 늘리게 되는 결과를 가져오게 되며, 결국 초지의 황폐화로 인하여 모두 공멸하는 비극이 초래된다는 것이다.

### (3) 관광 자원의 공유 자원적 특성

Hardin이 제시한 공유 자원의 문제는 기본적으로 과도한 남용(overuse)과 적은 투자(under-investment)라고 볼 수 있다. 이는 공유재가 비배재성(nonexcludability)과 경합성(subtractability)의 속성을 지니고 있기 때문이다. 비배재성은 자원의 소유가 명확하지 않고 누구나 사용 가능하기 때문에, 이용자가 가격을 지불하지 않고 제한 없이 사용 가능하다는 특성을 지칭하고 있다. 즉, 비배재성은 타인의 자원 소비를 배재하지 못하는 특성을 말한다. 경합성은 개인의 소비가 다른 개인의 소비를 제한하게 되는 특성을 말한다. 즉, 한 사람이 자원을 소비하면 다른 사람이 사용할 수 있는 자원의 소비가 줄어들게 된다는 것이다. 관광 자원은 많은 경우 소유가 명확하지 않고 사용자 누구에게나 개방되어 있는 비배재성 자원의 성격을 지니고 있는 동시에 한 관광객이 그 자원을 남용하여 소비하게 되면 다른 관광객은 훼손된 자원을 소비하게 되거나 소비에 제한을 받게 되는 경합성을 띠

표 7-5
공공 자원 분류

| 분류 | 낮은 경합성 | 높은 경합성 |
| --- | --- | --- |
| 높은 비배재성 | 공공 재화 | 공유 자원 |
| 낮은 비배재성 | 클럽 재화 | 시장 재화 |

자료: Ostrom, E.(1990).

고 있다. 자원은 다양한 성격을 지니고 있으며, 위에서 논의한 2가지 성격에 기초해서 보면 4가지 형태의 자원으로 구분해 볼 수 있다(Ostrom, 1990).

표 7-5에 나타나 있듯이, 낮은 비배재성을 지니고 있는 자원은 클럽 재화와 시장 재화를 포함하고 있다. 2가지 자원들 모두 자원을 사용함에 있어서 불특정 다수의 사용자의 접근을 제한할 수 있는 성격의 재화라는 것을 의미한다. 시장 재화의 경우에는 사유 재산에 포함되는 것이기 때문에 소유자 이외의 사용은 지극히 제한되게 된다. 클럽 재화의 경우에는 회원제나 사용 요금과 같은 수단을 통해서 불특정 사용자의 접근을 제한하게 된다. 하지만, 시장재 혹은 사유재라고 불리우는 자원은 경합성 측면에서 클럽 재화에 비해 상대적으로 높다고 볼 수 있다. 한 사람이 특정한 자원을 사유화하게 되면 다른 사람의 이용은 당연히 제한될 수밖에 없기 때문이다. 클럽 재화는 상대적으로 적은 이용객 수 때문에 한 사람이 자원을 이용한다고 해서 다른 사람이 이용하는 자원의 가치가 저하되지는 않는다고 볼 수 있다. 공공재와 공유 자원의 구분은 상대적으로 모호한 측면이 있다. 비배재성 측면에서 보면, 불특정 다수의 사용자들이 자원을 소비하는 것을 제한하는 것 자체가 어렵다는 점에서 2가지 형태의 자원은 동일한 성격을 지니고 있다. 하지만, 한정된 자원을 두고 사용자가 많아질 경우에는 공공재는 높은 경합성을 지닌 공유 자원으로 분류될 수 있다. 즉, 자원의 양과 이용자 수의 비례 관계에 의해서 공공재와 공유 자원의 구별이 가능해진다는 방식으로 이해할 수 있다.

스포츠관광 자원이라는 측면에서 보면, 다수의 능동적 참여 스포츠관광 활동(래프팅, 스포츠 낚시, 스키, 골프 등)에서 사용하는 자원들(물, 눈, 어류, 경관 등)은 관광 사업체가 소유하거나 공공기관에서 적절한 관리와 통제가 이루어지지 않는 상황에서는 공유 자원의 성격을 지닐 수 있다. 즉, 이러한 관광지들에서는 다수의 관광객들의 이용을 선택적으로 제한하기 어려운 상황이 많이 있고, 한 지역을 방문하는 과도하게 많은 관광객들은 다른 관광객들의 관광 경험을 직접적으로 침해하는 결과를 초래하기 때문에 공유 자원의 성격을 지니게 된다고 볼 수 있다. 이와 같은 논리에 기초해서 볼 때, 관광 자원의 지속 가능성을 위협하는 2가지 속성은 다음과 같다.

- 개방된 자원은 사용자를 제한할 수 없기 때문에 혼잡과 자원 고갈의 문제에 항상 노출되어 있다. 관광지에서 많은 관광객들이 동일한 자원을 소비하며 즐기기를 원하기 때문에 관광객들 상호 간의 경험의 질을 저하시키는 동시에 자원을 훼손하는 결과를 가져온다.
- 개방된 공유 자원을 보호하거나 개선해고자 노력을 기울이는 사람은 자신이 노력한 만큼의 경제적 이익을 얻을 수 없다. 관광 자원이라는 측면에서도, 특정한 개인(지역주민 혹은 관광객)이 공유 자원(물리적 시설, 서비스 기반, 편의 자원)을 보호하기 위해 노력한 결과물로 나타난 경제적 이익을 해당 개인이 직접적으로 얻을 수 없기 때문에 그러한 노력이 투자되기 어려운 상황으로 이어진다.

### (4) 공유재 관리 정책

전통적으로 공유 자원의 남용과 훼손을 막기 위해 현재까지 제시된 관리 정책은 크게 3가지로 요약할 수 있다.

정부 개입　이 관리 정책은 정부가 직접 개입하여 법과 규제를 통해서 공유 자원의 사용을 일정하게 통제하는 접근법이다. 이 정책의 기본적인 가정은 다음과 같다.

정부는 공공의 이익을 보호하기 위해 공유재적 성격을 지니고 있는 자원을 통제하고 관리할 것이다. 환경적 특성에 대한 가치가 높아 공익을 위해 보호가 필요하다고 판단되는 자연환경을 국립 공원으로 지정하는 정책이 대표적인 공유 자원을 관리하는 방법이라고 볼 수 있다. 즉, 특정 지역의 공유 자원을 전부 혹은 일부 국유화해서 공공기관이 관리하는 방식으로 이해할 수 있다. 예를 들어, 국립공원관리공단 같은 공공기관은 다수 이용자들의 공공 이익을 도모하기 위해 일부 관광객의 자연 자원 남용을 법적 혹은 제도적으로 제한하는 방식으로 공유 자원을 관리하고 있다. 중앙 정부나 지방 정부에 의한 토지 사용 규정이나 공공 디자인 통제와 같은 정책적 접근 방식이 관광 활동을 위한 경관 관리의 대표적인 정책이라고 할 수 있다. 하지만 정부에서 관리하는 관광지(특히, 생태·자연 관광지)에서도 관광객에 의한 혼잡과 자원 훼손 등이 만성적인 문제로 여겨지고 있다. 이러한 이유는 사유화된 관광지와는 달리 공공의 이익을 추구해야 하는 공공기관의 입장에서는 일반적으로 낮은 수준의 입장료를 책정하게 되어 방문객의 적정한 수를 통제하기 어렵다는 점이 가장 큰 원인이라고 볼 수 있다. 또 하나의 문제는 입장료를 포함해서 발생하는 다른 수익들이 일반적인 공공 기금으로 다시 환원되어 관광지의 자원 관리를 위해 직접적으로 재투자되기 어렵다는 점에 있다.

**사유화** 공유 자원을 개인의 사유물로 전환시켜 관리하도록 하는 정책이다. 개인은 자신의 이익을 극대화시키기 위해 지속 가능한 형태의 이익을 창출할 수 있도록 최적의 관리 수단을 활용할 것이다. 스포츠관광 활동에서 활용되는 여러 자연 자원들(경관, 해변, 해양 자원, 강, 호수 등) 또한 많은 경우 여러 관광객들의 이용을 제한하기 어려운 공유재의 특성을 지니고 있다. 여러 관광지에서 개인 혹은 민간 기업에 일부 자연 자원에 대한 소유권을 제공하고 그들이 자신의 관광 수익을 극대화하기 위해 장기적으로 경관을 보호하고 자원의 훼손을 막는 기업 활동을 유도하는 방안을 택하고 있다. 예를 들어, 제주도의 일부 해안들은 호텔과 리조트에 할당되어 있어, 해당 호텔이 관광객들을 위해 접근을 일부 제한하고 중요한 사유 재산인 경관을 보존하며 해변을 훼손하지 않는 수준의 스포츠 활동을 허용하면서 지역을 보존하게 된다.

**공동체 관리** 공동체 구성원 공동의 이익을 도모하는 하나의 공동체 시스템을 설립하여 공동의 사용자가 집단으로 규칙을 정하고 관리하는 방안이다. 다양한 형태의 공동체 관리 시스템은 가장 효율적이고 매력적인 공유 자원 관리 정책이라고도 할 수 있다. 2009년 노벨경제학상 수상자인 미국 인디애나 대학의 Ostrom이 제시한 이 접근법은 공동체를 구성하는 다양한 이해관계자들의 공동의 이익을 추구하는 동시에 개별 사업자 혹은 개인들의 사적인 이익 또한 일정 수준에서 보장해 줄 수 있는 방안이라는 점에서 흥미롭다. 즉, 관광지의 공유 자원을 보호하는 것이 직접적인 이해관계자들 개개인의 이익과 공동체의 이익과 상충되지 않는다는 점에서 이러한 접근법의 장점이 있다. 능동적 참여 스포츠관광의 경우에 공유 자원의 성격이 강한 강이나 바다와 같은 자원을 직접적으로 소비하면서 활동이 이루어지게 된다. 자연환경 훼손을 막기 위해서 해당 지역의 지역주민들이 일정한 규약을 맺고 제공하는 관광 활동의 수준과 허용할 수 있는 관광객의 수를 정해서 공동의 이익을 도모하는 관리 방식이 공동체 관리 방식이라고 볼 수 있다.

능동적 참여 스포츠관광처럼 자연환경에서 이루어지는 스포츠 활동이 핵심적인 관광 상품인 경우에는 관광지의 경계가 명확하지 않고, 여러 지역에 걸쳐 있는 경우가 일반적이라고 볼 수 있다. 이에 따라 앞서 논의한 공유 자원 관리 정책도 특정한 하나의 정책에 의존하기보다는 여러 관리 정책이 복합적으로 존재하는 경향을 보인다. 즉, 관광지에서는 일반적으로 혼합형 관리 정책이 적용된다고 할 수 있다.

# 4. 스포츠관광 자원 관리

## 1) 수용력

수용력(carrying capacity)은 생태학에서 시작된 개념으로, 일정한 범위의 지역이 수용할 수 있는 동물의 개체 수를 의미했다. 이후에는 자연 자원 관리와 연계되어 발전하였고, 특정 지역의 야생 동식물을 보호하기 위해서 어느 정도 규모의 사람과 어떠한 종류의 활동이 허용되어야 하는가에 관한 문제를 다루기 위해 등장했다. 좀 더 최근에는 아웃도어 레크리에이션과 관광학 분야에서도 수용력 개념이 적극적으로 도입되었다. 이로써 수용력 개념은 생태계뿐 아니라 관광객 경험의 질과 지역주민의 삶의 질까지 포함하는 광의적인 개념으로 발전되었다. 관광에서 적정 수용력이란 "관광 자원을 적절하게 보호함과 동시에 이용자를 만족시키는 가운데 일정 기간 동안 관광 자원이 감당할 수 있는 관광 이용량"을 지칭한다(박석희, 2000). 스포츠관광에서도 마찬가지로 많은 스포츠 활동들이 자연 자원을 직간접적으로 활용하고 있고, 지역주민의 생활과 밀접하게 연결되어 있으며, 서비스 이용자인 관광객들의 경험 만족도가 중요한 이슈라는 점에서 수용 능력에 대한 이해는 성공적인 스포츠관광 자원의 관리를 위해 필수적이라고 볼 수 있다. 수용 능력의 유형은 다음의 3가지로 구분해 볼 수 있다.

### (1) 물리적 수용력

물리적 수용력(physical carrying capacity)은 지역이 물리적으로 수용할 수 있는 능력을 뜻한다. 특히, 자연환경에서 관광객들의 직접 참여에 의해 이루어지는 스포츠 활동 관련해서는 지역이 물리적으로 수용할 수 있는 최대 공간 규모 또는 스포츠관광 활동의 질을 보장할 수 있는 최대 공간 규모 등을 의미한다. 하지만, 인공 시설물이 아닌 자연 공간에서 이루어지는 스포츠관광 활동의 경우에 해당 지역의 물리적 수용력을 명확하게 측정하기가 쉽지 않다. 그럼에도 불구하고, 최근에는 여러 다양한 관리 노력이 기울여지면서 스키장이나 수상 스포츠 공간에서도 적정한 수용 능력에 대한 나름대로의 기준을 세워 적용하고 있는 상황이다.

### (2) 시설 수용력

시설 수용력(facility carrying capacity)은 특정한 스포츠 시설이나 장비 등을 고려했을 때 해당 시설물이 최대한 수용 가능한 관광객의 수를 지칭한다. 스포츠관광과 관련해서는 스포츠 스타디움과 같이 공간적으로 한정되어 있는 곳에서 직접적으로 수용 가능한 인원이 물리적 수용 능력이 된다.

### (3) 생태적 수용력

생태적 수용력(ecological carrying capacity)이란 자연 생태계가 자기 회복 능력이나 자기 정화 능력을 잃지 않는 범위 내에서 수용 가능한 최적의 인원 혹은 활동 규모를 의미한다. 인간의 활동은 생태계에 어떠한 방식으로든지 영향을 미치게 되며, 생태계의 특성과 규모에 따라 인간의 활동을 흡수하고 지탱해 낼 수 있는 능력 또한 달라진다. 특히, 자연 자원에 의존해서 이루어지는 능동적 참여 스포츠관광 활동(래프팅, 카누, 스키, 모터보트, 요트 등)의 경우에는 관광객의 스포츠 활동이 해당 지역의 동식물 생태계에 직접적이고 광범위한 영향을 미칠 수 있다. 물론, 이러한 스포츠 활동들도 그 특성에 따라 생태계에 미치는 영향력이 달라질 수 있다. 무동력 스포츠(카누, 카약, 래프팅 등)보다는 동력 스포츠(모터보트, 수상 스키, 제트스키 등)가 자연 생태계에 더 큰 부정적 영향을 미칠 가능성이 높다. 또한, 소규모 단위의 개발이 중심이 되는 스포츠관광보다는 대규모 단위의 개발이 수반되는 스키나 골프와 같은 스포츠관광 활동이 생태계에 더욱 큰 영향을 미치게 된다. 스키나 골프와 같이 지역의 물리적 환경 자체를 반영구적으로 변형시키는 스포츠관광은 자연 생태계의 자기 회복 능력 자체를 훼손시킬 수 있는 가능성이 크기 때문에, 생태적 수용 능력 관점에서 세심한 개발 계획과 관리가 필요하다.

### (4) 사회·심리적 수용력

사회·심리적 수용력(social-psychological carrying capacity)이란 사람들이 사회적 또는 심리적으로 자신들의 생활과 경험이 훼손되지 않을 정도의 수준에서 받아들일 수 있는 수용력을 지칭한다. 사회·심리적 수용 능력은 관광객 측면과 지역주민 측면으로 분리해서 접근할 수 있다. 관광객 측면에서의 사회·심리적 수용 능력은 관광객의 경험의 질이 유지되고 만족감이 저하되지 않는 수준에서 받아들일 수 있는 다른 관광객의 규모라고 이해할 수 있다. 특히, 자연환경에서 이루어지는 능동적 참여 스포츠관광 활동의 경우에 일정 수준 이상 규모의 관광객들이 방문할 때에는 관광객들이 해당 스포츠에 참여하기 위해 한정된 공간과 자원을 두고 상호 경쟁을 하는 상황으로 이어질 수 있으며, 이러한 상황은 관광 경험의 질을 저하시키는 결과로 이어질 수 있다. 관광객의 경험 만족도가 저하되지 않는 수준의 수용 능력이란 것은 기본적으로 관광객의 주관적인 인식에 달려 있다고 볼 수 있기 때문에, 물리적 혹은 생태적 수용력과 같이 객관적인 평가가 가능한 수용 능력과는 성격적으로 다르다.

이러한 측면에서, 혼잡 지각(crowding perception)이라는 개념이 사회·심리적 수용 능력을 이해하기 위한 단초를 제공해 줄 수 있다. 밀도는 단위 면적당 사람의 수라고 한다면 혼잡 지각은 밀도에 대한 개인의 주관적인 평가라고 볼 수 있다. 같은 자연환경 내에 동일한 수의 사람이 존재해도 그 밀도에 대한 인식인 혼잡 지각은 사람마다 다를 수 있고, 활동의 특성에 따라서도 혼잡 지각이 달라질 수 있다. 예를 들어, 월드컵 경기를 관전하기 위해 방문한 스포츠관광객은 수많은 관람객들의 존재 때문에 혼잡하다고 지각하기보다는 생동감 있다고 느낄 확률이 높다. 하지만, 스키를 타기 위해 방문한 스키장에 수많은 관광객들이 운집해 있어 리프트를 기다리거나 스키 활강 과정에 불편함을 인식하게 되면 높은 혼잡 지각을 겪을 수 있다. 목적 충돌 이론(goal conflict theory)에 따르면, 동일한 환경에서도 목적이 다른 관광객들 사이에서는 혼잡 지각이 달라질 수 있다. 예를 들어, 호수에서 수상 스키를 즐기는 관광객과 카누를 즐기는 사람 사이에는 활동의 성격과 목적이 다르기 때문에 혼잡에 대한 지각도 달라질 수 있다는 점이다. 지역주민 측면에서의 수용 능력은 지역주민들의 삶의 질이 다른 관광객들의 존재나 관광 활동에 의해서 저하된다고 느끼지 않을 정도 수준의 수용력을 의미한다. 물론, 지역주민 측면에서 본 사회·심리적 수용 능력 또한 지역주민의 특성에 따라 달라질 수 있다. 예를 들어, 관광 산업을 통해 이익을 얻는 주민들은 그렇지 못한 주민들에 비해 심리적으로 수용 가능한 관광객의 수가 더 높을 수 있다.

### 2) 허용 변화 한계

앞서 논의하였듯이, 많은 관광 자원은 유한한 자원이고 공유 자원적 성격을 띠고 있기 때문에 남용과 훼손의 가능성이 큰 자원이라고 볼 수 있다. 특히, 자연 자원에 의존하는 비중이 높은 스포츠관광의 경우에는 관광 자원의 보존 및 관리가 매우 중요한 이슈라고 할 수 있다. 이 때문에 스포츠 관광지의 여러 수용력을 고려하여 자원을 보호하고 지속 가능한 관광을 위한 유용한 관리 전략과 도구가 필요하다. 대표적인 자원 관리 전략 중 하나는 1980년대 중반 미국에서 자연 자원 관리 모델로 제시된 허용 변화 한계(LAC, limits of acceptable change) 모델이다. 앞서 제시한 수용력 개념에서 초점을 맞춘 "얼마만큼의 이용이 적절한 수준인가?"라는 관점이 허용 변화 한계 모델에서는 "얼마만큼의 변화가 적절한 수준인가?"라는 관점으로 이동하게 되었다고 볼 수 있다. 즉, 허용 변화 한계 관점에서 보면, 관광지의 관리자가 정말 고려해야 할 사항은 절대적인 관광객의 수가 아니라 관광

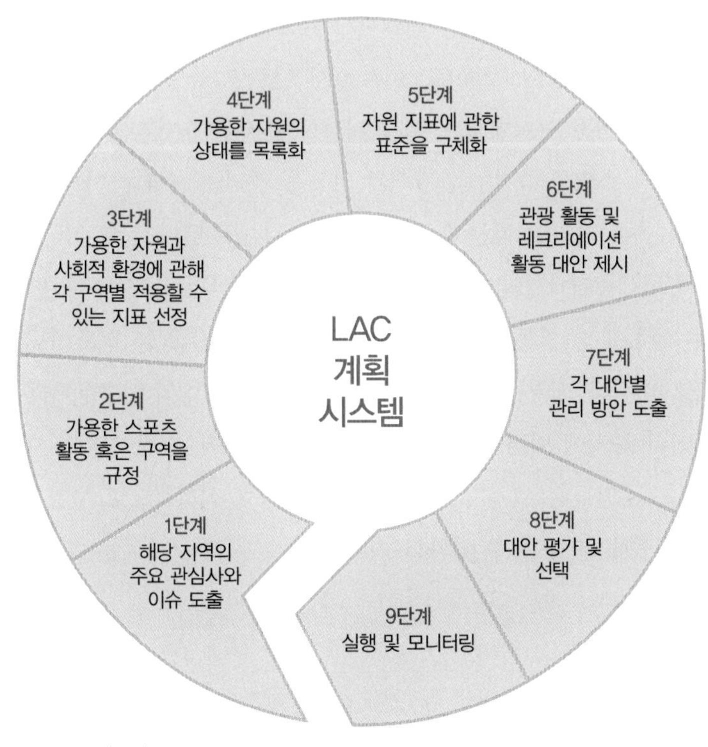


그림 7-2
**허용 변화 한계(LAC) 모델**

자료: Stankey et al.,(1985).

활동의 결과가 자원에 미치는 영향이다(고동완, 정종의, 2007). 그림 7-2에서와 같이 허용 변화 한계 모델에서는 관광 개발로 인해 변화가 불가피한 지역에서 적절하다고 판단되는 수준의 환경을 규명할 뿐 아니라, 그러한 환경으로 복구하거나 유지하기 위해 필요한 관리 행위들을 포함하는 일련의 단계적 조치들을 제시하고 있다(Stankey et al., 1985). 이 모델의 핵심은 여러 이해관계자들이 수용할 수 있는 수준의 변화를 규정하고, 이해관계자들 사이에서 나타나는 각기 상이한 수준의 요구를 보완하기 위한 수단을 찾아내는 데 있다. 즉, 지역 관광 개발에 있어 지역의 환경적 지속 가능성과 지역주민이 수용할 수 있는 사회적 지속 가능성을 염두에 두어야 한다는 원칙에 기초해서, 지역주민 및 환경이 수용할 수 있는 변화의 허용 한계를 규정하고 그에 맞는 수단을 도출해 내는 전략적 접근이라고 할 수 있다. 총 9개의 단계로 구성되어 있는 허용 변화 한계 모델은 관리자들로 하여금 가장 기본적인 허용치를 규정하는 데 도움을 줄 수 있을 뿐 아니라 환경적 훼손 혹은 과도한 변화가 발생하는지를 나타내 주는 지표를 보여줄 수 있다. 이 9가지 단계는 다음과 같이 요약된다.

### (1) 해당 지역의 주요 관심사와 이슈 도출

해당 지역의 주요 관심사와 이슈 도출(identify area concerns & issues) 단계에서는 지역이 가지고 있는 문제와 관심사를 밝혀내는 것이다. 이 단계에서는 모든 중요한 이해관계자들의 의견을 청취하고 해당 지역이 보유하고 있는 여러 다양한 자원들 및 향후 관광 개발과 연관되어 인식하는 여러 문제와 관심사에 대해서 선별해야 한다.

### (2) 가용한 스포츠 활동 혹은 구역을 규정

가용한 스포츠 활동 혹은 구역을 규정(define & describe opportunity classes) 단계에서는 관광지에서 제공할 수 있는 스포츠관광 활동과 각 활동에 적합한 구역을 설정한다. 이는 관광지의 각 구역별 환경적 특성에 맞는 적합한 스포츠관광 활동이 있다는 인식에 기반하고 있다. 지역의 각 구역이 지니고 있는 사회적, 환경적 특성과 방문자 그룹의 요구를 적절하게 대응시키기 위해 특정 구역에 적합한 특정 관광객 그룹의 방문을 유도하고 그에 맞는 경영 목표를 관리하는 방식이다. 즉, 지역 내의 각 구역은 상호 다른 사회적, 자연적 자원과 관리 환경을 가지고 있기 때문에 환경을 최적의 상태로 유지하기 위해 차별화된 활동을 제공해야 한다.

### (3) 가용한 자원과 사회적 환경에 관해 각 구역별 적용할 수 있는 지표 선정

가용한 자원과 사회적 환경에 관해 각 구역별 적용할 수 있는 지표 선정(select indicators of resource & social conditions) 단계는 관광지를 구성하는 가장 중요한 환경적 조건들을 밝혀내고, 그러한 환경의 변화를 가장 적절하게 측정할 수 있는 구체적인 지표를 선정하는 과정이다. 이러한 지표 선정의 과정은 다소 모호할 수 있지만, 일련의 조사 과정과 전문가의 논의를 거쳐 합의된 지표를 선택하는 것이 필요하다. 관련된 지표가 선정되었을 때에는 지표를 적절하게 측정할 수 있는 방법을 선택하게 되며, 측정된 결과에 따라 요구되는 적합한 실행 수단을 평가해야 한다.

### (4) 가용한 자원의 상태를 목록화

가용한 자원의 상태를 목록화(inventory resource & social conditions) 단계에서는 관광지 내에 관광 자원으로 활용 가능하다고 판단되는 자원을 명확하게 구분하기 위해 잠재적으로 활용 가능한 자원을 포함하여 다양한 자원을 목록화하고 각 자원의 상태를 점검하는 과정을 거쳐야 한다.

### (5) 자원 지표에 관한 표준을 구체화

자원 지표에 관한 표준을 구체화(specify standards for resource & social indicators) 단계에서는 관광지의 가용한 자원들을 나타내는 지표를 구체화시킬 수 있는 표준을 정하는 과정이 요구된다. 즉, 여러 이해관계자들의 명확한 의사 결정을 위해서는 각 자원 지표를 명확하게 이해할 수 있는 표준화 작업이 필요하다고 볼 수 있다.

### (6) 관광 활동 및 레크리에이션 활동 대안 제시

관광 활동 및 레크리에이션 활동 대안 제시(identify alternative opportunity class allocations) 단계에서는 관광지에서 가용한 자원들의 상태와 지표를 고려했을 때 해당 지역에서 허용 가능한 관광 활동 및 레크리에이션 활동들을 제시하는 작업이 수반된다.

### (7) 각 대안별 관리 방안 도출

각 대안별 관리 방안 도출(identify mgmt, actions for each alternative) 단

계에서는 관광지에서 수용 가능한 관광 활동 및 레크리에이션 활동을 효율적으로 개발하고 운영하기 위한 적절한 관리 방안을 마련하여 제시하여야 한다.

#### (8) 대안 평가 및 선택

대안 평가 및 선택(evaluation & selection of an alternative) 단계에서는 관광지 자원의 상태와 지표를 고려했을 때 수용 가능한 관광 활동 및 레크리에이션 활동 들이 과연 적절한지에 대해서 평가하고, 환경 변화를 최소화하는 동시에 다양한 이해관계자들(지역주민, 관리 기관, 관광객 등)의 요구에 부합하는 최적의 활동을 선택하는 과정으로 이어지게 된다.

#### (9) 실행 및 모니터링

실행 및 모니터링(implement actions & monitor conditions)은 앞선 단계에서 진행한 평가 과정을 거쳐 도출된 최적의 관광 활동 및 레크리에이션 활동을 실행하는 단계로 귀결된다. 단순히 계획을 실행하는 것으로 마치는 것이 아니라 실행에 따른 여러 부작용이나 예상하지 못했던 문제점들이 나타나지 않는지에 대해 지속적인 모니터링 활동이 수반되어야 한다.

## 5. 스포츠관광 시설 관리

### 1) 스포츠관광 시설 관리 문제점

올림픽이나 월드컵과 같이 전 세계적인 영향력을 가지게 되는 대형 스포츠 이벤트는 그 긍정적 파급 효과에 대한 기대치에 못지않게 많은 문제를 개최지에 발생시킬 수 있다. 기본적으로 대형 스포츠 이벤트는 대회 개최에 필요한 다양한 스포츠 시설과 그 시설들을 유기적으로 연계해 줄 수 있는 도로망, 수도, 전기 등과 같은 인프라 구축이 필요하다. 그 외에도 선수들, 방송 관계자들, 관광객들을 수용하기 위한 다양한 숙박 시설과 음식점 등의 편의 시설 또한 추가적으로 요구된다. 이러한 시설물과 인프라를 구축하기 위해서는 천문학적인 비용이 소요되고 많은 인력과 노력이 요구된다. 하지만, 대형 스포츠 이벤트는 오랜 준비 기간을 거쳐 단지 몇 주 동안의 대회를 치르고 나면 스포츠 이벤트는 종료된다. 물론, 스포츠 이벤트가 진행되는 기간 동안은 수많은 관광객과 선수들로 모든 스포츠 시설물과 편의 시설들의 활용도가 극대화되지만, 문제는 이 기간이 지극히 짧다는 점이다. 이벤트가 종료된 이후에는 관련한 스포츠 시설들과 편의 시설들에 대한 활용 가치가 급속하게 저하될 수 있다는 점이다. 특히, 천문학적인 비용을 투자해서 건설한 많은 스포츠 시설들이 경제적인 측면에서 효율적으로 운영되지 못하면, 해마다 발생하는 상당한 액수의 시설 운영비를 감당하기 힘든 상황이 발생하게 된다.

최근에, 대형스포츠 이벤트를 개최한 여러 도시들이 이러한 문제에 직면해 있다. 예를 들어, 1976년 하계 올림픽을 개최한 캐나다의 몬트리올은 스포츠 시설 건축과 관련하여 투자한 비용을 감당하지 못하고 도시 파산이라는 극단적인 상황에 몰리는 상황을 경험하였다. 2014년 월드컵을 개최한 브라질 또한 대회를 위해 12조 6000억 원을 투자했고, 새롭게 건설된 여러 축구 경기장들에 대한 적절한 활용 방안이 없어 과도한 유지 관리 비용만 허비하고 있는 것으로 나타났다. 한 연구에 따르면 1988년 서울 올림픽 이후 개최된 올림픽이나 월드컵과 같은 거대한 스포츠 이벤트 이후 개최국의 경제 성장률이 오히려 저하되는 경향을 보이고 있다는 다소 충격적인 결과를 제시하고 있다(박광우, 2014). 하계 올림픽의 경우 개최국과 개최지 선정에서 탈락한 국가들 사이의 평균 경제 성장률을 비교했을 때 개최국은 개최 3년 전부터 탈락국보다 평균 2% 이상 높은 성장률을 기록하다가 올림픽 개최 이후 퇴조하는 것으로 나타났다. 동계 올림픽에서도 개최 전후로 유사한 경제 성장 패턴을 보여 개최 후 2년 뒤의 경제 성장률이 탈락국에 비해 1.66%나 낮아지기도 한다. 그리스는 2004년 아테네 올림픽을 개최하면서 약 16조 8000억 원의 돈을 썼고, 대회 이후에도 제대로 사용되지 않는 시설을 유지·관리하는 데만 매년 약 6900억 원씩 지출하고 있는 것으로 나타났다. 이러한 올림픽에 대한 과잉 투자가 그리스가 겪고 있는 재정 위기의 원인 중 하나라는 주장도 제기되고 있다. 러시아 또한 2014년 소치 동계 올림픽을 개최하면서 약 52조 5000억 원을 투자해 역대 가장 비싼 올림픽이란 기록을 세웠다.

이렇게 과도하게 투자된 스포츠 시설에 대한 적절한 사후 활용 방안이 제시되지 못하면 이후 시설 유지 보수에만 과도한 비용이 소요되어 개최 도시의 재정 적자를 심화시키는 원인이 된다.

### 2) 스포츠관광 시설 활용 방안

스포츠관광과 관련한 시설 활용 방안은 특히 대형 스포츠 이벤트 개최 이후에 발생할 수 있는 유휴 시설 운영에 관한 문제로 이해할 수 있다. 전 세계에서 수많은 대형 스포츠 이벤트들이 개최되고 있고, 이벤트 기간 동안 사용되었던 다양한 스포츠 시설과 편의 시설에 대한 적절한 운용 방안에 대해서는 많은 개최 도시나 국가에서 여전히 많은 논의와 계획이 진행되고 있다. 여러 가지 활용 방안이 제시되고 실행되고 있으며, 일부는 기대한 만큼의 성과를 거두지 못하고 있는 것도 사실이다. 하지만, 전반적으로 볼 때 효율적인 사후 활용 방안의 핵심은 2가지로 요약해 볼 수 있다.

첫째, 스포츠 및 편의 시설들이 지역의 스포츠 산업, 지역주민, 관광 산업

사례연구

## 캘거리 동계 올림픽 시설 활용

1988년 캐나다 앨버타 주 캘거리(Calgary)에서 개최된 동계 올림픽은 이벤트 이후 관련 시설물 활용에서 모범적인 사례로 종종 언급되고 있다(고재곤, 2003). 동계 올림픽을 위해 캘거리에서는 총 9개의 경기장을 이용하였고, 각각의 경기장들은 올림픽 이후 효율성을 극대화시키기 위해 각기 다른 전략을 가지고 운영되었다. 새들돔(Pengrowth Saddledome)은 올림픽 이후 시설의 사후 활용을 위한 새들돔 재단을 설립하여, 효율적인 운영을 도모하였다. 새들돔 재단은 스포츠 시설을 이용하여 콘서트, 로데오, 아이스쇼, 서커스, 컨벤션 센터, 레스토랑, 간단한 쇼핑몰 등 연중 지속적으로 활용 가능한 다양한 프로그램을 기획하고 운영하였다. 이를 통해 발생한 수익으로, 새들돔 재단은 아마추어 스포츠 지원 프로그램을 통해 매년 아마추어 스포츠에 600만 달러(캐나다 달러)를 지원하고 있다. 스키점프와 봅슬레이 등의 경기가 열렸던 캘거리 올림픽 파크(Canada Olimpic Park)의 운영권과 경영권은 올림픽 이후 캘거리 올림픽진흥협회(Calgary Olympic Development Association)에 1달러에 매각하였다. 인수 이후 협회에서는 이들 시설의 효율적인 운영을 위해 생활 체육, 아웃도어 레크리에이션, 선수 트레이닝장 등 각종 시설의 증축·개축을 단행하였다. 덧붙여, 체계적인 관광 코스와 홍보 전략을 수립하여 외부 관광객을 유치하기 위한 지속적인 노력 또한 경주하였다. 이를 통해, 협회에서 기획한 관광 프로그램은 캘거리를 방문하는 관광객들이 통상적으로 이용하게 되는 관광 코스(올림픽 박물관→올림픽 기록 상영관→올림픽 시설 코스 견학→스키 점프 전망대)로 자리 잡고 있다. 올림픽 공원 내에는 산악자전거 레이스, 미니 골프장, 유소년 스키점프대, 암벽등반, 등산 코스, 엑스 게임(x-game), 유로 번지점프, 게이트볼장 등을 추가적으로 도입하여 시설의 활용도를 극대화시키는 전략을 취하고 있다. 또한 아이스하우스라는 실내 봅슬레이 트레이닝장은 올림픽 이후 건설되었는데, 미주 지역 선수들은 물론 유럽의 선수들까지도 여름 훈련장으로 활발하게 이용하고 있다. 이곳의 사용료는 2주에 1천 200백만 원 정도에 달하는 것으로 알려져 있다. 덧붙여, 이곳 봅슬레이장은 엘리트 스포츠 선수들만을 위한 시설이 아닌 일반인들도 여름과 겨울철에 일정 기간 사용할 수 있는 상품으로 판매되기도 하여 수익성을 높이기 위한 노력도 동반해서 이루어지고 있다. 이러한 복합적인 노력으로 인해 협회는 이 아이스하우스를 건설한 이후 약 7년 만에 모든 투자 비용을 회수한 것으로 나타났다.

자료: Ritchie, J. R. B.(2000).

과 밀접하게 연계되어야 한다는 점이다. 이벤트에서 사용되었던 시설물들이 지역의 산업적, 사회·문화적 기반과 밀접하게 연결되지 못했을 때는 장기적으로 재정적인 측면에서뿐 아니라, 사회·문화적인 측면에서도 해당 시설물들의 지속 가능성은 저하되는 결과로 이어진다는 점이 여러 사례를 통해서 나타나고 있다.

둘째, 유휴 시설들을 효율적으로 관리하고 적절한 의사 결정을 내릴 수 있는 전문적 운영 조직이 필요하다. 전문적 운영 조직의 유무는 이벤트 이후 시설물 활용에 있어서 장기적인 전망을 가지고 의사 결정을 내릴 수 있다는 점에서 매우 중요한 요소라고 볼 수 있으며, 일관된 전략을 추구하는 데 도움을 줄 수 있다.

사례에서 소개한 캘거리 동계 올림픽 경기장 사후 활용 방안 이외에도 여러 성공적인 시설 활용 사례들이 있다. 미국 유타 주 솔트레이크에서 2002년 개최된 동계 올림픽 또한 적절한 시설 활용 방안을 마련하여 올림픽 이후 다양한 스포츠 경기장과 편의 시설들이 지역의 산업과 연계되어 도시의 중요한 자산이 되고 있다. 예를 들어, 스키 경기장은 스키 리조트와 훈련 센터로 활발하게 사용되고 있으며, 올림픽 파크는 레크리에이션 시설, 올림픽 박물관, 스키 박물관 등으로 활용되어 지역주민의 삶의 질을 향상시키고 관광 매력물로서의 기능을 수행해 나가고 있다. 그 외의 다양한 경기장들도 지역의 프로아이스하키 팀, 프로농구 팀, 풋볼 팀의 홈경기장 또는 콘서트장으로 그 활용도를 극대화시키고 있다. 올림픽 선수촌으로 사용된 올림픽 빌리지는 유타 대학의 기숙사로 전환되어 사용되고 있다. 국내에서는 2002년 한일 월드컵을 위해 신축된 대다수 축구 경기장들이 적절한 사후 활용 방안이 없어 적자를 면치 못하는 가운데서도 유일하게 서울 상암 월드컵 경기장만이 복합 문화 공간으로의 변신에 성공하여 매년 약 90억원에 가까운 흑자를 기록하고 있는 것으로 나타났다.

## 토론문제

1. 스포츠관광 자원을 관리하는 데 있어 가장 큰 문제점은 무엇이고, 문제점을 극복하기 위한 전략적 방안을 어떠한 것들이 있는지 논의하시오.

2. 메가 스포츠 이벤트 개최 이후 스포츠 시설 및 편의 시설들을 효율적으로 활용하기 위해서 어떻게 해야 하는지 논의하시오.

## 참고문헌


고동완, 정종의(2007). 휴양기회분포(ROS) 등급에 따른 지역주민의 관광개발 태도 차이. 관광연구, 22권 1호, 529-548.

고재곤(2003). 공공체육시설 리모델링의 필요성과 추진방안. 공공체육시설 활용도 제고를 위한 토론회, 문화체육관광부.

김영규(2010). 관광자원론. 기문사.

김홍운(1988). 관광자원론. 일신사.

박광우(2014). 메가스포츠행사의 경제적 효과. 주간하나금융포커스, 4권 35호.

박석희(2000). 신관광자원론. 일신사.

Briassoulis, H.(2002). Sustainable tourism and the question of the commons. Annals of Tourism Research, 29(4), 1065-1085.

Frauman, E. & Banks, S.(2011). Gateway community resident perceptions of tourism development: Incorporating Importance-Performance Analysis into a Limits of Acceptable Change framework. Tourism Management, 32, 1, 128-140.

Gibson, H.(1998). Sport tourism: a critical analysis of research. Sport Management Review, 1(1), 45-76.

Hardin, G.(1968). The tragedy of the commons. Science, 162, 1243-1248.

Healy, R.(2006). The commons problem and Canada's Niagara falls. Annals of Tourism Research, 33, 2, 525-544.

Healy, R.(1994). The "common pool" problem in tourism landscapes. Annals of Tourism Research, 21, 3, 596-611.

Ostrom, E.(1990). Governing the commons: The evolution of institutions for collective action. Cambridge: Cambridge University Press.

Stankey, G., Cole, D., Lucas, R., Peterson, M.& Frissell, S.(1985). The limits of acceptable change (LAC) system for wilderness planning. U.S. Department of Agriculture, Washington, DC.

Standeven, J. and De Knop, P.(1999). Sport Tourism. Human Kinetic.

CHAPTER

# 08

# 스포츠 관광 행동

1 스포츠관광 소비자 행동의 이해
2 스포츠관광 행동의 영향 요인
3 스포츠관광 소비 시장의 이해

SPORT TOURISM MANAGEMENT

CHAPTER 8

# 스포츠관광 행동

"스포츠 소비자 행동은 종착지가 아니라, 스포츠에 관한 경험적 여행 그 자체이다"(Daniel C. Funk). 스포츠는 세계인의 공통어라는 보편성을 갖고 있으며, 현대사회에서 가장 많이 즐기는 여가 활동 중 하나이다. 스포츠는 예측은 가능하지만 결과에 대해 불확실하다라는 특성을 지니고 있다. 이는 현대사회의 특성과도 비슷한 면이 있다. 현대 우리 삶의 복잡하고 혼란함이 존재하는 환경 속에서 스포츠는 평등, 지켜져야만 하는 갖추어진 형식과 규칙, 불명확한 결과에 대한 예측을 할 수 있게끔 함으로써 스포츠에 몰입할 여건을 제공한다. 여기에서는 스포츠관광 소비자가 왜 스포츠관광에 참여하고, 의사 결정 과정은 어떻게 이루어지며, 의사 결정에 영향을 미치는 여러 요인을 고찰해 보도록 한다. 궁극적으로 스포츠관광 소비자 행동 심리의 이해 및 접근을 통해 스포츠관광 마케팅 전략과의 연계 능력을 함양하고자 한다.

# 1. 스포츠관광 소비자 행동의 이해

## 1) 스포츠관광 소비자 행동의 개념

스포츠관광은 다양한 요소들로 구성되어진다. 우선, 스포츠관광 시설, 스포츠관광 프로그램, 스포츠관광 상품, 스포츠관광과 연계한 일반 관광 상품으로 구성되며, 다양한 마케팅 매체 및 지역사회와의 협력도 포함하는 관광 활동이라고 명시하고 있다(한국관광공사, 2011).

일반적으로 스포츠관광은 크게 2가지의 개념으로 구분하는데, 협의의 개념은 스포츠 활동에 직접 참여하거나 관람하는 활동을 의미하고, 광의의 개념으로는 협의의 개념에 스포츠를 수단으로 활용하여 관광 활동까지 포함하는 활동이라고 정의하고 있다(국제스포츠관광위원회).

이와 같이 스포츠관광은 직접 스포츠에 참여하거나 경기만을 관람하는 행동으로 국한하기보다는 문화유산 관광, 축제 및 문화 행사 참가 등 다양한 관광 활동의 기회도 제공된다. 따라서 스포츠관광은 스포츠 산업뿐 만 아니라 사회·문화·환경에 미치는 영향이 매우 큰 산업으로, 스포츠관광에 참가하는 소비자 행동에 대한 정확한 이해와 더불어 스포츠관광 상품에 대한 전략적 마케팅 활동이 필요하다.

소비자 행동을 체계적으로 이해하려는 노력은 소비자 행동 연구자, 소비자 정책 입안자, 기업들에 의해 진행되어 왔으며, 이는 마케팅, 심리학, 사회학, 문화인류학, 커뮤니케이션과 밀접한 관계가 있다.

소비자 행동이란 구매 및 사용을 위한 물리적인 행동뿐만 아니라, 구매 결정과 관련하여 발생한 소비자의 내·외적 행동을 모두 포함한다. 다시 말해서 구매 결정을 위해 정보를 수집하고, 상품 및 브랜드를 비교하고 더 나아가서는 특정 상품이나 브랜드에 대한 지각·태도·선호도의 형성 과정에서 발생하는 소비자의 심리적 움직임도 소비자 행동의 범주에 포함되는 것이다. 외형적으로 나타나는 소비자들의 행동을 이해하고 그들의 다음 행동을 예측하기 위해서는 그와 같은 행동을 유발시킨 내적 동인과 그와 같은 행동을 결정하기에 이른 의사 결정 과정에 대한 이해가 보다 더 중요하기 때문이다(김소영 외, 2009).

Matthew(2009)는 특히 스포츠관광에 있어서 참여자 측면에서의 소비자 행동을 정의하였는데, 이는 참여자가 자신의 요구를 만족시킬 수 있다는 확신을 갖고 스포츠관광에 행하는 모든 스포츠 활동을 의미하는 것으로 정보를 탐색하고, 스포츠에 참여하고, 참여 후 평가하는 전반적인 활동 영역 모두를 포함한다고 하였다.

스포츠관광 소비자 행동이란 스포츠관광 상품을 선택하고, 구매하고, 이용한 후 평가까지 일련의 모든 과정을 거치면서 욕구를 만족시키고 혜택을 얻고자 하는 내·외적 행동이다. 스포츠관광 소비자는 왜 스포츠관광에 참여하고, 의사 결정 과정은 어떻게 이루어지며, 그러한 의사 결정에 영향을 미치는 요인은 무엇인지 등 스포츠관광 소비자의 행동에 대한 이유와 구조를 밝히는 것이 스포츠관광 행동의 연구 목적이라고 할 수 있다.

스포츠관광 기업은 마케팅 전략과 마케팅 믹스 프로그램의 개발 및 실행을 통해 스포츠관광 소비자의 욕구를 충족시키고 자사에 유리하도록 소비자 행동에 영향을 미치려고 노력한다. 이를 통해 스포츠관광 소비자들의 욕구를 효과적으로 충족시켜 줄 수 있다면 성공적인 사업 경영과 스포츠관광 산업의 발전이 가능하다는 점에서 스포츠관광 소비자 행동 연구의 의의가 있다고 할 수 있다.

## 2) 스포츠관광 소비자의 의사 결정 과정

### (1) 관광자 의사 결정 과정

관광자는 본인의 관광 욕구를 충족시키기 위해서는 자신에게 가장 적합한

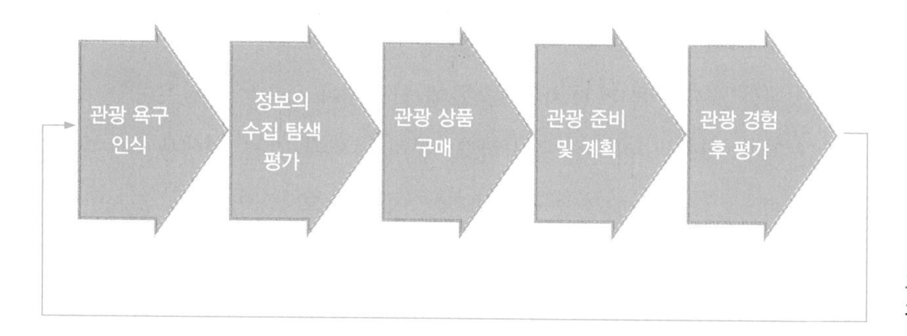


그림 8-1
**관광 상품 구매 의사 결정 과정**

관광 상품을 선택하는 의사결정을 내려야 하는데 그림 8-1과 같이 5단계의 의사 결정을 한다.

첫 번째 단계는 관광에 대한 욕구의 인식이다. 관광을 하고 싶다는 욕구가 발생하고, 이를 충족시키고 싶어 하는 마음의 상태이다.

두 번째 단계는 이러한 욕구 인식 후에는 가장 바람직한 관광 상품을 선택하기 위해 여러 가지 방법으로 정보를 수집하고 탐색하는 단계가 된다. 자신이 했던 경험과 기억하는 지식 등을 활용한 내부적 탐색과, 주위의 지인을 만나 여행 경험을 듣거나, 여행사, 여행 서적, 인터넷 등을 통한 외부 탐색을 한다. 특히 관광 상품은 무형의 서비스 상품이기 때문에 자신의 과거 경험이나 구전과 같은 개인적 원천에 의존하는 경향이 있다. 정보의 수집과 탐색이 완료되면, 대안 평가를 통해서 각각의 관광 상품의 가치와 편익을 비교하여 평가하게 된다.

세 번째 단계는 대안 평가를 통해 관광자의 욕구에 가장 적합한 상품을 구매를 결정하게 된다. 관광 상품의 특성 상 구매 결정 이후 실제 관광 경험까지의 기간이 길어 그 사이에 현지 상황이 불안해지거나, 구매에 대한 확신을 하지 못하여 심리적 변화가 발생하는 경우 상품 구매를 연기하거나 취소하는 경우가 발생하기도 한다.

네 번째 단계는 관광 준비와 계획 단계이다. 여가 활동을 하기 위해서는 계획을 잘 짜서 참여하는 것이 필요하다. 또한 최고의 절정을 느끼기 위해서는 철저한 계획하에 관광 여가 활동에 참여해야 한다(이철원, 2005). 해외여행의 경우 여권과 비자를 준비하고, 현지 날씨에 맞는 여행용품과 환전을 하면서 그 과정 자체가 관광자에게는 여행의 즐거움이 된다. 철저한 관광 준비 및 계획은 실제 여행 과정에서 발생할 수 있는 위험을 사전에 방지하고 현지에서의 여행 경험을 확대할 수 있다.

마지막 단계로는 관광을 마치면, 관광자 개인의 주관적인 기준에서 관광 상품에 대한 평가를 실시한다. 특히 관광 출발 전에 상상해 본 기대와 경험 간의 차이가 커지면, 대부분 불만족일 경우가 많으며, 그 반대의 경우에는 만족의 평가가 이루어진다. 이러한 평가의 결과는 향후 관광 의사 결정에도 많은 영향을 미치기 때문에 매우 중요하다.

### (2) 스포츠관광 소비자 의사 결정 과정

스포츠관광 소비자는 스포츠관광 욕구를 충족시키기 위해서 자신에게 가장 적합한 스포츠관광 상품을 선택하고 결정을 내려야만 한다. 스포츠관광 소비자의 의사 결정 과정은 복잡하며, 그림 8-2와 같이 인지적인 진행 과정(cognitive process)을 거치게 된다. 이러한 과정을 통해 생각하고, 정보를 저장하기도 하며, 평가의 판단을 수립하기도 한다. 그러나 스포츠관광 소비자는 항상 구매 의사 결정의 5단계를 거치는 것은 아니며, 때에 따라 한두 단계를 건너뛰기도 한다.

의사 결정 과정의 유형은 스포츠관광 소비자의 관여도가 영향을 미치는데, 스포츠관광 상품에 관심을 갖는 정도나 중요하게 여기는 정도를 뜻한다. 스포츠관광 상품 구매 의사 결정의 유형은 스포츠관광 상품에 따라 본격적 의사 결정 과정(extensive dicision making), 제한적 의사 결정 과정(limited decision making), 일상적 의사 결정 과정(routinized decision making)으로 분류할 수 있다.

소비자에게 구매가 중요하거나 한 번도 구매해 본적이 없는 상품을 구입

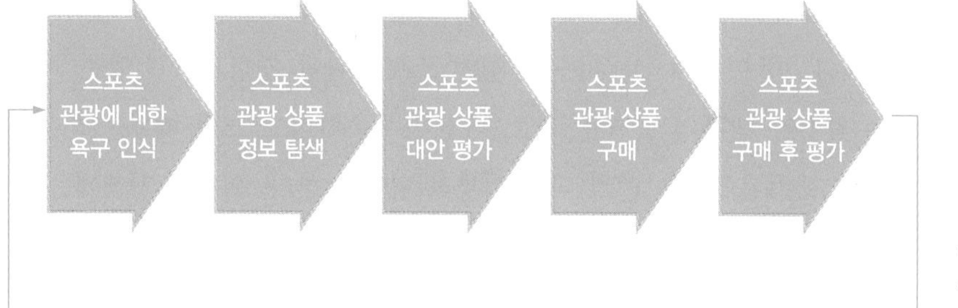


그림 8-2
스포츠관광 상품 구매 의사 결정 과정

할 때 이에 따라 잘못 구매할 위험이 높다고 인식할 경우 5단계 구매 의사 결정 과정을 거치는 본격적인 의사 결정을 하게 된다. 제한적 의사 결정은 소비자가 비교적 상품에 대한 지식은 어느 정도 있지만 구체적으로 어떤 브랜드와 가격대가 있는지에 대한 지식이 결여되어 있을 때 발생한다. 반면에 소비자가 빈번하게 구매하는 경우나 관여도가 낮은 상황에서 이루어지는 구매 의사 결정은 복잡한 탐색, 평가의 과정을 거칠 필요 없이 손쉽게 일상적 의사 결정이 내려지게 된다(임종원 외, 2010).

**스포츠관광에 대한 욕구 인식** 스포츠관광에 대한 욕구 인식(need awareness)은 스포츠관광에 대한 욕구가 발생한 단계이다. 스포츠관광 소비자가 스포츠에 참여하거나 관람하고자 하는 욕구를 인지하고 구매를 통해서 그 욕구를 해결하고자 하는 동기가 부여되는 것이다. 어떤 동기로 스포츠관광에 참여하게 되는지를 파악하는 것은 스포츠관광 상품을 개발할 수 있는 중요한 정보 원천이 된다.

**스포츠관광 상품 정보 탐색** 스포츠관광 상품 정보 탐색(information search)에서는 스포츠관광에 대해 인식된 문제와 욕구를 해결하기 위해 정보를 탐색한다. 정보 탐색이란 소비자가 스포츠관광 상품, 기업, 구매에 대해 더 많은 것을 알고자 하는 의도적 노력이라 할 수 있다. 즉, 가장 바람직한 스포츠관광 상품을 선택하기 위해 여러 가지 경로로 정보를 수집하고 탐색하는 단계이다. 이 단계에서는 자신이 했던 스포츠관광 경험과 기억하는 지식 등을 활용한 내부적 탐색을 하고, 이것이 부족하다고 느낄 때에는 외부로부터의 정보나 경험을 얻기 위해 외부적 탐색을 한다. 외부적 탐색에는 주위의 지인을 만나 경험을 듣거나, 스포츠관광 기업, 동호회, 인터넷 등을 활용한다.

**스포츠관광 상품 대안 평가** 정보 탐색 과정이 끝나면 소비자는 어떤 스포츠관광 상품을 선택할 것인가라는 결정을 내리고 몇 개의 선택 대안을 형성하게 되고 이를 평가한다. 스포츠관광 상품 대안 평가(evaluation of alternative) 단계는 소비자가 특정 대안을 결정함으로써 얻게 되는 편익을 근거로 각각 대안의 가치를 부여하는 것이다.

**스포츠관광 상품 구매** 정보의 탐색과 대안 평가를 거친 후 소비자는 욕구를 만족시킬 수 있는 여러 대안 중에서 자신의 지불 능력에 맞추어 자신의 욕구에 가장 합치하는 스포츠관광 상품 구매 결정을 하게 된다. 즉 스포츠관광 참여 및 관람 등을 통해 스포츠관광이 이루어지게 된다. 이 단계가 스포츠관광 상품 구매(purchase) 단계이다. 그러나 구매 결정 후, 최종 스포츠관광이 이루어지는 사이에, 여러 가지 제약 요소를 극복하지 못하여 구매 의사가 변경되기도 하고, 구매에 대한 확신이 불명확해지거나, 심리적 변화를 일으켜 상품 구매를 연기하거나 취소하는 경우도 종종 발생한다.

**스포츠관광 상품 구매 후 평가** 스포츠관광 상품 구매 후 평가(postpurchase evaluation) 단계는 스포츠관광 상품을 참여 및 관람 후 스포츠관광 상품에 대한 평가 및 자신의 구매 결정 과정에 대해 평가하는 단계이다. 이 단계에서 스포츠관광 소비자는 다양한 심리적 과정을 거치게 된다. 즉, 혹시 스포츠관광 상품을 잘못 선택한 것이 아닐까? 라는 의구심과 함께 기대했던 것과 달리 스포츠관광이 만족스럽지 못했던 경우 스포츠관광 참여자는 심리적인 갈등을 경험하게 되며, 이러한 심리 상태를 인지 부조화 현상이라고 한다. 또한 스포츠관광 경험이 기대했던 것보다 좋았을 때 만족하게 되고 그 반대의 경우는 불만족하게 되어 불평이나 부정적인 구전으로 이어지게 된다. 특히 인지 부조화나 부정적 구전은 향후 스포츠관광 상품 구매 의사 결정에도 많은 영향을 미치기 때문에 스포츠관광 마케터가 관리해야 하는 대상이다.

## 2. 스포츠관광 행동의 영향 요인

스포츠관광 행동 연구자들은 스포츠관광 소비 활동에 있어서 심리학적 분야에 근거하여 왜 스포츠관광을 하게 되는지를 지속적으로 연구하며, 스포츠관광을 하기까지 어떠한 영향 요인이 가장 크게 작용하는지와 어떻게 의사 결정 과정을 거치게 되는지, 과정 속에의 제약 요인들은 어떤 것이 있는지에 대해 끊임없이 조사해 오고 있다.

대체적으로 스포츠관광객의 의사 결정 과정에는 내적 또는 심리학적 영향 요인인 동기, 성격, 기억, 태도 등과 외적 또는 사회·문화적 영향 요인인 문화, 준거 그룹, 그리고 가족 등과 상황적 요인이 영향을 미친다. 이러한 스포츠관광객의 행동에 영향을 미치는 요인들을 도식화하면 그림 8-3과 같다.

여기에서는 스포츠관광 행동에 영향을 미치는 주요 요인을 소비자의 내적 요인인 개인적 영향 요인, 외적 요인인 사회·문화적 영향 요인, 그리고 스포츠관광 경험과 시스템으로 나누어 살펴보기로 한다.

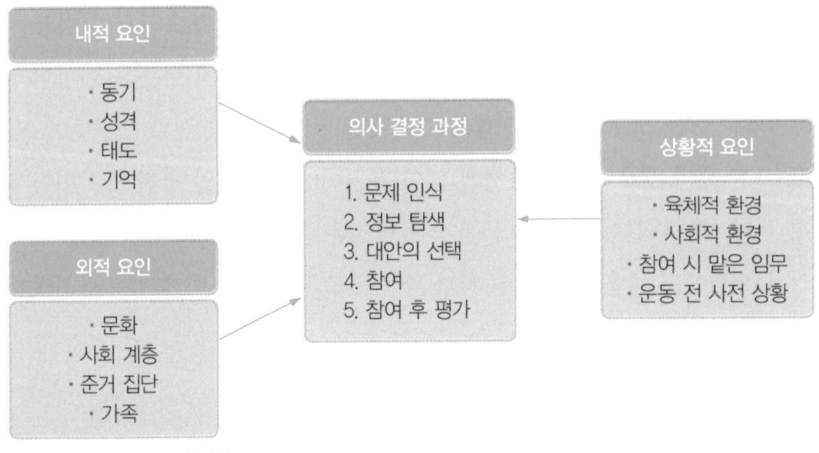


그림 8-3
**스포츠관광 행동 영향 요인**

자료: Matthew D. Shank(2009).

## 1) 개인적 영향 요인

### (1) 동기

Higham(2005)은 스포츠관광은 동기에 의해 수반된다고 하였다. 즉, 스포츠관광을 위한 행동 요인의 전제 조건은 동기이다. 일반적으로 동기(motivation)란 개인적인 욕구를 만족시키기 위한 직접적인 행동으로 인간의 내적인 힘을 뜻한다. 이러한 동기 이론은 Maslow(1970)의 욕구 이론에 토대를 두고 있다. Maslow의 5단계로 나누어진 욕구는 생리적 욕구, 안전 욕구, 사회적 욕구, 자기 존중 욕구, 자기 실현 욕구로 단계적으로 나누어져 있으며, 각 단계별로 욕구가 충족되어져야만 다음 단계로 이동 가능하며, 최종적으로는 자기 실현 욕구를 충족할 수 있다. Maslow는 사람은 사회 속에서 성장 발전해 감에 따라 보다 높은 상위의 욕구를 실현하고자 한다고 주장하였다.

관광객의 욕구를 이해하는 데 가장 유용한 이론으로 간주되는 이론은 Maslow의 욕구 이론이지만 특정 행농을 예측하는 데에는 한계가 있다고 보는 경우도 있다. 예를 들면 생리적인 욕구가 충족되었음에도 불구하고 미

표 8-1
스포츠관광 동기

| 연구자 | 스포츠관광 동기 |
| --- | --- |
| 이재형(2003) | 기분 전환, 사교 지향, 자아실현, 지적·미적 추구 |
| 정경희·이일제(2003) | 여가 선용, 가족 유대 강화, 소속감 생성, 즐기기, 경기력 향상, 스트레스 완화, 건강 증진, 건강 과시, 친목 도모 |
| 김용만·이계석·이준원(2004) | 사회화 동기, 문화 탐색 동기, 긴장 완화 동기, 진기함 동기, 모험 동기 |
| 김철우(2004) | 건강 추구, 스포츠 활동·매력, 기분 전환, 친목·사교, 자연미 요인 |
| 김홍열·윤설민(2006) | 건강 추구, 스포츠 활동·매력, 일탈(휴식), 친목·사교, 자아실현, 자연미 |

자료: 김홍렬, 윤설민(2006). 재구성.

자료: Boon & Kurtz(2001).

그림 8-4
Maslow의 욕구 단계

식을 위해 여행하는 경우도 있기 때문이다(문보영·김광남, 2011).

한편, 스포츠관광에 있어서 동기란 Gibson(2005)에 의하면 단일 동기 즉, 오로지 스포츠를 관람하거나 참가하기 위한 동기부터 다른 활동을 하는 것까지의 동기까지 다양한 동기가 존재한다는 것을 알 수 있다.

Higham(2005)은 스포츠관광 소비자의 동기는 ① 특정 스포츠, ② 스포츠와 비스포츠의 결합, ③ 비스포츠의 매력물과 관광지에서의 스포츠를 포함한 활동과 경험이 일어나는 장소 등에 의해 발생할 수 있다고 하였다. 그 외에도 스포츠관광 소비자의 동기로는 건강 추구 동기, 사회적 동기, 일탈적 휴식 동기, 경기력 향상 동기 등의 기술적인 동기와 탐험, 모험 동기 등 다양한 동기들이 존재한다고 연구자들은 밝히고 있다. 스포츠관광 동기에

| 동기 유형 | 동기 하위 구조 | 참여 유형 | | | 참여 특징 | 중요 요소 | 라이프 스타일 |
|---|---|---|---|---|---|---|---|
| | | 능동적 참여 | 수동적 참여 | 노스탤지어 | | | |
| 자기 목적적 | 자기 목적적 | ○ | ○ | ○ | 경쟁·마니아 | 이벤트 | 스포츠 추구형 |
| 자아실현 | 가치 개발, 존경, 자아실현, 성취 | ○ | ○ | | 위락성 | 이벤트, 사회관계 | 목표 지향형 |
| 생리적 욕구 | 신체 단련, 스트레스 감소 | ○ | ○ | | 가족 단위 | 휴양, 교류, 위락 | 건강 관리형 |
| 사회적 욕구 | 결연, 사회적 소통, 스포츠 비즈니스 | ○ | ○ | ○ | 친목 모임 | 휴양, 교류, 위락 | 친목 사교형 |
| 구별 짓기 | 구별 짓기 | ○ | | ○ | 개인 | 쇼핑 | 유행 추구형 |
| 과시 욕구 | 몸 과시 | ○ | | | 개인 | 이벤트 | 자기 과시형 |

자료: 문화체육관광부(2008).

표 8-2
스포츠관광 동기와 참여 유형

대한 연구자들의 연구 결과를 종합하면 표 8-1과 같다.

스포츠관광 동기는 표 8-2와 같이 스포츠관광 참여 유형과 관련이 있다. 자기 목적적인 동기가 많은 경우는 스포츠관광에 참여도 경쟁적 또는 마니아적 특징을 갖게 되며, 스포츠 추구형의 라이프 스타일을 표방한다. 자아실현형의 동기 유형을 지닌 경우는 자아실현과 성취 및 가치 개발을 중시하기 때문에 사회 관계를 중요시 여기면서 목표 지향적인 라이프 스타일을 추구한다. 한편, 생리적 욕구가 강하게 작용하는 동기 유형은 신체를 단련하고 스트레스를 감소하기 위한 가족 단위의 참여 특징을 보여주며, 라이프 스타일에서도 건강 관리형으로 구분되어진다. 사회적 욕구가 강하게 드러나는 동기일 경우는 사회적 소통과 스포츠 비즈니스를 중심으로 하는 친목 모임에 참여 목적을 중요하게 두고 있으며, 친목 사교형의 라이프 스타일을 추구하게 된다. 이외에도 유행 추구형과 자기 과시형의 라이프 스타일에 따른 개인적 영향 요인이 있다.

이러한 스포츠관광의 참여 동기는 스포츠관광 참여 종목에도 영향을 미치며, 소비 유형에도 차이가 나타난다. 한희정(2000)은 볼링 스포츠에 참가한 참가 동기는 사교 동기가 가장 높은 동기 유형으로 나타난다고 하였으며, 고동완과 박진수(2007)는 골프 참가자에 대한 연구에서 참가자 동기 유형을 제시하였는데, 볼링 참가자와 비슷하게 골프 참가자들은 친교나 사회적 교류 욕구에 의한 동기와 재미, 일상 탈출과 같은 동기가 가장 큰 비중을 차지했다고 하였다. 이와 더불어 골프 스포츠에 참여한 집단은 과시적 욕구가 강한 집단으로 골프용품 구매 소비가 많았다고 밝혔다.

특히 스포츠관광에 참여하는 마니아의 경우는 일반 참여자의 소비 유형과는 더욱 차이가 많은데, 마니아는 전문가와 비슷한 수준의 지식을 소유하고 있으며, 스포츠관광에 몰입도가 깊으며, 이들의 경우 평소 지출과는 달리 스포츠관광에 있어서는 자신이 하고 싶은 것에 과감히 지출하는 마니아적 지출 방식을 지니고 있다(이재형 외 2004). 김미향(2001)의 연구 결과에서 보여주듯이 스키 관광의 경우 스키 참여자는 참여 자체뿐만 아니라 스키 활동에 필요한 모든 장비 구입에도 과감한 소비를 하며, 그 어떤 보상이나 대가를 기대하지 않고, 스키 활동 자체에 만족을 느끼는 자기 목적적 경험 요인인 개인적인 내적 동기가 많이 영향을 미친 경우의 예라고 하였다. 이와 같이 스포츠관광 동기는 참여하는 종목과 소비 유형에도 차이가 발생됨을 알 수 있다.

### (2) 라이프 스타일

라이프 스타일(life style)은 생활 양식을 의미하지만 여기에는 행동과 의식을 포함하는 종합적인 상징적 의미를 포함하고 있다. Assael(1992)은 라이프 스타일에 대해 '개인의 삶을 영위하는 데 소비하는 시간과 돈의 사용 패턴이며, 개인의 활동과 흥미, 의견 등에 의해 구체화되어지는 생활 양식'이라고 정의하였다.

라이프 스타일은 오래전부터 학계에서는 특정 문화권이나 특정 집단을 다른 문화권이나 단체와 구별시켜 줄 수 있는 어느 사회 전체 또는 부분적으로 나타나는 행동 패턴이라고도 여겨져 기업 마케팅 차원에서 시장 세분화에 의의를 둔 연구가 많이 진행되고 있다. 여러 학계에서의 공통적인 의미와 소비자학 분야에서 라이프 스타일을 정리한다면 '개인의 문화, 사회 계층, 준거 집단의 영향을 받아 학습된 개인의 가치 체계나 개성이 그 사람의 삶과 소비의 유형으로 나타나는 양식'이라고 정의하기도 한다(정순희, 김현정, 2002). 여기서 주의할 점은 라이프 스타일은 한 가지로 고정된 것이 아니라 개인적 또는 사회·문화적 환경의 변화에 따라 이 또한 변화하기 때문에 이를 정확하게 어느 한 고정된 시각으로 평가할 수는 없다는 것이다. 즉, 라이프 스타일을 조사하기 위해서는 표적 소비자들의 라이프 스타일을 수시로 분석하고 평가해야 한다는 의미이다.

Mitchell(1984)은 소비자를 욕구 계층 이론을 기본 토대로 하여 가치관과 생활 양식에 따라 이를 3가지의 기본 유형으로 구분하였으며, 3가지 기본 유형을 다시 9개의 세부 유형으로 분류하여 각 카테고리별 특성에 관해 기술하였으며, 이를 VALS 1 프로그램이라고 명명했다. 본 유형은 욕구 충동형, 외부 지향형, 내부 지향형으로 구분된다.

첫 번째 욕구 충동형은 소비자들이 자신의 기호나 선호보다 기본적인 욕구에 의해 소비하거나 지출하는 집단으로 이는 다시 생존 투쟁형과 생존 유지형으로 세분화되며, 전자의 경우는 사회에서 가장 소외된 집단으로 여겨진다.

두 번째 외부 지향형은 다시 3집단으로 세분화되는데, 이는 소비자 집단에서는 중추적인 역할을 하며, 다른 소비자들의 소비가 자신의 소비에 기인하다는 점을 인식하고 구매하는 경우가 대부분이다.

세 번째 내부 지향형은 4집단으로 세분화되며, 이는 외부 지향적 가치관보다는 개인적 욕구 지향적 삶을 추구하는 경향이 짙다. 현대적 의미에서의 스포츠관광 소비자의 유형은 내부 지향형 집단에 주로 속하며, 급격히 증가하는 추세이고 스포츠 마케터들에게는 전략상 중요한 조사 대상이 되

표 8-3
라이프 스타일 유형별 특성

| 유형 | | 특성 |
|---|---|---|
| 욕구 충동형 | 생존 투쟁형 | 생존하기 위하여 투쟁함, 욕망에 의해 지배됨, 사회적 적응력 낮음 |
| | 생존 유지형 | 불안정하기 때문에 안정에 관심, 경제 의존적임, 출세에 집착 |
| 외부 지향형 | 귀속 추구형 | 경험에 의존하지 않고 전통적, 순응적, 공식적, 귀소성이 강한 편 |
| | 경쟁 추구형 | 야심적이며 자기 과시적, 사회적 지위 중시, 남성적, 경쟁 지향 |
| | 성취주의형 | 인생에서의 성공과 성취 중시, 리더십 추구, 안락 추구, 물질주의적, 명성 중시 |
| 내부 지향형 | 자기 중심형 | 극히 개인주의적이고 극적인 것 선호, 다소 충동적이며 경험적임, 자유로움 |
| | 경험주의형 | 경험에 따라 행동의 방향을 결정, 적극적이며, 참여적, 인간 중심 |
| | 사회 의식형 | 사회적 책임 중시, 단순한 생활을 원하며 내적 성장을 추구 |
| | 원만주의형 | 심리적으로 성숙됨, 적응력이 높음, 자아실현 목적으로 둠, 글로벌 세계관을 갖음 |

자료: Mitchell, A.(1984), 재구성.

기도 한다. 이러한 라이프 스타일에 의한 소비자 유형별 특성은 표 8-3과 같다.

그렇다면, 라이프 스타일은 스포츠관광 소비자 행동과는 어떤 영향 관계가 있는 것일까? 많은 소비자 행동 연구 조사에서 나타났듯이 라이프 스타일은 소비자가 어떤 구매 과정을 거쳐 의사 결정을 내리는가에 따라 다양한 단계에서 중요한 역할을 하기 때문에 이를 마케팅 전략에서는 매우 중요한 요소로 다루고 있다. 즉, 사회·경제적 환경 변화에 따라 개인적인 라이프 스타일도 변화하거나 다양해지며, 개인적인 가치관, 생활 의식, 규범에 따라 각 개인은 다양한 소비 양식을 보일 수 있기 때문에 스포츠관광 소비자 행동 분석에 있어서는 중요한 요인으로 간주된다.

### (3) 성격

스포츠관광 행동 연구에 있어서도 사람의 성격 유형은 스포츠관광 행동과 어떤 영향 관계가 있는지 연구되어져 오고 있다. 우선, 성격이란 말의 어원은 주로 외형적인 행동 양상에 초점을 맞추고 있다. 한편, 심리학 분야에서의 성격(personality)이란 개인이 다양한 시간과 상황에 걸쳐 어느 정도 안정적이며 지속적으로 반응하는 심리적 특성이며, 성격은 다른 사람들과 구별되는 특징이 있다고 정의하였다. 이러한 사람마다의 독특한 행동 양식과 그 사람만의 사고 방식이 있는데, 이것 또한 성격 형성에 영향을 준다. 따라서 성격은 개인의 생물학적·유전적인 요소와 환경적인 요소가 통합되어 형성된다고 볼 수 있다.

사람은 개인적 요소와 환경적 요소에 의해 성격이 다르게 형성되며, 이에 따라 관광 행동이 다르게 나타나므로, 스포츠관광객의 성격을 분석해 보는 것은 스포츠관광객의 행동을 이해하는 데 중요한 단서가 된다.

모험성(venturesomeness) 이론의 대표자인 Plog(1974, 2002)는 1960년대 미국인을 대상으로 항공 여행에 대한 연구를 시작으로 모험성의 개념을 활용하여 사이코그래픽 모델(psychographics model)을 체계 적응으로

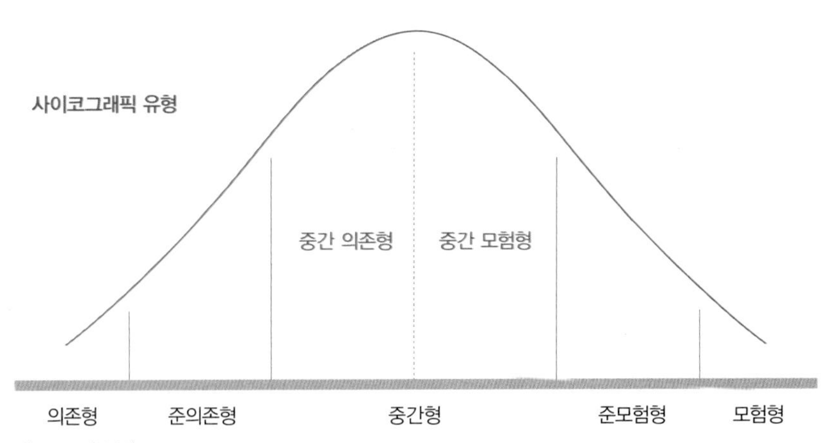

자료: Plog(2002).

그림 8-5
Plog의 사이코그래픽 모델

정립하였다. Plog는 조사 대상자들이 성격 유형에 따라 양극의 특성 군으로 나뉜다는 것을 알게 되었고(Plog, 1974), 개개인의 성향과 성격 및 라이프 스타일에 따라 선호도, 선택 행동이 다르다고 제시하였으며, 모험성이 많은 사람들은 호기심이 왕성하여 낯선 장소를 선호하며, 그렇지 않은 사람들과는 확연히 다른 성격과 성향을 지녔다고 주장하였다(이계희, 2010. 재인용). Plog는 모험성의 정도에 따라 사람들을 의존형(dependables 또는 psychocentrics)과 모험형(ventures 또는 allocentrics)로 나누고, 이를 양극단으로 배치하였으며, 그 중간 스펙트럼에 위치한 것은 중간형(midcentric)으로 분류하였다.

### (4) 태도

태도(attitude)란 일반 소비자학에서는 소비자가 제품이나 브랜드, 가격, 디자인 등과 같은 특정 실체에 대해 어느 정도의 호의성과 비호의성을 가지고 제품이나 브랜드에 전반적인 평가를 하면서 일정 기간 동안 지속적으로 외부에 표현하는 학습된 심리적 경향성이라고 정의하고 있다. 이러한 태도는 사람이 갖고 태어나는 것이 아니라 후천적으로 습득한 학습의 성향을 지니며, 이 태도가 형성되는 과정에는 인지적 학습, 감성적 경험, 행동적 지각이 포함된다. 이후 이렇게 형성된 태도에서 관찰할 수 있는 평가 반응은 인지 반응, 감성 반응, 행동 반응이 있다. 이러한 태도에는 몇 가지 기능이 있다.

첫째, 지식 기능이다. 이는 소비자가 의미 있고 안정적이며 조직화된 관점을 갖고 자신의 주변에 있는 복잡한 환경을 이해하기 위해 사용하며, 준거 기능을 겸하게 된다.

둘째, 자기 방어적 기능이다. 즉 내외적 위협 요인들로부터 자아를 보호하기 위해 태도를 형성하며, 부정 또는 억압과 같은 일종의 방어적 기능으로 사용하기도 한다.

셋째, 가치 표현적 기능이다. 태도를 통해 스스로가 중요하게 생각하는 가치나 이미지, 신념 등을 다른 사람들에게 직간접적으로 표현한다.

태도는 사람의 직접 경험에서 학습되어지기도 하고, 다른 사람의 태도를 통해 간접적으로 배우기도 하며, 광고나 기타 정보로부터 배우게 되어 예비 태도를 형성하다가 직접 경험을 통하여 이를 확인하기도 하고, 기존의 태도를 수정하기도 하며, 더 나아가 새로운 태도를 만들기도 한다. 따라서 직접 경험은 어떤 태도가 형성되느냐를 결정짓는 중요한 역할을 한다.

이러한 특성과 기능으로 인해 태도는 스포츠관광 산업에 있어서도 매우 중요한 요소이며, 스포츠관광 소비자는 스포츠관광 상품에 직접 참여하고 경험함으로써 긍정·부정의 태도를 형성하며 향후 추가 구매까지 결정한다.

### (5) 시간 자원

스포츠관광 소비자 행동에 영향을 미치는 개인적 요인으로는 개인적으로 보유한 시간 자원(time resources)이다. 스포츠관광에 있어서 시간은 이에 활용되는 모든 시간의 양을 의미한다. 수동적 의미에서의 스포츠관광인 TV나 라디오를 통한 스포츠 관람 및 청취, 인터넷 방송 활용, 다양한 미디어 매체로 스포츠 자체에 참여를 하는 것, 또는 경쟁의 의미를 지니고 몰입을 하는 시간 모두를 말한다. 이는 짧게는 몇 시간에서 길게는 며칠 동안으로 지속될 수 있으며, 특히 스포츠관광에 있어서 시간적 의미는 단순하게 소비라는 측면만 고려되는 활동이 아니라 여러 종류의 스포츠와의 상호 작용 및 비스포츠 소비 활동도 포함하는 소비자 행동으로 여겨지고 있다. 예를 들면, 마라톤 대회에 참가하기 위해 기차를 이용해서 참가 장소까지 가는 스포츠관광 소비자의 행동은 대회 참가 이전부터 대회에 참석하기까지의 시간을 모두 스포츠관광을 위한 시간 소비 행동으로 여긴다는 점이다. 또 다른 예로는 스포츠 라이프 스타일을 구매하는 시간, 즉 스포츠 용품으로 집 안과 주변을 꾸미는 시간, 스포츠 팬으로서 상품을 고려해서 구매하고 소비하는 시간과 라이프 스타일은 스포츠관광 소비자 행동에 영향을 미치는 요인으로 점점 더 중요하게 여겨지고 있다.

### (6) 자본력

최근에는 스포츠관광 소비자 행동에 있어서 개인적 영향 요인으로 고려되는 것이 개인적 예산 프로세스와 가장 큰 연관성을 가진 자본력(money resources)이다. 개인의 재무적 상황은 스포츠관광에 얼마나 참여하고 결속될 수 있는가를 결정할 수 있는 중요한 요소이며, 또한 재무적 상황은 스포츠관광에 있어서 유희·오락적 활동을 할 수 있게 되느냐를 결정하게 되는 중요한 요소이기도 하다. 예를 들면, 개인적으로 선호하는 스포츠 팀의 회원권, 시즌별 티켓, 원정 경기 관람 티켓을 구매할 수 있는 자본력을 지녔는가를 살펴보게 되는데, 이러한 개인적인 재무적 상황에 따라 스포츠관광 소비자는 스포츠관광 활동 영역과 범위, 일정 등을 결정하고, 최종 구매 의사 결정에 있어서도 개인적 재무 상황을 고려하게 된다.

## 2) 사회·문화적 영향 요인

### (1) 문화

문화(culture)란 사회 구성원이 하나의 사회 집단을 구성하며 구성원 모두가 공유하는 가치, 신념, 태도, 관습, 제도, 예술, 언어, 종교 등의 총체를 의미하며, 문화는 한 세대에서 다음 세대로 학습되고 전수되어 내려오며, 특정 지역만의 독특한 생활 양식으로 나타나기도 한다. 이러한 문화는 사회 개개인의 활동에 많은 영향을 미치며 행동의 기준이 되기도 한다.

따라서 스포츠관광 소비자는 문화적 가치나 규범에 따라 그 행동이 달라지며, 스포츠관광이 행해지는 국가나 지역, 장소의 문화적 특성에 따라 많은 영향을 받는다.

한편, 하나의 커다란 문화에는 여러 하위 문화가 존재하는데, 하위 문화(subculture)란 하나의 문화권 내에서 다른 소집단과 차별되는 공통된 가치관을 가진 소집단의 문화를 말한다. 하나의 소집단 내에서는 연령, 성별, 라이프 스타일 등의 차이에 따라 차별화된 하위 문화가 생성되기도 하고, 하위 문화별 행동의 특성도 다르게 나타날 수 있다.

### (2) 사회 계층

사회 계층(social class)은 한 사회 내에서 비교적 동등한 지위에 있는 사람들로 구성된 집단을 말하는데, 지위는 직업, 소득 수준, 교육 수준 및 재산 정도 등에 따라 결정되며, 중요도에 대한 판단은 사회 계층이 속한 문화에 따라 달라진다. 대체로 동일한 가치관, 관심, 활동 및 행동 패턴을 갖으며, 함께 공유하기도 한다.

사회 계층이 갖는 특징으로는 계층마다 독특한 신념과 행동의 체계가 존재하며, 계층 간 순위 관계가 있고, 시간에 따라 순위가 변동되기도 한다. 또한 상위 사회 계층은 아래 계층의 사람들에게는 준거 집단으로서의 역할을 수행하기도 한다.

각기 다른 사회 계층에 속해 있는 사람들의 행동 규범이나 태도 및 가치는 서로 다르게 나타나기 때문에 스포츠관광 소비자는 그가 속해 있는 사회적 계층에 의해 관광 행동의 범위, 시간적·경제적 여유 등에서 행동의 제약을 받기도 하고, 행동 자체를 제약하기도 하며, 행동의 준거 체계를 성립시키기도 한다.

### (3) 준거 집단

준거 집단(reference group)이란 개인의 판단, 선호도, 신념 및 행동에 직간접적으로 영향을 주는 개인이나 집단을 일컫는다. 준기 집단은 인간의 태도나 가치관에도 영향을 미친다. 즉, 개인이 특정 대상에 대해 태도를 형성하여 구매 행동에 이르기까지의 전반적인 과정에 직간접적으로 영향을 미친다. 준거 집단은 자아 이미지에 영향을 미치는 가치 표현적 기능과 정보적 영향력을 가지기 때문에 스포츠관광 소비자에게도 사회·문화적으로 영향을 미치는 요인으로 볼 수 있다.

준거 집단은 개인적인 접촉 정도에 따라 가족, 이웃, 친구, 직장 동료 등과 같이 같은 공간에서 빈번하게 접촉하거나 사교 활동을 함께 하는 1차 준거 집단이 있고, 비교적 공식적 활동으로 접촉하는 종교 단체나 사회단체 등은 2차 준거 집단, TV나 스포츠 스타, 영화 등의 대중매체를 통해서만 접촉되는 준거 집단을 3차 준거 집단으로 분류할 수 있다.

### (4) 가족

가족(family)은 혈연, 결혼, 입양 등을 통해 함께 살고 있는 2인 이상의 집단으로 가족 구성원들 간에는 아주 친밀하고 특별한 관계를 유지하는데, 이들은 최초의 1차 준거 집단이 되기도 한다. 가족은 가족 구성원에게 가치나 규범·규율, 행동 등의 기준을 포괄적이고 지속적으로 가르친다는 점에서 매우 중요한 준거 집단이다.

가족이라는 집단을 통해서 가족 구성원은 라이프 스타일을 결정 짓기 때문에 스포츠관광에 있어서도 가족은 절대적인 영향을 받게 된다. 특히 가족 단위의 스포츠관광을 계획하게 될 경우에는 스포츠관광 행동의 주체로서 가족 구성원들의 영향을 많이 받는다. 또한 각각의 가족은 가족만의 생활 주기가 있으며, 가족의 생활 주기가 변화함에 따라 가족 구성원의 행동 양식도 변화될 수 있으며, 생활 주기의 특성에 따라 스포츠관광 상품의 계획, 구매 행동도 다르게 나타난다.

### 3) 스포츠관광 경험과 시스템

Hinch와 Higham(2004)은 스포츠관광 소비자의 행동에 영향을 주는 요인으로 스포츠관광 상품에 대한 경험과, 스포츠 시합 경험, 스포츠관광 시스템을 들었다. 이들의 연구 조사에 의하면, 스포츠관광 상품에 대한 관광 경험은 관광자의 관광 활동과 관광 패턴 및 소비 방식과 연관성이 있다고 하였다. 즉, 여행 기간과 여행 비용에 따라 스포츠관광 활동에 대해 소비 지출 정도가 다르게 나타날 수 있으며, 이에 대한 스포츠관광 경험도 다양하게 나타날 수 있다. 또한 스포츠관광을 위해 처음 방문하는 경우와 재방문인가에 따라 스포츠관광 경험이 다르게 나타날 수 있고, 이러한 경험을 토대로 향후 스포츠관광지를 방문하는 행동 의도에도 다양한 영향을 미칠 수 있다.

스포츠 시합 경험은 스포츠 경기 그 자체와 매우 밀접한 관련이 있다. 시합의 수준과 스포츠 이벤트의 유형, 시합의 결과에 대한 스포츠관광 소비자의 경험이 매우 중요한 영향 요인이 될 수 있다. 아마추어 수준과 프로스포츠의 경기 시합에 따라 경기력과 응원 정도, 참여자의 흥분의 정도는 모두 다르게 나타나며, 향후 스포츠 선호도에 대해서도 다르게 영향을 미칠 수 있게 된다. 또한 선수들의 경기력과 홈경기 및 원정 경기에 따른 팀 응원에 대한 경험도 스포츠관광 경험이 모두 다르게 나타나기 때문에 이 또한 스포츠관광 소비자의 행동 의도에 다양하게 영향을 미칠 수 있다.

스포츠관광 시스템은 스포츠 센터가 마련되어 있는 지역과 그에 따른 기반 시설 및 명성도, 스포츠관광 상품과 연관되어진 유명한 유인물 등과 관계가 깊다고 하였다. 명성이 높고 훌륭한 스포츠 박물관과 인접해 있는 스포츠관광 목적지의 경우는 스포츠관광 소비자의 경험에 긍정적인 영향을 줄 수 있다. 이는 향후 재방문 의도를 높일 수 있는 계기가 된다. 더불어 편리한 교통과 정보 시스템 서비스가 잘 제공되어 질 경우에도 스포츠관광 경험을 극대화할 수 있고, 향후 소비자 행동 의도에도 긍정적인 영향을 줄

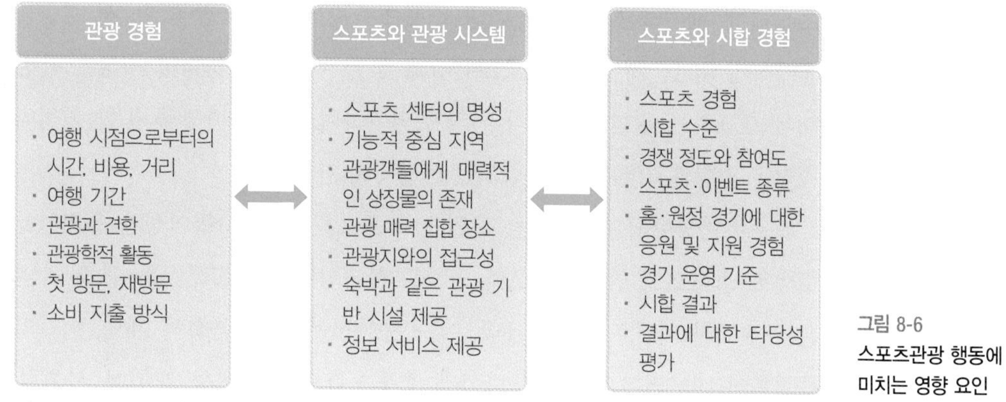

자료: Hinch & Higham(2004). 재구성.

그림 8-6
스포츠관광 행동에 미치는 영향 요인

수 있다.

그림 8-6은 스포츠관광 소비자 행동에 영향을 미치는 요인인 관광 경험과 스포츠관광 시스템, 스포츠 시합 경험에 관한 연관성을 도식화한 것이다.

# 3. 스포츠관광 소비 시장의 이해

## 1) 스포츠관광객의 유형

스포츠관광객은 다양한 관광 동기에 의해 거주지를 떠나 스포츠관광을 하게 된다. 즉, 이러한 스포츠관광 동기는 능동적 참여 스포츠관광, 이벤트 스포츠관광, 노스탤지어 스포츠관광 상품을 구매하는 스포츠관광객의 행동 심리를 이해하는 데 필수적이다.

그렇다면 스포츠관광객들은 이러한 동기와 더불어 어떠한 이유로 스포츠관광에 참여하는 것일까? 현대 스포츠관광객들은 관광을 할 때 경험을 중시하게 되었는데, 특히 스포츠관광을 통한 관광객의 경험적 특징은 관광객이 추구하는 경험의 설계나 편익에 의존하며, 스포츠관광을 통한 최적의 경험은 경험과 편익이 잘 결합되었을 경우에 가능하다.

스포츠관광에서 체험 관광 측면은 스포츠의 본질인 놀이성과 유희성을 토대로 스포츠에 참여함으로써 경험을 확대시킬 수 있고, 문화 관광 측면은 포괄적인 의미로 적용되는데, 이는 문화적인 접촉, 문화적 체험, 여가의 즐거움이 내포되어 있다. 더 나아가 스포츠관광은 고유성, 모험성, 사회성, 활동성, 일탈성과 대리성이라는 체험적 특성을 가지고 있다(구강본·김시용, 2006).

따라서 스포츠관광 상품을 기획하기 이전에 반드시 스포츠 소비 시장인 스포츠관광객들이 무엇을 필요로 하며, 어떤 것들이 만족에 영향을 미치는 체험 요인이며, 그들이 갖게 되는 요구 사항들이 무엇인지를 우선적으로 파악해야 하는 사안들이다.

그러나 스포츠관광객은 다양하고 복잡한 행동 심리를 나타내고 있기 때문에 스포츠관광 소비 시장의 특성을 쉽게 설명하기 어렵다. 따라서 이러한 어려움을 극복하고 스포츠 소비 시장의 특성을 이해하기 위해 스포츠관광객을 유형화하는 연구가 활용되고 있다.

스포츠관광객의 유형화는 관광 동기, 인구 통계적 특성, 관여도, 사이코그래픽스, 스포츠관광 참가 정도와 수준 등의 기준이 유용하게 받아들여지고 있다. 스포츠관광객의 개념적 유형을 살펴보면 표 8-4와 같다.

Robinson과 Gammon(2004)은 관광객의 참여 활동 정도와 관광 동기를 스포츠와 관광 중 어느 곳에 우선하느냐에 따라 스포츠관광객(sports tourist)과 관광 스포츠객(tourism sportists)으로 구분하였다. 즉, 스포츠관광객은 스포츠가 관광의 주요 동기로 작용하여 참여한 관광객이고, 관광 스포츠객은 스포츠가 관광의 부수적 동기로 작용하여 참여한 것이다.

이와 비슷하게 스포츠관광에 관련된 관광객을 하드 참여자(hard

표 8-4
스포츠관광객의 유형

| 연구자 | 스포츠관광객 유형 |
| --- | --- |
| Gammon & Robinson(1997) | · 하드 참여자<br>· 소프트 참여자 |
| Standeven & De Knop(1999);<br>Ritchie & Adair(2004) | · 능동적 스포츠관광객<br>· 수동적 스포츠관광객 |
| Gammon & Robinson(2004) | · 스포츠관광객<br>· 관광 스포츠객 |
| Ritchie, Mosedale & King(2000) | · 열정적 관람객<br>· 캐주얼 관람객 |
| Weed & Bull(2004) | · 스포츠 우선 스포츠관광객<br>· 경험 조합형 스포츠관광객<br>· 스포츠 관심 관광객 |

자료: 김재학·정경일(2009). 재구성.

participant)로 간주하고 관광 스포츠에 관련된 관광객을 소프트 참여자(soft participant)로 구분하기도 했다(Gammon & Robinson, 1997).

Standeven과 De Knop(1999)는 스포츠를 관광의 주요 목적 또는 부수적 목적으로 이용되는 관광을 능동적 스포츠관광객(active sport tourist)이라 하는 반면, 스포츠 경기 관람 및 스포츠 박물관을 방문·견학하기 위한 관광을 수동적 스포츠관광객(passive sport tourist)으로 구분하고 있다.

이 밖에 Ritchie 등(2000)의 연구에서 호주 럭비 경기를 관람한 방문객의 관람 동기에 따라 열정적 관람객(avid spectator·fan)과 캐주얼 관람객(casual spectator·fan)으로 스포츠관광객을 분류했다. 열정적 관람객은 경기 관람이 해당 지역을 방문하는 주요 이유인 반면, 캐주얼 관람객은 경기 관람이 해당 지역을 방문한 이유 중 일부이며 해당 지역에서 다른 관광 활동에 많은 시간을 소비하는 것으로 나타났다(김재학, 2010. 재인용).

한편, Weed와 Bull(2004)은 스포츠관광객은 관광 동기의 우선 순위에 따라 3가지 유형으로 스포츠관광객을 분류하였으며, 각각 다양한 특성을 지니고 있다고 하였다.

첫 번째 유형은 스포츠 기본에 우선을 두는 스포츠관광객(primary sports tourists)이다. 이 유형에 속하는 스포츠관광객은 스포츠가 그들의 직업일 수 있으며, 경기에 참여할 때 드는 제반 비용이 제3자에 의해서 관리될 수 있기 때문에 비즈니스적 관광객이라고 불리는 유형이다. 즉, 운동선수, 프로 선수, 아마추어 선수들이 포함된다. 이 유형의 관광객들은 스포츠 경기나 훈련 등에 직접 참여하면서 명성을 얻기도 하고 목표를 획득하여 성취감을 느끼며 스포츠관광을 결정하는 경우이다. 따라서 스포츠관광 동기는 다양하게 나타날 수 있다.

두 번째 유형은 경험 조합형 스포츠관광객(associated experience sports tourists)이다. 이 유형의 스포츠관광객은 스포츠뿐만 아니라 그 외에 다른 관광 활동도 중요시 여긴다. 이들은 능동적·수동적 참여 스포츠관광에 모두 참여하고 그들의 경험에 의해 매우 복잡한 관광 동기를 지닌다. 또한 경쟁적 또는 비경쟁적 스포츠, 참여 또는 관람 등의 중요한 동기와 시설 및 주변 환경에 대해서도 평가하고 이를 스포츠관광 동기에 부여하기도 한다.

세 번째 유형은 스포츠에 관심이 있는 관광객(tourists interested in sport)이다. 이 유형은 스포츠에 대한 참여 자체를 중요시 여겨 스포츠관광을 결정하는 경우는 아니지만, 관광 중에 스포츠에 대한 관심을 가지며 스포츠와 관련된 관광 활동을 병행하는 경우이다. 대부분이 수동적 스포츠 이벤트 관람자 또는 노스탤지어 스포츠관광객이다. 예를 들면, 관광 활동 중에 스포츠 관련 박물관을 관람하거나 스포츠와 관련된 행사에 참여하여 학습 동기를 부여받고 향후 스포츠관광 의사 결정 행동에도 영향을 받게 되는 경우이다. 이 유형의 관광객들은 향후 능동적 스포츠 이벤트 관람자로 전향될 가능성이 높은 유형으로 중요하게 다루어지기도 한다.

## 2) 스포츠관광 참여 정도와 수준에 따른 유형화

Weed와 Bull(2004)은 스포츠관광객들이 스포츠에 참여하는 참여 정도와 그 수준에 따라 우연적 참여, 우발적 참여, 상황적 참여, 정기적 참여, 헌신적 참여, 의욕적 참여로 구분하고 각각의 특성과 이들의 의사 결정 과정에서의 차이점을 설명하였다.

그리고 이러한 특징적 영향 요인들이 스포츠관광 과정에 대한 의사 결정에도 영향을 줄 수 있다고 하였다. 우선, 스포츠관광 참여자 모델을 구분하여 도식화하면 그림 8-7과 같다. 우연적 참여자의 경우는 우연한 기회에 참여하게 되기 때문에 주로 즉흥적 참여이다. 또한 어떤 경우에는 스포츠 참여가 이러한 참여자들에게는 중요도가 높지 않기 때문에 참여하지 않는 경우도 있다. 반면에 가장 높은 참여도를 갖는 의욕적 참여자들의 경우는 스포츠에 대한 이해와 능력 및 기술이 좋기 때문에 상당히 높은 관여도를 지닌 채 적극적으로 스포츠관광에 참여하고, 스포츠 그 자체가 관광의

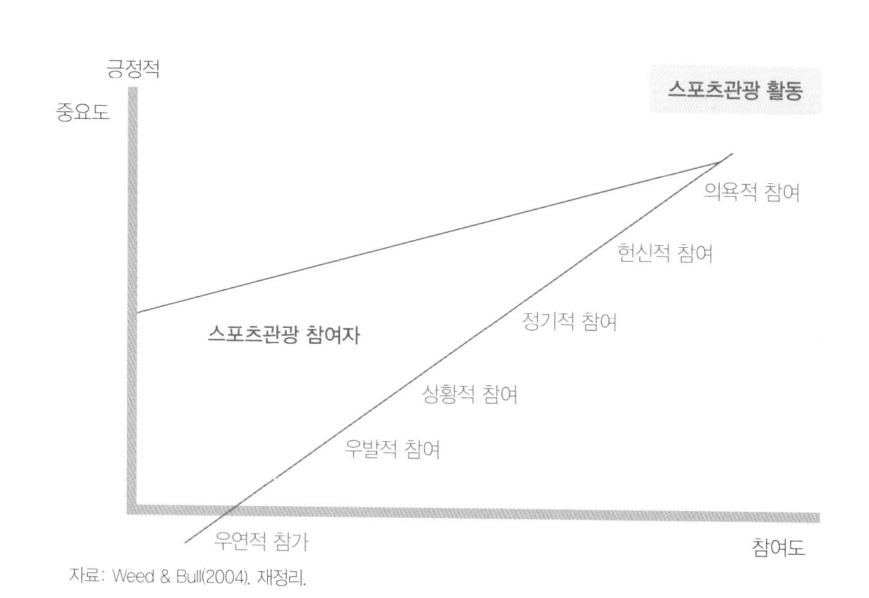

자료: Weed & Bull(2004). 재정리.

그림 8-7
**스포츠 참여에 따른 참여자 모델**

의사 결정 과정에서 중요한 요인으로 작용한다. 그러나 스포츠로부터의 부상이나 위험성에 대한 두려움 때문에 참가하지 않는 경우도 있다. Weed와 Bull(2004)이 구분한 스포츠관광 참여자들의 참가에 따른 요인별 특성을 정리해 보면 표 8-5와 같다.

표 8-5 스포츠관광 참여 유형과 특성

| 구분 | 우연적 참여 | 우발적 참여 | 상황적 참여 | 정기적 참여 | 헌신적 참여 | 의욕적 참여 |
|---|---|---|---|---|---|---|
| 결정 요인 | 즉흥적 | 중요하지 않음 | 중요할 수도 있음 | 중요함 | 매우 중요함 | 필수적임 |
| 참여 요인 | 즐거움, 타인에 대한 배려 | 편리할 경우 | 관광 경험이라 인식될 때 | 관광 경험에 있어서 중요한 부분으로 인식될 때 | 관광 경험의 중심점일 때 | 오로지 관광의 목적이 스포츠일 때 |
| 불참여 요인 | 휴식, 비활동 선호 시 | 제약이 있거나 꼭 필요하다고 느껴지지 않을 때 | 먼저 해야 할 일들이 많을 때 | 돈, 시간의 제약이 있을 때 | 예측 불가능하거나, 중요한 제약들이 생길 때 | 부상, 위험성에 대한 두려움 때문에 |
| 그룹 프로파일 | 가족 단위 | 가족과 친구 | 친구나 사업 멤버 | 그룹 또는 개인 | 서로 잘 통하는 그룹 | 엘리트 그룹, 개인 |
| 라이프 스타일 | 스포츠는 중요하지 않음 | 스포츠를 좋아하지만 꼭 필요하지는 않음 | 스포츠는 꼭 필요하지 않지만 중요하다고 봄 | 스포츠는 중요함 | 스포츠는 삶의 일부임 | 스포츠는 직업일 수 있고 아주 중요함 |
| 스포츠 소비 지출 | 최소한도 | 우발적 지출을 제외하고는 최소한도 | 상황에 따라 높아질 수 있음 | 지출할 수 있을 만큼 고려함 | 꾸준히 지출 | 지출 비용 매우 높고 펀드도 할 의향 있음 |

자료: Weed & Bull(2004). 재구성.

사례연구

## 율리시스 동인

J. R. L. Anderson은 인간의 탐험과 모험 동기를 율리시스 동인(Ulysses Factor)라고 하였는데, 자기에게 특이하게 보이고 또한 상당한 정도의 모험이 포함되는 일을 하도록 유도하는 것은 바로 이러한 동기의 힘이라는 것이다. 율리시스는 호머의 서사시 오디세이(The Odyssey)의 주인공이다. 오디세이는 트로이 멸망 후 율리시스가 그리스 서쪽 해안 섬인 이타카에 있는 집으로 돌아오기까지 10년에 걸쳐 여행한 모험 이야기이다. 율리시스는 바다의 신인 포세이돈을 노하게 하여 강풍으로 배가 파선되어 귀갓길에 여러 가지 고난을 당하게 된다. 그러나 여신인 아테네의 도움으로 제우스을 움직여 무사히 귀가하게 된다.
율리시스 동인의 자극을 받은 사람은 자기 자신과 이 세상에 대한 호기심을 충족시키려 한다. 탐험 욕구는 신체적 욕구뿐만 아니라 지적 욕구이기도 하다. 특히 여행이 우리 내부의 경쟁적인 욕구를 자극할 때 이러한 동기는 발산된다.
이러한 동기를 가진 사람들은 모험적 요소와 장거리 여행에 대한 흥미를 가지고 있기 때문에 국제 스포츠관광의 최고 고객이 될 수 있다. 이들의 관광지에서의 활동은 암벽등반, 행글라이딩, 스카이다이빙, 스쿠버다이빙, 기구 타기, 번지점핑 등 위험 추구 행동을 선호하며 이와 관련된 스릴과 공포는 이러한 활동의 핵심 매력이다. 많은 국가들은 이러한 율리시스 동인을 가지고 있는 스포츠관광객을 유치하기 위하여 여러 가지 모험적 요소가 들어 있는 스포츠관광 자원을 개발하고 있다.

번지점프 © 마카오 관광청

암벽등반

열기구 타기

자료: 한경수(1997). 재구성.

## 토론문제

1. 스포츠관광에 참여하는 관광객들의 행동을 이해해야 하는 이유를 마케팅적 관점에서 논하시오.

2. 스포츠관광객의 의사 결정 과정은 일반적인 소비자들의 의사 결정 과정과 무엇이 어떻게 다른지 설명하시오.

3. 여러분이 스포츠관광 참여 및 관람을 결정할때 가장 큰 영향을 준 요인이 무엇이었는지 개인적, 사회·문화적 요인으로 나누어 설명하시오.

## 참고문헌


고동완, 박진수(2007). 골프활동의 관광소비 유형적 특성. 관광연구, 21(4), 1-22.

구강본, 김시용(2006). 스포츠관광의 체험성. 움직임의 철학. 한국체육철학회지, 14(4), 285-296.

국제스포츠관광위원회(International Sport Tourism Council)

김미향(2001). 스키매니아의 몰입경험에 관한 연구. 한국체육학회지, 42(1), 295-302.

김소영, 김숙응, 김종의, 한동여(2009). 소비자행동의 이해와 마케팅 응용. 형설출판사.

김재학(2010). 스포츠관광의 이론적 개념과 연구동향에 관한 연구. 관광학연구, 34(1), 73-94.

김재학, 정경일(2009). 스포츠관광론. 학현사.

김홍렬, 윤설민(2006). 스포츠관광 참가자의 동기, 만족 및 행동의도에 관한 연구. 한국여가 레크리에이션학회지, 30(3), 149-160.

문보영, 김광남(2012). 재미있는 관광이야기. 교문사.

이계희(2010). Plog의 Venturesomeness 척도를 이용한 한국인의 해외여행 행태분석: The power of venturesomeness, myth or fact?. 관광연구, 24(6), 375-393.

이재형, 이근모(2004). 스포츠관광 참가자들의 연령에 따른 소비문화연구. 한국체육학회지, 43(3), 137-147.

이철원(2005). 웰빙을 원한다면 여가를 경영하라. 대한미디어.

임종원, 김재일, 홍성태, 이유재(2010). 소비자 행동론. 경문사.

정순희, 김현정(2002). 라이프스타일의 연구에 관한 이론적 고찰. 소비문화연구, 5(2), 107-128.

한경수(1997).관광마케팅의 이해.학문사.

한국관광공사(2011). 스포츠관광 마케팅 활성화 연구 -2018 평창동계올림픽을 중심으로-

한희정(2000). 볼링참가자의 참여동기가 놀입행동에 미치는 영향. 부산외국어대학교 교육대학원 석사학위논문.

Assael, H.(1992). Consumer Behaviour and Marketing Action. 4th edition. PWS-KENT Publishing Company, Boston.

Boone, Louis E., & Krutz David L.(2001).Comtemporary Marketing. 10th edition. Dryden Press.

Daniel, C. Funk(2008). Consumer Behaviour in Sport and Events: Marketing Action. Elsevier, Butterworth-Heinemann.

Gammon, S., & Robinson, T.(1997). Sport Tourism: a conceptural framework. Journal of Sport Tourism, 9(3), 221-233.

Hinch, T., & Higham, J.(2004). Sport Tourism Development. Clevedon: Channel View Publications.

Higham, James.(2005). Introduction to sport tourism destination analysis. Ch.2, 17-24. Sport Tourism Destinations: Issues, opportunities and analysis.

Maslow, A.(1970). Humanistic viewpoints in psychology. McGraw-Hill; New York.

Matthew D. Shank(2009). Sports Marketing. 4th edition. Pearson International Edition.

Mitchell, A(1984). Nine American Lifestyle: values and social changes, The Futurist, 18, 184-204,

Plog, S.(1974). Why Destination Areas Rise and Fall in Popularity. *Cornell Hotel and Restaurant Administration Quarterly*, 14(4), 55-58.

Plog, S.(2002). The power of psychographics and the concept of venturesomeness. *Journal of Travel Research*, 40(3), 244-251.

Ritchie, B., Mosedale, L., & King, J.(2000). Profiling sport tourists: the case of Super 12 Rugby Union in the Australian Capital Territory. Current Issues in Tourism, 5(1), 33-44.

Robinson, T., & Gammon, S.(2004). A Question of primary and secondary motives: revisiting and applying the sport tourism framework. Journal of Sport Tourism, 9(3), 221-233.

Standeven, J., & De Knop, P. (1999). Sport Tourism. Champaign, IL: Human Kinetics.

Weed, M. E., & Bull, C. J. (2004). *Sports Tourism: Participants, Policy and Providers*. Oxford: Elsevier Butterworth-Heinemann.

CHAPTER

# 09

# 스포츠 관광 마케팅

1 스포츠 마케팅 | 2 스포츠관광 마케팅

SPORT TOURISM MANAGEMENT

CHAPTER 9

# 스포츠관광 마케팅

스포츠관광은 스포츠 자원과 콘텐츠를 소비하는 여행이다. 여기에서는 스포츠 스타, 팀, 구단, 리그와 같은 자원을 매력적인 관광 상품으로 가공하여 소비자를 유인하는 과정과 이에 요구되는 이론과 전략에 대해 다루고자 한다.

# 1. 스포츠 마케팅

## 1) 스포츠 자체의 마케팅

스포츠 자체의 마케팅은 스포츠 재화를 직접 생산하는 조직이나 기업 혹은 선수 개인이 자사의 재화를 매력적인 상품으로 가공하여 소비자를 유인하는 활동이다. 이러한 조직이나 기관으로는 리그, 구단, 사설 혹은 공공 스포츠 센터와 레저 스포츠 사업체, 스포츠용품 회사, 선수 개인* 등이 있다. 스포츠 자체의 마케팅을 수행하는 기관의 성격에 따라 스포츠 시장은 일반적으로 스포츠 참여 및 교육 시장과 스포츠 이벤트 관람 시장, 스포츠 용품 시장 등으로 구성된다. 즉 스포츠 자체의 마케팅은 레저 스포츠 클럽과 스포츠 센터처럼 스포츠 지도와 교육 시장을 겨냥한 회원 확보 활동에서부터, 리그나 구단 차원에서 팬 관리 활동을 통해서 보다 많은 관중들을 확보하고 시청률을 끌어올려 중계권료와 스폰서십의 가치를 높이는 활동, 그리고 스포츠 지도와 교육에 필요한 용품과 의류, 신발, 교육 프로그램 등을 생산하는 스포츠용품 제조업과 프로그램 개발업 분야에 이르기까지 다양하다. 이상의 스포츠 재화를 직접 생산하는 조직이나 기업들은 그것의 가치를 높이기 위한 다양한 마케팅 활동을 수행한다.

* 여기서 선수 개인은 우사인 볼트(육상), 김연아(피겨스케이팅), 박태환(수영)처럼, 개인 스포츠 시장에서 스스로 스포츠 재화를 생산하는 현역 혹은 은퇴한 스타 선수와 팀 스포츠의 경우 박지성처럼 은퇴하여 개인적으로 활동하는 스타 선수를 의미한다. 스스로 스포츠 재화를 생산하고 관리한다는 점에서 Rein, Kotler, Shields(2006)와 서원재, 성용준(2009)은 이러한 스타 선수들을 스포츠 브랜드이자 스포츠 생산자로 간주한다. 이들의 브랜드 마케팅은 주로 사회적 마케팅 활동으로 나타나며 사회적 명사로의 이미지 주입을 목적으로 한다.

프로 스포츠 이벤트의 콘텐츠를 직접 생산하는 프로 구단이나 선수들에게 스포츠 마케팅이란 무엇일까? 박진감 넘치는 경기로 대중의 관심을 끌어내어, 매점과 입장권 수익을 올리려는 활동일까? 물론 제품과 가격 전략을 실행하는 마케팅 활동의 일부가 될 수는 있다. 하지만 본질적으로 구단과 선수에게 스포츠 마케팅이란 실패와 시련에도 떠나지 않는 충성스런 팬 저변의 깊이와 폭을 확대하는 활동이라고 요약할 수 있다. 앞의 스포츠의 특성에서 살펴보았듯이, 스포츠는 불확실성을 내포하고 있다. 승리와 패배의 확률은 50:50이고 어느 구단이나 선수도 늘 승리만을 안겨 주는 성공

사례연구

### 성적 부진, 그러나 좌석은 전부 매진: 셰필드 유나이티드

영국의 대표적 철강 도시 셰필드는 1990년대 초 철강 산업의 급격한 하락으로 하루 아침에 일자리가 사라지고 젊은 인재들이 도시를 떠나면서 비전을 찾지 못하던 애물단지 도시였다. 지역경제 활성화의 동력으로 스포츠에 주목하기 시작한 셰필드는 20여년 전 유럽연합(EU)의 도시 재생 펀드를 유치해 각종 경기장과 생활 체육 단지 등을 건립했다. 그 결과 셰필드는 오늘날 관광과 스포테인먼트(스포츠와 엔터테인먼트의 합성어)가 어우러진 영국의 대표적인 '스포츠 도시'로 자리 잡았다. 스포츠 도시 셰필드의 주요 콘텐츠는 프리미어리그 3부에 속한 셰필드 유나이티드이다. 이 팀은 성적은 하위지만 매 홈경기마다 전 좌석 매진을 기록할 정도로 팬들의 충성도가 높다. 지역 밀착 마케팅 덕분이다. 셰필드는 스포츠를 공연, 이벤트, 관광 등과 연계해 경기장 활용도를 크게 높였고 이를 통해 관련 산업의 동반 성장을 이루었다. 크리스 그래튼 셰필드 헬럼 대학 교수는 "스포츠가 긴밀하게 생활 속으로 스며들면서 관광, 엔터테인먼트, 첨단 기술 등 다양한 분야와 결합되어 지역경제를 활성화하는 중심축으로 떠오르고 있다"며 "스포츠는 지역경기 활성화의 중요한 통로"라고 강조했다. 스포츠가 지역경제에 미치는 직접 효과가 급속히 커지고 있다는 것이다.

자료: 서화동, 유정우(2015). 재구성.

신화를 일구어 내기는 어렵다. 팀 구성원의 반사회적 일탈 행동으로 인한 위기와 같은 불확실성 또한 존재한다. 이러한 불확실성이 문제가 되는 이유는 바로 스포츠 시장에 존재하는 BIRGing(basking in reflected glory)과 CORFing(cutting off reflected failure)* 때문이다. 따라서 팀은 팬 저변을 확대하고 강화하는 마케팅 활동을 통해 BIRGing과 Cutfing 효과를 최소화해야 한다.

* BIRGing이란 자신을 성공한 사람이나 조직과 연계시키려는 인간의 속성이며, CORFing은 자신을 실패한 사람이나 조직과는 연계시키지 않으려는 심리적 반응이다. 스포츠 상황에서 이러한 인간의 반응은 유능한 선수나 강력한 팀과 자신을 일치시키려는 팀 정체성으로 나타나기도 한다.

이상의 관점에서 구단과 선수에게 스포츠 자체 마케팅은 2가지 활동으로 요약될 수 있다.

첫째, 팬들의 인구사회학적 스펙트럼을 횡적으로 확대하는 활동이다. 현

사례연구

## 사회적 마케팅

**1 아디다스, 축구를 통한 사랑 나누기 행사 실시 "백혈병 어린이와 함께 하는 축구 경기"**

아디다스가 자선 단체 '한국메이크어위시' 재단과 함께 경기도 화성에 위치한 수원삼성 클럽하우스에서 백혈병 어린이의 소원을 들어주는 특별한 이벤트를 마련했다. 이날 행사는 '친구와 축구하기'가 소원인 김한빈(13) 어린이의 소원을 이루어 주기 위한 것으로 한국메이크어위시와 아디다스, 축구 팀 수원삼성이 뜻을 모아 만들어진 자리이다. 아디다스 코리아 관계자는 "한국메이크어위시 재단과 같은 자선 단체와의 협업을 통해 어려운 환경에 처한 사람들을 지속적으로 후원할 계획이다"라고 밝혔다.

자료: 김지일(2012). 재구성.

**2 연탄 나르는 두산베어스 선수단 '따뜻한 겨울 보내세요'**

프로야구 두산베어스 사랑의 연탄 나르기 봉사 활동이 12월 10일 오후 서울 강남구 개포동 구룡마을에서 진행됐다. 이날 두산베어스 사랑의 연탄 나르기 봉사 활동에서는 김승영 두산베어스 사장과 김태룡 단장, 김태형 감독을 비롯해 홍성흔, 정수빈, 임태훈, 노경은, 유희관, 김현수 등이 참여해 총 5,000장의 연탄을 훈훈한 이웃 사랑의 정을 담아 배달했다.

두산베어스는 앞으로도 팬들의 사랑에 보답하기 위해 '시구자 사인볼 자선 경매 행사', '야구 클리닉' 등 꾸준하게 사회 공헌 활동과 이웃 사랑을 이어갈 계획이다.

자료: 임세영(2014). 재구성.

**3 은퇴 축구 스타 베컴, 불우 어린이 자선 기금 만들어**

은퇴 후 활발한 사회 활동을 이어가는 축구 스타 데이비드 베컴(40)이 이번에는 불우한 어린이를 돕기 위하여 2월 10일 런던에서 '7: 데이비드 베컴 유니세프 자선기금' 발표 행사를 열었다. 그는 지난 10년간 유니세프 친선 대사로 활동해 왔다. 베컴은 "취약한 환경에 있는 어린이들이 큰 도움을 필요로 하고 있다. 나는 은퇴한 뒤 시간이 많아졌으니 아이들을 더 많이 도와야 한다"면서 "수백만 달러(수십 억 원)를 모금하겠다"고 목소리를 높였다.

자료: 안홍석(2015). 재구성.

재 어느 팀의 팬들이 20대와 30대의 남성 위주라면, 10대에서 50대에 이르는 다양한 연령대의 남녀와 가족 팬들까지 인구사회학적 저변을 확대하는 마케팅 커뮤니케이션 활동이 요구된다. 이를 통해 팀의 계속된 패배와 선수의 사회적 물의에도 아랑곳하지 않는 충성스런 팬 저변을 유지할 수 있다.

둘째, 팬들의 심리적 충성과 몰입의 종적 깊이를 더하는 활동이다.

이상의 2가지 형태의 마케팅 활동을 통해 결실한 팬 저변을 확보할 수 있다. 이러한 팬 저변 확대를 위한 마케팅 활동은 팀의 지속 성장과 나아가 지역경제에 영향을 미치기도 한다. 영국의 프리미어리그 3부에서 최근 몇 년 동안 리그 최하위를 면치 못하고 있는 셰필드 유나이티드는 이벤트, 관광과 연계한 스포츠테인먼트 중심의 지역 밀착 마케팅으로 홈경기마다 전 좌석 매진을 기록하고 있다. 물론 좋은 성적과 경기로 지역 시장에서 상당한 팬을 확보하고 있는 팀들도 팬들의 심리적 충성도를 강화하기 위한 마케팅 활동에 열심이다. 경쟁이 치열한 여가 시장에서 팬들의 마음은 갈대와 같기 때문이다. 일례로, 미국 프로야구 구단인 시카고 화이트삭스는 팬들을 위해서 홈구장에서 구단주가 직접 주례를 서고 감독과 일부 선수들이 하객으로 참석하는 홈 플레이트 결혼식 상품을 선보였다. 이는 팬들에게 독특한 경험과 추억을 제공하는 스포츠 노스탤지어 마케팅의 일환으로 이해될 수 있다. 앞으로 이 부부는 세계 어느 곳에 살든지 자신의 결혼을 함께해준 시카고 화이트삭스를 응원할 것이다. 그리고 자녀들을 데리고 자신들의 결혼식장을 다시 찾을 것이다. 이들 가족의 이벤트 스포츠관광과 노스탤지어 스포츠관광 행동은 자녀에게 시카고 화이트삭스에 대한 애착점을 형성하게 할 것이다. 또한 이들의 자녀가 야구라는 스포츠로 사회화되고 시카고 화이트삭스에 대한 팀 정체성을 형성해 가는 데 중요한 경험으로 작용할 것이다.

스포츠 자체의 마케팅 활동은 사회적 책무를 다하는 기업의 이미지 제고를 위한 사회적 마케팅(social marketing)*의 형태로 나타나기도 한다. 예

* 스포츠 자체의 마케팅에서 사회적 마케팅 활동이란 스포츠 생산자가 사회 문제의 해소와 해결에 적극 관여하여 사회의 공적 이익을 추구하는 활동을 의미한다. 불우 아동을 돕기 위한 구단이나 스타 선수의 자선경기나 환경 보존 기금 마련을 위한 활동 등이 있다.

를 들어, 스포츠용품 브랜드인 아디다스의 경우, 축구를 통한 사랑 나누기 자선 행사를 개최하여 기업 이미지 제고를 위해 노력하고 있으며, 프로야구 구단 두산베어스의 경우, 시구자 사인볼 자선 경매 행사, 야구 클리닉, 사랑의 연탄 나르기 봉사 활동 등의 지속적인 사회 공헌 활동을 펼치고 있다. 또한 은퇴한 축구 스타 데이비드 베컴은 유니세프 친선 대사 활동 및 불우한 어린이들을 돕기 위한 자선 기금 마련 행사를 실시하는 등 활발한 사회적 마케팅 활동을 이어가고 있다. 이러한 사회적 마케팅의 목적과 가치는 공공스포츠사회학적 관점(public sociology of sport)**에서 이해될 수 있다.

** 공공스포츠사회학적 관점이란 사회학의 관념론적인 측면을 비판하며 등장한 갈등주의적 패러다임으로 사회학의 '실천성'을 강조한다. 오늘날 스포츠 사회에서 볼 수 있는 사회적 마케팅 또한 사회 문제 해결과 사회 발전을 위한 실천적인 활동으로서 공공적 기능을 수행한다는 측면에서 공공스포츠사회학적 관점을 수용한 스포츠 경영 전략이다.

## 2) 스포츠를 통한 마케팅

스포츠를 통한 마케팅은 스포츠 재화의 생산에 직접 관여하지는 않지만, 직간접적인 후원을 통해 부여 받은 마케팅 권리를 행사하여 경영 이익을 창출하고자 하는 기업의 제반 활동을 의미한다. 따라서 경영학의 관점에서 스포츠를 통한 마케팅은 좁은 의미로 스포츠 스폰서십이라고 할 수 있다.

**표 9-1**
**스포츠를 통한 마케팅의 영역**

| 분류 | 내용 |
|---|---|
| 스폰서십 | 기업이 리그, 구단, 스타 선수, 연맹, 협회 및 각종 스포츠 행사를 지원하기 위하여 현금이나 물품을 제공하거나 스포츠 재화(이벤트 등)의 생산에 필요한 노하우와 조직적인 서비스를 제공하는 제반 활동 |
| 라이선싱 | 일종의 사용권 계약으로 기업이 스포츠 생산자(권리 소유자)에게 계약 기간 동안 대가를 지불하고 이들의 상업적 자산권을 사용할 수 있는 권리 |
| 머천다이징 | 라이선싱 계약을 맺은 기관이 특정 스포츠나 팀, 선수의 캐릭터, 로고, 마크 등을 활용하여 새로운 제품 혹은 서비스를 창출해 상품화시키는 활동 |
| 인도스먼트 | 기업이 마케팅 목표를 달성하고자 선수에게 투자하는 스폰시십 |
| TV 중계권 | 스포츠 이벤트의 운영 주체에게 중계권료를 지불하고 방송과 중계권을 위임받아 생산된 미디어 콘텐츠의 판매권을 행사하는 것 |

자료: 김재학·정경일(2009). 재구성.

기업은 스포츠 스폰서십 활동을 통해, 현금이나 물품을 제공하거나 스포츠 재화(이벤트 등)의 생산에 필요한 노하우와 조직적인 서비스를 제공하여 스포츠 생산자인 리그, 구단, 스타 선수, 연맹이나 협회 및 각종 스포츠 행사를 지원한다. 이러한 기업의 스폰서십 대상은 소규모 지역 스포츠 이벤트에서 월드컵, 올림픽 같은 메가 이벤트에 이르기까지 그 범위가 다양하며, 스폰서십의 형태도 단일 종목 이벤트를 후원하는 타이틀 스폰서, 스포츠에 물품이나 기술을 협찬하는 공식 파트너, 일정 금액을 지불하고 스포츠 생산자의 마크를 사용하는 권한을 부여받아 제품을 생산하고 판매(머천다이징)하는 공식 제품화권자, 새로운 구장 건설의 자금을 후원하여 경기장 곳곳에 브랜드와 로고를 노출시키는 구장 스폰서십, 이벤트를 직접 후원하기보다는 중계권을 부여받은 미디어를 후원하여 브랜드 노출을 꾀하는 방송 스폰서십 등으로 다양하다. 기업이 이처럼 스포츠를 활용한 마케팅 활동에 적극적인 이유는 무엇일까?

가장 큰 이유는 스포츠가 지닌 긍정적인 속성과 가치를 기업의 이미지로 전이시키기 위함이다. 1장에서 살펴보았듯이, 스포츠에서의 경쟁과 성공은

그림 9-1
**삼성의 스포츠 스폰서십 흐름**

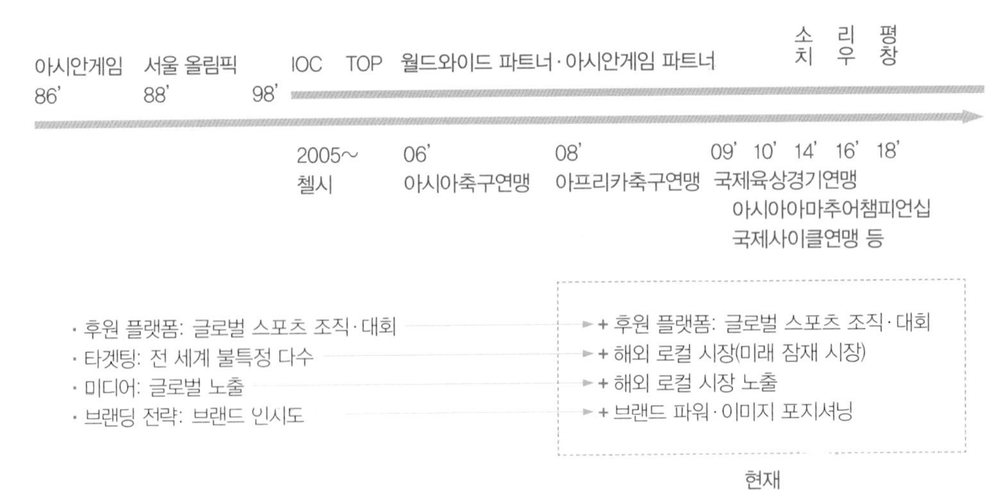


자료: 서원재(2010).

노력과 땀의 성과이며 결실이다. 스포츠는 대중적인 놀이로 본질적으로 지역과 세계 사회의 공익성을 추구한다. 스포츠는 또한 자연을 보존하는 환경 친화적인 성격을 지닌다. 스포츠는 신체적인 아름다움과 탁월한 운동수행을 위해서 과학과 신기술을 추구한다. 끝으로 스포츠는 유희적 리미널리티이다. 스포츠는 제도화된 사회 구조의 사회·경제·생물학적 계층과 헤게모니가 해체되는 축제의 장을 제공한다. 이 순간에는 인종과 언어, 이념의 장벽을 뛰어넘어 자유, 평등, 인류애, 동질성과 같은 인류의 본질적인 감성만이 존재하게 된다. 결국 대중의 마음에는 이러한 순간을 지원하는 모든 객체(상업적인 기업)는 이웃이자 친구로 강하게 자리 잡는다. 스포츠와 어떠한 방식으로든 관계를 맺으려하는 기업의 노력에는 그만한 이유가 있다. 스포츠는 전 세계인이 공감하는 강력한 감성 콘텐츠이기 때문이다.

기업은 이러한 스포츠를 통한 마케팅 활동과 미디어 노출로 얻은 강력한 브랜드 파워를 통해 자사 제품의 시장 점유율을 높이고 가격의 프리미엄 효과 또한 노릴 수 있다. 아울러 신제품의 해외 시장 진출 시 요구되는 마케팅 비용을 절감할 수 있으며, 대내외 협력과 우수 인재 고용에도 유리하다. 기업의 브랜딩 전략에 따라 스포츠 스폰서십의 대상과 범위도 변화를 보인다(그림 9-1).

### 3) 스포츠 시장의 구조

스포츠 자체의 마케팅과 스포츠를 통한 마케팅의 개념을 이해하였다면, 스포츠 시장이 어떻게 구성되는지 그려질 것이다. 일반적으로 스포츠 시장은 ① 스포츠 재화를 직접 생산하는 스포츠 생산자, ② 생산된 재화를 소비하는 시장, ③ 스포츠 재화를 직접 생산하지는 않지만 스포츠 생산자와의 계약을 통해 스포츠 재하의 가치를 자사의 마케팅과 브랜드 커뮤니케이션 활동에 활용하고자 하는 기업, 그리고 ④ 생산된 스포츠 재화(주로 이벤트 스포츠)를 소비자에게 전달해 주는 스포츠 미디어로 구성된다. 이상의 이해관계자들은 스포츠의 가치를 극대화하는 데 주력하여, 함께 창출한 유무형의 이윤을 나누어야 하는 상호 협력적 공생 관계에 있다.

## 2. 스포츠관광 마케팅

스포츠관광 마케팅이란 스포츠관광의 유무형적인 재화를 생산하는 기관이 자사의 재화를 매력적인 상품으로 가공하여 소비자를 유인하는 활동이다. 이러한 스포츠관광 마케팅의 효과적인 실행을 위해서는 우선 스포츠관광 상품의 재료가 되는 자원에는 무엇이 있으며, 이러한 자원을 가공하여 유무형의 상품을 생산하고 마케팅을 실행하는 기관이 누구인지를 이해해야 한다. 여기에서는 이러한 이해를 토대로 스포츠관광 마케팅의 전략 수립과 마케팅 실행 과정을 살펴보고자 한다.

### 1) 스포츠관광 자원과 마케팅 실행 기관

앞에서 설명하였듯이, 스포츠관광이란 ① 신체적인 참여를 위한 스포츠 활동을 위해서(능동적 참여 스포츠관광), ② 스포츠를 관람하기 위해서(이벤트 스포츠관광), 혹은 ③ 스포츠와 관련된 매력물을 돌아보기 위해서(노스탤지어 스포츠관광), 일시적으로 거주지를 떠나는 "여가 활동 중심의 여행"이다(Gibson, 1998). 또한 스포츠관광은 결국 참여자의 참여와 관람의 기억과 경험 자체가 노스탤지어 스포츠관광의 대상과 목적이 되어 버린다는 점에서 능동적, 이벤트, 노스탤지어 스포츠관광은 상호 촉진 관계에 있다고 할 수 있다(Chalip & Green, 2001). 스포츠관광의 개념을 통해 볼 때, 스포츠관광의 대상은 스포츠 참여, 관람, 그리고 이와 연관된 추억에 대한 향수이다.

스포츠관광 자원을 포괄적으로 정의하자면 스포츠관광의 대상이 되는 유무형의 객체라고 할 수 있다. 하지만 이러한 자원을 가공하여 매력적인 상품을 개발하고 목표 시장에 소구해야 하는 스포츠관광 마케터의 관점에서는 Gibson(1998)이 제시한 스포츠관광의 개념적 틀을 활용하여 스포츠관광 자원과 마케팅의 실행 기관을 분류하면 유용하다.

스포츠관광 자원의 첫 번째 유형은 능동적 참여 스포츠관광 자원이다. 앞에서 소개한 바와 같이, 능동적 참여 스포츠관광은 일반적으로 자연환경을 대상으로 한 하이킹, 트래킹, 산악자전거, 바이킹, 카누, 승마, 스키 등과 같은 아웃도어 스포츠 활동과 휴가 기간 동안 즐기는 골프, 테니스 등과 같은 적극적인 신체 활동에 참여하기 위해 목적지로 여행하는 활동이다(Gibson, 1998; Schreiber, 1976). 능동적 참여 스포츠관광 자원으로는 아웃도어 참여 스포츠의 환경을 제공하는 자연과 인공적인 시설과 공간 인프라가 있다. 이러한 능동적 참여 스포츠관광 자원을 활용하여 관광 상품을 개발하고 마케팅 활동을 실행하는 기관으로는 레저 리조트 산업체, 레저 스포츠 교육업체, 자연환경을 보유한 지방자치단체, 스포츠 및 관광 관련 공공기관, 여행사 등이 있다. 예를 들어, 어드벤터 스포츠 리조트인 뉴질랜드의 퀸스타운은 세계 도처의 스포츠관광객들이 찾는 능동적 참여 스포츠관광 자원의 좋은 사례이다. 퀸스타운은 하이킹, 급류 타기, 스카이다이빙, 서핑, 스키, 카약, 제트스키, 행글라이딩 등 다양한 아웃도어 스포츠 프로그램 중심의 스포츠관광 상품을 선보이고 있다.

둘째, 이벤트 스포츠관광 자원이다. 일반적으로 이벤트 스포츠관광 자원은 올림픽, 월드컵과 같은 메가 스포츠 이벤트, 프리미어리그 경기와 같은 지역의 프로 스포츠 경기, 춘천 국제마라톤대회와 같은 홀마크 이벤트, 대구 세계육상선수권과 같은 종목별 메이저 이벤트 등이 있겠지만, 스포츠 이벤트 관람의 주된 목적과 대상이 팀과 선수 그리고 리그라는 점에서 스포츠 이벤트 관광 자원은 스포츠 이벤트 생산자인 팀과 스포츠 스타, 리그 등도 포함한다. 이러한 이벤트 관광 자원을 활용하여 관광 상품을 개발하고 마케팅 활동을 실행하는 기관으로는 리그나 구단의 경영·마케팅 부서와 스타 선수의 에이전트, 스포츠 시설을 관리하는 지방자치단체, 스포츠 및 관광 관련 공공기관, 여행사, 후원 기업 등이 있다.

셋째, 노스탤지어 스포츠관광 자원이다. Gibson(2003)은 노스탤지어 스포츠관광이란 명예의 전당, 유명한 경기장, 스포츠의 역사를 보여주는 유적지와 같은 스포츠와 관련된 매력물을 방문하는 것이라고 이야기한다. 하지만 Chalip과 Green(1998)은 노스탤지어 스포츠관광의 주요 동인으로 대중의 참여와 관람의 추억과 경험을 꼽고 있다. 이러한 측면에서 노스탤지어 스포츠관광의 대상이 단순히 역사적 상징성을 지닌 시설물이나 유적지에 국한될 필요는 없다. 경험과 추억이 농축되어 스포츠 스키마를 형성하는 모든 대상이 노스탤지어 스포츠의 자원이 될 수 있다. 이는 나에게 야구의 맛을 처음 알게 한 베이브 루스가 될 수도 있으며, 아내와의 잊지 못할 멋진 하루를 선사했던 해변가의 골프 리조트가 될 수도 있으며, 유럽 여행 중 우연히 관람했던 프리미어리그의 축구 경기가 먼 훗날 되살리고 싶은 추억과 경험의 대상이 될 수도 있다. 이러한 관점에서 관람과 참여의 추억과 경

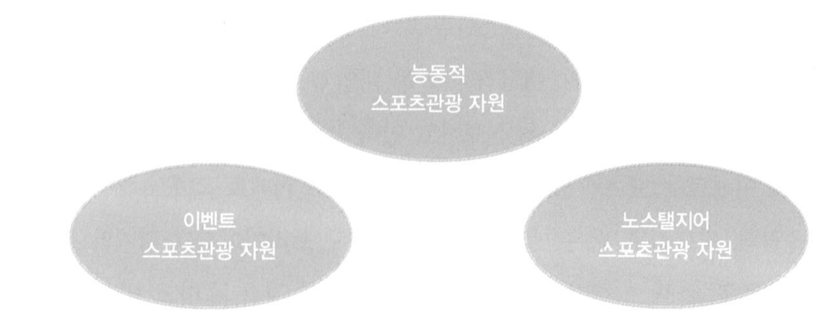


그림 9-2
**스포츠관광 자원의 유형**

험을 재생해 주는 옛 스타들이 참여하는 이벤트와 이들의 지도를 받을 수 있는 교육 프로그램 또한 노스탤지어스포츠관광 자원의 범주에 포함된다.

노스탤지어 스포츠 자원을 가공하여 관광 상품을 개발하고 마케팅 활동을 실행하는 기관으로는 리그나 구단의 경영·마케팅 부서와 스타 선수의 에이전트, 스포츠 및 관광 관련 공공기관, 여행사, 후원 기업 등이 있다. 예를 들어, 미국의 프로야구 구단인 뉴욕 양키스는 스타디움에 양키스 박물관을 개장하여 팀의 레전드 베이브 루스를 비롯한 뉴욕 양키스를 거쳐간 레전드들의 야구 유물 등을 관람하는 관광 상품을 선보였다. 열성적인 야구 팬들뿐만 아니라, 미국 야구의 역사인 뉴욕 양키스 경기를 관람하고자 하는 일반 대중들이 양키스 박물관 관람 후 바로 경기를 관람하도록 했다는 측면에서 노스탤지어 스포츠관광 자원을 활용한 확장 상품 전략이라고 할 수 있다. 뉴욕 양키스처럼 리그나 구단 차원에서 직접 스포츠관광 확장 상품을 개발하고 유통시킬 수도 있지만, 지방자치단체나 후원 기업(기업 및 여행사 등)에게 자산권(초상권, 로고사용권 등)의 사용을 부여하는 라이선싱 형태의 스포츠관광 상품 개발과 판매 방식을 취할 수도 있다.

### 2) 스포츠관광 마케팅 실행

앞서 우리는 스포츠관광 자원의 유형과 이러한 자원을 가공하여 스포츠관광 재화를 생산하고 마케팅을 실행하는 스포츠와 관광 관련 기관들을 살펴보았다. 지금은 이러한 기관들이 스포츠관광 상품을 어떻게 기획하고 상품화하여 판매할 것인가와 관련된 마케팅 기획과 실행 과정에 대해 논하고자 한다. 여기에서 이야기하는 기업 혹은 회사라는 용어는 스포츠관광 마케팅을 실행하는 다양한 기관•을 의미한다.

스포츠관광 경쟁 시장에서 생존과 지속 성장을 위해서, 기업은 자사의 자원과 능력을 최대한 활용하여 시장의 기회를 포착하고 위험을 최소화하

• 스포츠관광 마케팅 실행 기관이란 레저 리조트 산업체, 레저 스포츠 교육 관련 산업체, 구단, 리그, 선수 에이전트, 지방자치단체의 스포츠 및 관광 부서, 스포츠 및 관광 관련 공공기관, 여행사, 스포츠 스폰서 등을 뜻하며, 경영학에서 이야기하는 기업에 해당한다.

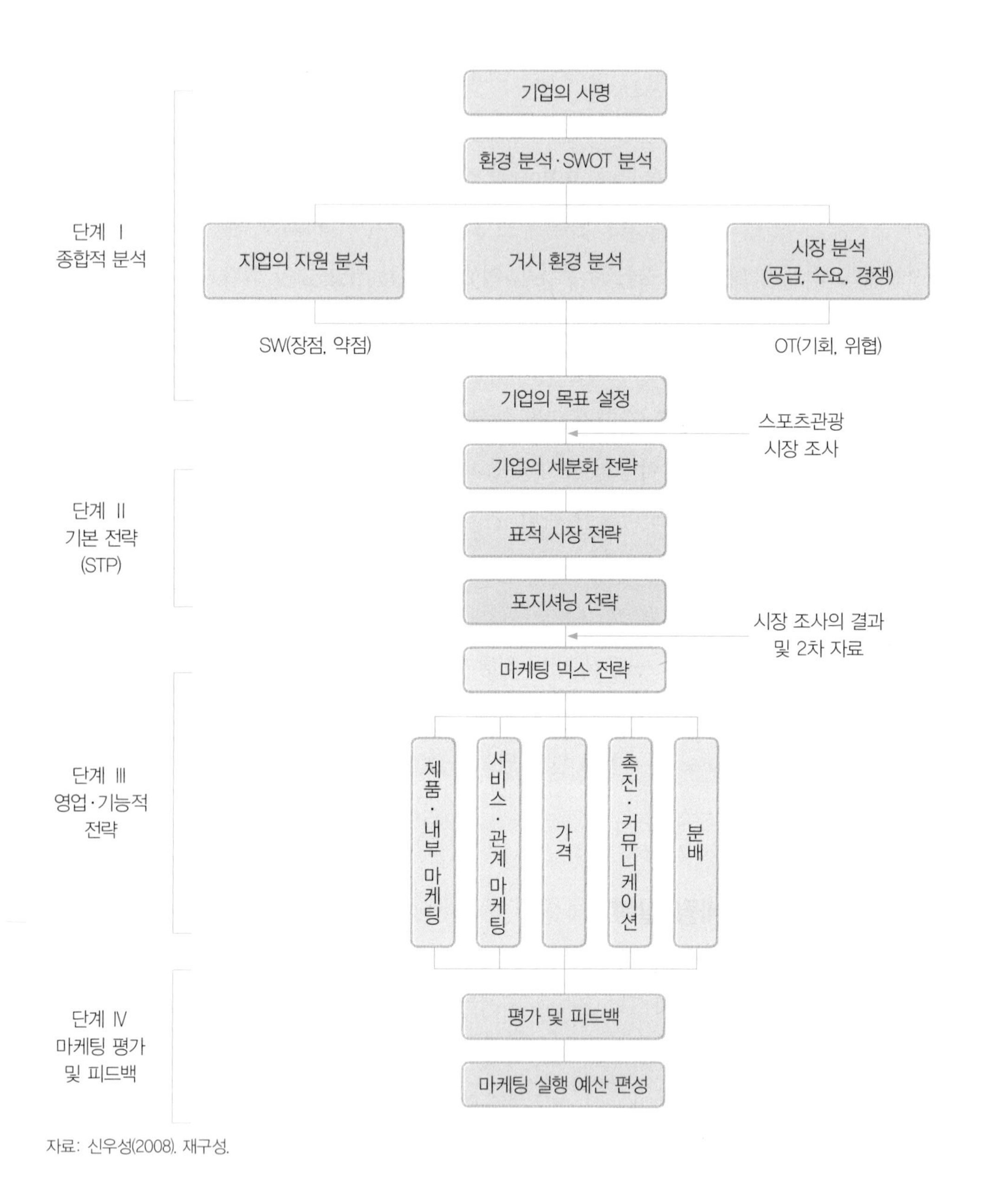

자료: 신우성(2008). 재구성.

**그림 9-3**
**스포츠관광 마케팅 전략 계획 및 실행**

는 마케팅 전략을 수립하고 실행해야 한다(신우성, 2008). 그림 9-3은 스포츠관광 기업의 마케팅 전략 수립과 실행 과정을 보여준다. 각각의 스포츠관광 마케팅의 수행 과정을 단계별로 살펴보면 다음과 같다.

### (1) 1단계: 종합적 분석

스포츠관광 마케터는 마케팅의 기본 전략과 구체적인 실행 전략을 수립하기에 앞서 종합적 분석을 실시해야 한다. 종합적 분석의 목적은 현재 기업이 어디에 있으며, 앞으로 어느 방향으로 나아가야 하는지를 결정하는 데 있다. 종합 분석 과정에서 마케터는 우선 기업의 사명을 이해하고, 기업을 둘러싼 정치, 경제, 사회, 기술 환경에 대한 분석과 SWOT 분석을 실시한다. 환경 분석과 SWOT 분석은 기업이 보유한 인적, 물적 자원의 현황과 기업을 둘러싼 경제, 사회, 문화적 환경에 대한 자료와 기업이 속한 산업의 공급과 수요 시장 및 경쟁사에 대한 1, 2차 자료•들을 활용하여 이루어진다. 이상의 종합 분석을 통해서 회사의 이익을 극대화할 수 있는 구체적인 목표와 방향을 설정한다.

• 1차 자료는 기업이 마케팅 전략 수립을 위해 설문 조사나 고객 면담 등을 통해서 직접 생산한 자료이고, 2차 자료는 타 기관이 생산한 자료로서 국가 기관과 연구소의 보고서, 미디어 자료 등이 있다.

**스포츠관광 기업의 사명 이해** 스포츠관광 마케터가 전략적 계획을 수립할 때는 기업의 사명을 명확하게 이해해야 한다. 기업의 사명이란 기업의 존재 의의와 목적을 규정한 것으로, 타 회사의 그것과 구별된다. 일반적으로 기업의 사명은 회사의 목적과 경영 철학 및 기업의 미래상을 제시하고 이에 요구되는 행동 양식을 나타낸다. 좁은 의미로 기업의 사명은 목적 혹은 사업의 정의와 같은 의미로 해석되기도 한다. 사업의 정의를 반영한 기업의 사명은 고객 집단, 고객의 욕구를 명시한 보다 구체적인 방향을 제시하기도 한다. 스포츠관광 마케터는 기업이 명시하고 있는 사명과 목적을 달성할 수 있도록 이에 부합한 마케팅 계획을 수립하고 실행해야 한다.

**환경 분석과 SWOT 분석** 스포츠관광 기업이 지향하는 사명과 이를 성취할 수 있는 전략 사업의 사명과 목적에 대한 명확한 이해가 이루어지면, 환경 분석과 SWOT 분석을 실시한다. 환경 분석(environmental analysis)이란 기업의 경영과 관리에 있어서 의사 결정을 위한 분석 도구로, 하위 사업과 이에 따른 마케팅 실행 전반에 영향을 줄 수 있는 외부 요인을 평가하

**S**TRENGTHS

- 관광 전문 인적 자원 보유
- 활용 가능한 현금 보유
- 관광 산업에서의 오랜 역사와 다양한 상품 개발 경험
- 브랜드 명성과 평판

**W**EAKNESS

- 스포츠관광 유통 경험의 부족
- 스포츠 관련 기관과의 취약한 네트워크
- 스포츠관광 상품 개발 경험 부족

내적 요인

**O**PPORTUNITES

- 정부의 우호적인 스포츠관광 정책
- 스포츠 참여 및 관람 인구 증가
- 스포츠관광에 대한 국가적 지원과 관심
- 스포츠와 여가 활동에 대한 관심 증가
- 글로벌 스포츠관광 시장 확대
- 관광객의 출입국 규정 완화 및 절차 간소화

**T**HREATS

- 스포츠관광 산업체 수 증가
- 유가 상승
- 테러리즘의 확산과 관광객의 안전 문제
- 환경과 기후 변화

환경적 요인

자료: 김재학 · 정경일(2009). 재구성.

그림 9-4
**스포츠관광 기업의 환경 분석 사례**

고 분석하는 방법이다. 대표적인 환경 분석 기법으로는 기업을 둘러싼 정치적(political) 환경, 경제적(economic) 환경, 사회적(societal) 환경, 기술적(technological) 환경을 중심으로 하는 PEST 분석이 있다. 하지만 스포츠관광 산업은 자연환경의 보전과 문화 소비적 특성 또한 강하다. 따라서 스포츠관광 마케터는 기업을 둘러싼 정치, 경제, 사회, 기술적 동향과 함께, 문화적, 자연환경적, 관련 법률에 관한 1, 2차 자료를 활용하여 환경 분석을 실시한다. 이러한 환경 분석은 예측의 기간에 따라 1년 이하 혹은 분기별 PEST를 분석하는 미시적 환경 분석과 최소 1년 이상의 기간에 대해 스포츠관광 산업의 환경을 예측하고자 하는 거시적 환경 분석으로 구분되며, 전체적인 기업의 사업 전략이나 마케팅 전략을 수립하는 것부터 작게는 다음 달 사업 전략에 대한 의사 결정에까지 다양하게 활용될 수 있다.

환경 분석이 기업의 경영에 영향을 미치는 상부 구조와 시장 환경에 대

한 이해를 목적으로 한다면, SWOT 분석은 하부 구조에 초점을 맞춘 것으로서 구체적인 전략적 계획에 특화되어 사용된다. SWOT 분석에서는 자사가 경쟁사에 비교 우위에 있는 강점(strengths)과 상대적으로 부족한 내부적 약점(weaknesses)이 무엇인지, 그리고 외부 환경으로부터의 기회(opportunities) 요인과 위협(threats) 요인이 무엇인지를 평가하고 분석한다. 스포츠관광 마케터는 SWOT 분석을 통해 기업의 장점과 외부의 기회 요인을 최대한 살리고 내부의 약점과 외부의 위험 요소를 최소화할 수 있는 전략적 방향을 설정한다.

기업 사명의 이해와 함께 기업을 둘러싼 환경 분석과 기업의 내외부 SWOT 분석은 구체적인 실행 전략을 수립하기 전에 반드시 선행되어야 하는 종합 분석 과정으로 이후 수행될 마케팅 기본 전략의 수립(STP)에서부터 기능적 전략의 실행(제품, 가격, 유통, 촉진) 단계에 이르기까지 나아가야 할 전략적 방향을 제공한다.

### (2) 2단계: 기본 전략 수립

종합적 분석이 전략의 핵심 방향과 흐름을 설정하는 단계라면, 기본 전략 단계는 마케팅 전략이 시작되는 단계이다. 기본 전략은 제품 전략, 가격 전략, 유통 전략, 촉진 및 커뮤니케이션 전략이 수행되기 전에 반드시 수행되어야 할 단계로 스포츠관광 시장 세분화(segmentation), 표적 시장 선정(targeting), 시장 위치화(positioning) 과정을 포함한다.

**스포츠관광의 시장 세분화** 전체시장을 대상으로 비슷한 스포츠관광 상품과 서비스를 비슷한 가격으로 출시한다면, 시장 경쟁이 너무 치열해지고 기업의 생존과 성장을 보장하기 힘들다. 따라서 기업은 이러한 위험을 줄이고 시장 점유율을 높이는 전략의 일환으로 시장을 일정한 기준에 따라 몇 개의 동질적인 소비자 집단으로 나누어 특화된 마케팅 믹스를 실행하기 시작한다. 즉 시장 세분화(market segmentation)란 전체의 시장을 공통적인 수

표 9-2
시장 세분화 변수

| 세분화 요인 | 내용 |
|---|---|
| 1. 지리적 특성 | 국가, 지역, 도시, 도시의 크기, 기후, 입지 조건 등 |
| 2. 인구통계학적 특성 | 연령, 성별, 가족수, 직업, 소득, 교육, 종교, 인종 등 |
| 3. 사회심리학적 특성 | 사회 계층, 라이프 스타일, 개성, 자아관 등 |
| 4. 행동적 특성 | 추구하는 효익, 사용량, 태도, 가격에 대한 민감도, 행동적 충성도 및 관여도 등 |

요와 구매 행동을 보이는 몇 개의 그룹으로 시장을 세분하여 나누는 것을 의미한다. 시장 세분화의 주된 목적은 소비자의 욕구를 정확하게 충족시켜 판매를 증진시키는 데에 있다. 스포츠관광 마케터가 시장 세분화의 목적과 개념을 이해하였다면, 비슷한 그룹의 욕구와 필요에 따라 각 시장에 적합한 상품과 서비스를 개발하고 소구하는 마케팅을 실행해야 한다. 일반적으로 시장은 다음과 같은 요인들을 활용하여 세분화한다.

일반적으로 시장은 지리적 특성(국가, 지방, 도, 도시, 군, 주거지, 기후, 입지 조건 등), 인구통계학적 특성(연령, 성별, 가족 수, 직업, 소득, 교육, 종교, 인종 등), 사회심리학적 특성(라이프 스타일, 개성, 자아관 등)과 행동적 특성(추구하는 효익, 사용량, 태도, 행동적 충성도 및 관여도 등)을 기준으로 분할할 수 있다. 명확하게 구분되는 지리적 특성과 인구통계학적 특성을 기준으로 한 시장 세분화는 스포츠관광 고객의 정보만 있다면 상대적으로 용이하다. 이를테면, 강원도의 스키 리조트를 방문하는 외래 관광객은 국가별, 연령별, 성별, 소득, 교육 수준, 거주 기간을 기준으로 시장을 세분화하여 이들의 소비 행동을 분석하는 작업은 그리 난해하지 않다. 하지만, 소비자의 심리적 특성과 행동을 기준으로 분할하는 시장 세분화는 강원도 스키 리조트를 방문한 외래 관광객을 대상으로 설문 형태의 시장 조사를 실시하고 이들의 심리적, 행동적 특성을 기준으로 소비 행동을 분석해야 한다는 점에서 전문성이 요구된다. 예를 들어, 이들의 행동적 특성 중 추구하는 효익을 기준으로 시장을 구분한다고 하자. 이 경우 외국인 관광객을 대상으로 강원도의 스키 관광을 통해 얻고자 하는 효익이 기능적 욕구(functional needs)에 기반했는지, 아니면 상징적 욕구(symbolic needs)•인지를 파악한 후, 이를 토대로 기능적 욕구로 스키 관광 상품을 소비하는 집단과 상징적 욕구로 스키 관광 상품을 소비하는 집단을 구분해야 할 것이다. 이후 각 집단의 인구사회학적 특성과 소비 행동에 관한 자료들을 분석하여 마케팅 믹스를 실행해야 한다.

• 개인이 스포츠관광 상품 구매를 통해 추구하고자 하는 바가 경제성, 편리, 혹은 가격 대비 상품의 질과 성능에 있다면, 이 스포츠관광 소비자는 기능적 욕구가 강하다고 말할 수 있다. 반면, 스포츠관광을 통해 자신의 자아나 이미지 혹은 개성을 표출하고자 하는 관광객은 상징적 욕구가 강한 소비자로 분류할 수 있다.

마케터는 단순히 한두 가지의 인구통계학적 요인으로 시장을 구분할 수도 있으며, 사업의 목적과 방향에 따라 인구통계학적 요인에 사회심리학적, 행동적 요인을 투입하여 시장을 보다 정교하게 구분하여 경쟁 우위를 가늠해 볼 수도 있다. 세분화 과정에서 고려해야 할 중요한 사항은 세분화된 시장이 관념적으로 분류되어서는 안 된다는 점이다. 즉 세분 시장은 실제로 쉽게 관찰할 수 있고 접근이 가능하도록 구분되어야 한다. 시장의 특성을 보여주는 각종 통계 자료가 존재하지 않거나 시장 조사를 통해서 시장의 특성을 파악하기도 힘들다면, 마케팅 믹스의 실행을 위한 접근이 불가능하기 때문에 세분시장으로서 가치를 상실하기 때문이다.

**스포츠관광의 표적 시장 선정** 시장 세분화를 통해 스포츠관광 시장을 분할하였다면, 스포츠관광 마케터는 나누어진 그룹(시장) 중 어느 곳에 집중할 것인지 선택해야 한다. 마케터는 경쟁사에 비해 우위를 점할 수 있다는 판단하에 표적 시장을 선택할 수도 있겠지만, 반대로 시장 또는 그룹에 대한 평가를 통해 시장을 먼저 선정한 후 경쟁 우위 영역을 개발하여 마케팅 전략을 적용할 수도 있다. 다양한 세분 시장 중 어떤 곳에 기업의 자원과 마케팅 활동을 집중할 것인가는 세분 시장의 매력도를 평가하여 결정해야 한다. 스포츠관광 마케터가 세분시장의 매력도를 평가하는 기준은 다음과 같다.

**① 세분 시장 평가 기준** 첫째, 세분 시장의 규모를 고려해야 한다. 일반적으

로 세분 시장을 평가할 때 시장의 규모가 클수록 기업의 이윤 창출이 용이하다고 생각하기 쉽지만, 이러한 시장은 전반적으로 스포츠관광에 대한 심리적, 행동적 충성도가 낮고 상품 구매에 있어서 기능적 효익을 추구할 가능성이 높다. 따라서 특정 스포츠에 대한 몰입도와 관여도가 높은 소비자들을 대상으로 하는 스포츠관광 기업에게는 큰 규모의 세분 시장이 적합하지 않을 수도 있다. 또한 현재 스포츠관광 구매력이 높은 성장률을 보이는 세분 시장은 매력도가 높다고 할 수 있다. 하지만, 이 또한 모든 스포츠관광 기업들에게 매력적인 요소로 작용하기 때문에 경쟁이 그만큼 치열할 수 있다는 점을 고려해야 한다.

둘째, 세분 시장을 중심으로 전개될 경쟁 관계를 평가해야 한다. 일반적으로 진입 장벽은 낮지만 수익률이 높은 시장일수록 잠재 경쟁사의 진입이 많아진다. 스포츠관광 마케터는 세분 시장에 이미 진출한 경쟁사와 향후 진출할 수 있는 잠재적 경쟁사들이 누구인지, 그리고 이들에 비해 확실한 경쟁 우위를 점할 수 있는지를 분석해야 한다. 마케터는 시장에서의 잠재적 경쟁과 경쟁 우위 및 수익 창출 가능성의 관계를 판단하고 안전한 의사 결정을 하기 위해서, 특정 세분 시장을 대상으로 환경 분석과 SWOT 분석을 실시하기도 한다.

셋째, 세분 시장에 적합한 상품과 유사한 대체 상품이 타 산업과 시장에 이미 존재하는지 평가해야 한다. 세분 시장에 적합한 스포츠관광 상품과 유사한 상품이 이미 타 산업과 시장에 존재하거나 잠재적인 대체재가 출시될 가능성이 높으면 이 세분 시장의 매력도는 낮다고 할 수 있다.

넷째, 세분 시장이 자사의 사명과 사업의 목표에 적합한지를 판단해야 한다. 세분 시장의 연령과 성별, 라이프 스타일, 추구하는 효익 등과 같은 소비자의 특성이 기업의 목표 및 사업의 목적과 일치하지 않으면 그 세분 시장에 자원과 마케팅 역량을 투입할 이유가 없다.

다섯째, 세분 시장에서 자사의 자원을 효율적으로 활용할 수 있는지와 기존의 시장과 조화를 이루는지 살펴본다. 이는 자원 활용의 효율성과 기존에 참여하고 있는 세분 시장과 새롭게 진입하고자 하는 시장이 조화를 함께 검토하는 것이다. 기업이 이미 특정 스포츠관광 세분 시장에서 전문성을 보유하고 있거나, 별다른 추가 비용 없이 전문성을 확보할 수 있다면 이는 매력적인 시장이다. 따라서 마케터는 스포츠관광 상품 개발과 유통 및 판매, 촉진과 소비자 커뮤니케이션 등에 있어서 자사의 인적 자원과 네트워크를 충분히 활용할 수 있는지와 자사의 기존 시장과 마케팅 믹스 측면에서 조화를 이루는지를 검토한다. 이는 결국 저비용으로 효율성과 전문성을 확보할 수 있는지에 관한 문제이다.

**② 시장 도달 전략** 이상의 평가 기준을 토대로 세분 시장의 매력도 평가가 이루어지면 이제 도달해야 할 표적 시장을 결정해야 한다. 이 과정에서 마케터는 단순히 1개의 세분 시장만 선택하여 집중할 것인지(집중화 전략), 다수의 세분 시장을 선택하여 각각의 시장에 맞춤형 전략을 실행할 것인지(차별화 전략), 세분 시장을 무시한 채 전체 시장에 접근(비차별화 전략)할 것인지를 결정한다. 즉 자원과 마케팅 역량을 집중할 세분 시장의 범위를 결정해야 한다. 일반적으로 표적 시장의 범위는 환경 분석과 SWOT 분석에서 도출된 사업의 전략적 방향을 고려하여 집중화 전략, 차별화 전략, 그리고 비차별화 전략에 따라 결정된다.

집중화 전략은 특정 세분 시장 마케팅에 집중하여 점유율을 높이는 전략이다. 특화된 시장에 경영 자원을 집중하기 때문에 선정한 세분 시장의 특성과 동향에 대한 전문성이 요구된다. 집중적 마케팅 전략이 성공할 경우, 특정 시장에서 상대적으로 적은 자원으로 강력한 스포츠관광 브랜드로서의 우위를 점할 수 있다. 하지만 전체 시장에서의 낮은 점유율을 감수해야 하며 시장이 성장기를 지나 성숙기에 접어드는 시점에는 경쟁사의 진입으로 시장 경쟁이 치열해질 수도 있다. 또한 표적 시장의 고객 니즈와 기호의 변화로 인해 수요가 갑자기 감소할 위험성이 높다는 단점이 있다. 집중화 전략은 진출하려는 스포츠관광 시장과 상품의 수명 주기가 도입 단계인 경

**그림 9-5**
**스포츠관광 소비자를 위한 구성 개념도**

우와 자원에 제한된 소규모 기업에게 적합하다.

차별화 전략은 2개 이상의 세분화된 시장을 표적으로 각기 다른 마케팅 믹스를 실행하는 방법이다(김재학·정경일, 2009). 기업이 현재 주력하고 있는 스포츠관광 시장과 상품이 성숙기에 접어들었다면, 한 가지 상품을 중심으로 한 단일 마케팅 믹스는 수익 모델로 적합하지 않다. 이 경우, 수익 구조의 개선을 위해서 기존의 주력 시장을 욕구와 기호에 따라 2~3개의 세분 시장으로 분할하여 각 시장에 차별화된 마케팅 믹스를 실행하는 것을 적극 고려해야 한다. 차별화 마케팅을 시행하는 목적은 전체 판매액을 높이고 각 세분 시장에서 우위를 확보하는 데 있다(신우성, 2008). 하지만 이러한 전략은 시장별로 개별적인 전략을 수립함으로써, 상품 개발과 유통 및 촉진 비용 등 마케팅 믹스의 실행 비용이 증가하기 때문에 충분한 자원과 자산을 보유한 기업에게 적합하다.

비차별화 전략은 하나의 상품 및 서비스와 마케팅 믹스로 전체 시장에 접근하는 방법이다. 이러한 전략은 스포츠관광 소비자들 사이의 차이점보다는 공통점에 초점을 맞추고, 가장 많은 수의 구매자에게 공통적으로 소구할 수 있는 제품과 마케팅 믹스를 실행하는 데 목적이 있다. 전체 시장을 타깃으로 하는 만큼 대량 유통과 대량 광고를 이용한다(신우성, 2008).

이러한 전략은 시장이 2가지 조건을 모두 충족하고 있을 때 단기적으로 효과적이다. 우선 상품이 대중화되어 큰 시장을 형성하고 있거나 대중화되는 추세를 보이면서, 동시에 시장과 상품은 도입기에 있다면 어느 정도 효과를 거둘 수 있다. 예를 들어, 여가와 삶의 질에 대한 국가적, 국민적 관심이 증폭하면서 대중화 조짐을 보이고 있는 국내의 스포츠관광 시장은 도입기 단계라고 할 수 있다. 따라서 스포츠관광 기업은 비용 대비 판매 효과 측면에서, 단기적으로 단일 스포츠관광 상품과 서비스 라인으로 전체 시장을 공략할 수도 있다. 하지만 다수의 기업이 이러한 전략을 취한다면 시장 경쟁이 치열해져서 수익성이 떨어질 수 있으며, 공통적 욕구에 소구하는 마케팅 믹스의 난립으로 인해 시장이 크게 반응하지 않는다는 단점도 있다. 이 밖에 시장이 성장기를 지나 성숙기에 접근할수록 상품의 매력도가 급격하게 하락할 위험이 있다. 자원이 제한되어 있는 소규모 기업보다는 대기업에게 적합한 전략이다.

**스포츠관광 시장에서의 포지셔닝** 포지셔닝(positioning)이란 소비자의 마음에 경쟁사와 차별화된 제품과 브랜드에 대한 이미지를 주입시키는 마케팅 실행 과정이다(Trout & Ries, 2000). 스포츠관광 마케터는 마케팅 믹스를 실행하여 자사 상품의 특성과 속성에 대해 목표 시장에서 차별화되고 매력적인 이미지를 창출할 수 있다. 일반적으로 포지셔닝은 다음 단계를 거쳐 실행된다.

첫째, 자사의 스포츠관광 사업에서 유사한 상품과 서비스를 제공하는 직접적인 경쟁사가 누구인지를 확인하다.

둘째, 각각의 경쟁사가 현재 자사의 상품과 서비스를 소비자에게 어떻게 어떠한 이미지를 강조하고 있으며, 실제 시장에서 어떠한 이미지로 인식되고 있는지를 파악한다. 여행사를 예로 들자면, 경쟁사들은 스포츠관광 소비자들에게 국내 최대의 스포츠관광 여행사, 저렴한 스포츠관광 여행사,

프리미어리그 축구 관광 여행사, 겨울철 참여 스포츠 중심의 여행사, 해양 스포츠관광 여행사 등의 이미지를 형성하고 있을 수 있다.

셋째, 스포츠관광 시장에서 자사의 상품과 서비스가 어떻게 인식되어 있는지를 파악한다. 물론 새롭게 스포츠관광 사업에 진출했다면 이 과정은 생략된다. 다음 단계로 경쟁사와 자사의 상품과 서비스의 이미지를 키워드 중심으로 목록화하고 자사를 차별화할 수 있는 상품의 속성과 이미지의 영역으로 무엇이 있는지를 확인한다. 이 과정에서 각각의 속성과 이미지 조합을 통해 포지셔닝 전략을 수립할 수도 있으며, 새로운 포지셔닝 방향을 선택할 수도 있다. 여기서 유의할 점은 어떠한 포지셔닝 콘셉트를 선택하든지 간에, 자사의 사업 목적과 부합하고 장기적인 관점에서 시장에서 가치를 지닐 수 있는지를 신중하게 검토해야 한다는 점이다. 학자에 따라 보편적이면서도 가치 지향적인 포지셔닝 전략이 이러한 위험을 줄일 수 있다고 제안한다. 소비자의 스키마에 각인된 이미지는 쉽게 바뀌지 않는다는 점을 명심하자.

끝으로 포지셔닝 방향과 콘셉트가 결정되었다면, 스포츠관광 마케터는 자사의 마케팅 믹스 실행 과정에서 지속적으로 사용할 포지셔닝 문구를 작성한다. 포지셔닝 문구는 자사의 상품과 서비스가 스포츠관광 소비자에게 줄 수 있는 가치가 무엇인지를 명확하게 담고 있어야 한다.

이상의 단계를 거쳐 스포츠관광 기업이 일반적으로 취할 수 있는 포지셔닝 전략으로는 기능적 포지셔닝과 상징적 포지셔닝•이다. 기능적 포지셔닝(functional positioning)이란 스포츠관광 소비자의 기능적 욕구(functional needs)에 어필하는 이미지 주입 전략이다. 이러한 포지셔닝 전략은 스포츠관광 상품과 서비스를 통해 소비자에게 제공할 수 있는 가시적인 혜택에 초점이 맞추어진다. 예를 들어, 스포츠관광 상품과 서비스가 제공하는 항공편이나 숙박의 편의성, 상품과 서비스의 다양성, 차별화된 가격과 혜택 등과 같은 비용 대비 가시적인 효익 등을 강조하여 소비자에게 기능적 가치를 제안하는 방식이 이에 해당한다. 이러한 접근 방식은 다양한 여가 활동

• 기능적 포지셔닝이란 제품 구매와 서비스 이용에 있어서 제품과 서비스의 성능과 품질을 강조하는 소비자의 기능적 욕구에 어필하는 이미지 주입 전략이다. 반면 상징적 포지셔닝이란 제품과 서비스의 성능과 품질보다는 이를 소비함으로써 얻게 되는 상징적인 의미와 효능에 가치를 두는 이미지 주입 전략이다.

중 스포츠에 대한 몰입과 관여 정도가 낮은 캐주얼 스포츠관광 시장에 적합한 방식이다. 하지만 스포츠 참여와 관람을 통한 관광 행동이 본질적으로 인간의 유희적 리미널리티와 경직된 사회 시스템에 대한 여가적 일탈에 기반한다는 점에서, 기능적 포지셔닝 방법은 가치 제안에 있어서 한계를 지닐 수도 있다.

궁극적으로 스포츠 시장은 상징을 소비한다(Dimanche, & Samdahl, 1994; Piacentini & Mailer, 2004). 시장의 이러한 특성 때문에 오늘날 스포츠관광 마케터는 상징적 포지셔닝 콘셉트 개발에 주목할 필요가 있다. 상징적 포지셔닝(symbolic positioning)은 상품과 서비스 이용이 지닌 상징적 의미와 사회적 의미를 강조하고 시장에 어필하는 전략이다. 상징적 욕구(symbolic needs)는 제품과 서비스의 성능과 품질보다는 이를 소비함으로써 얻게 되는 상징적인 의미와 효능에 가치를 둔다. 우리는 이러한 상징적 욕구가 강할수록 소비를 통해 상징적 효익(symbolic benefits)을 추구한다고 이야기한다. 유희적 속성을 지닌 스포츠는 본질적으로 개인의 자아 개념과 라이프 스타일을 자연스럽게 표출할 수 있는 상징적 수단으로 가치를 지닌다. 또한 스포츠 몰입과 관여 정도가 높을수록 상징적 욕구가 스포츠 참여와 관람 동기로 강하게 작용한다. 이러한 상징적 포지셔닝 전략을 선택할 경우, 목표 시장의 두드러진 사회심리학적 특성(라이프 스타일, 개성, 이상적 자아관)을 파악한 후, 목표 시장에 제공할 수 있는 상징적 가치(새로운 경험, 강인함, 도전, 변화, 고급, 탈출, 안전 등)를 제안하는 것이 효과적이다.

### (3) 3단계: 마케팅 믹스 전략의 개발과 실행

환경 분석과 SWOT 분석을 토대로 사업의 방향을 설정하고, 마케팅의 기본 전략인 STP(시장 세분화–표적 시장 선정 및 시장 도달 전략 선택–포지셔닝)를 수행하였다면, 이제 실제 스포츠관광 시장에서 전개할 영업·기능적 실행 전략을 마련해야 한다. 일반적으로 마케팅에서 영업·기능적 전략이란 마케팅 믹스를 의미한다(신우성, 2008). 마케팅 믹스는 상품 믹스, 가격 믹스, 유통 믹스와 촉진 믹스로 구성되며, 목표 시장의 욕구나 필요를 충족시켜 매출 및 영업 이익과 더불어 이미지와 브랜딩 효과를 얻기 위해서 기업이 시장에서 실행하는 실제적인 마케팅 활동이다.

상품 전략　스포츠관광 상품이란 스포츠관광의 생산 주체가 스포츠관광 자원을 활용하여 생산한 유무형의 재화나 서비스를 의미한다. 우리는 이미 스포츠관광 상품의 재료가 되는 자원으로 자연과 인공적인 시설과 공간 인프라로 구성되는 능동적 참여 스포츠관광 자원과 스포츠 스타, 감독, 팀과 리그 등의 스포츠 이벤트 관광 자원, 경험과 추억이 농축되어 스포츠 스키마를 형성하는 모든 객체로 설명되는 노스탤지어 스포츠 자원이 있음을 알아보았다. 그럼 스포츠관광 마케터가 이러한 자원을 활용하여 생산할 수 있는 스포츠관광 상품을 분류하고, 매력적인 상품의 개발과 수익과 이미지 창출을 위한 상품 믹스 전략에 대해 살펴보자.

① **스포츠관광 상품의 유형**　스포츠관광 상품은 스포츠관광의 형태에 따라 참여 스포츠관광 상품, 이벤트 스포츠관광 상품, 노스탤지어 스포츠관광 상품으로 구분된다.

능동적 참여 스포츠관광 상품　능동적 참여 스포츠관광 상품은 아웃도어 참여 스포츠의 환경을 제공하는 자연과 인공적인 시설과 공간 인프라 등의 참여 스포츠관광 자원을 활용하여 생산된 상품이다. 이러한 유형의 관광 상품을 개발하는 기업으로는 레저 리조트 산업체, 레저 스포츠 교육 관련 산업체, 자연환경을 보유한 지방자치단체, 스포츠 및 관광 관련 공공기관 등이 있으며, 이들이 생산하는 참여 스포츠관광의 핵심 상품으로는 다양한 종류의 참여 스포츠 프로그램과 지도 프로그램 등이 있다. 이 밖에 핵심 상품에 다른 차원의 편익과 유익을 추가하여 스포츠관광 시장에 어필하는 확장 상품으로는 스타 선수의 원 포인트 레슨과 같은 핵심 상품의 깊이를 더해 주는 확장 상품과 각 기관이 협조하여 인근의 관광 자원과 문화 예술 이벤트, 혹은 지역의 행사를 연계한 투어 프로그램처럼 제품 라인의 폭을 넓혀주는 확장 상품이 있다.

이벤트 스포츠관광 상품 이벤트 스포츠관광 상품은 올림픽, 월드컵과 같은 메가 스포츠 이벤트, 프로 스포츠 경기, 홀마크 이벤트, 종목별 메이저 이벤트와 이러한 이벤트를 생산하는 팀과 스타 선수, 그리고 리그와 같은 스포츠 이벤트 관광 자원을 활용하여 생산된 상품이다. 이러한 유형의 관광 상품을 개발하는 기업으로는 리그, 구단, 스타 선수의 에이전트, 스포츠 시설을 관리하는 지방자치단체, 스포츠 및 관광 관련 공공기관, 여행사, 후원 기업 등이 있다. 이들이 생산하는 이벤트 스포츠관광의 핵심 상품은 이벤트 관람을 목적으로 한 관광의 본연의 필요와 욕구를 직접 충족시키는 것을 목적으로 하며, 스타 선수나 감독, 그리고 이들이 생산한 대회와 경기 자체 등이 있다. 이 밖에 핵심 상품에 다른 차원의 편익과 유익을 추가하여 시장에 어필하는 스포츠 이벤트 관광의 확장 상품으로서는 팬 사인회, 구단의 스타디움과 박물관 투어, 구단의 쇼핑숍과 같은 핵심 상품의 깊이를 더해 주는 확장 상품과 각 기관이 협조하여 개최 지역의 관광 자원과 문화 예술 이벤트, 혹은 지역의 행사를 활용한 이벤트 연계 투어 프로그램 상품처럼 제품 라인의 폭을 넓혀주는 확장 상품이 있다.

노스탤지어 스포츠관광 상품 노스탤지어 스포츠관광 상품은 스포츠 매력물과 스포츠 참여와 관람의 경험과 추억이라는 노스탤지어 자원을 활용하여 만들어진 유무형의 상품이다. 이러한 유형의 관광 상품을 개발하는 기업으로는 리그, 구단, 스타 선수의 에이전트, 스포츠 및 관광 관련 공공기관, 여행사 등이 있다. 이들이 생산하는 노스탤지어 스포츠관광의 핵심 상품은 추억과 경험의 재생을 목적으로 한 시장의 필요와 욕구를 직접 충족시키는 것을 목적으로 한다. 이러한 핵심 상품으로는 역사적인 스포츠 매력물 투어 상품, 과거 관람과 참여의 추억과 경험을 되살려 주는 옛 스타들이 참여하는 이벤트 관람 상품이나 이들과 함께 참여하는 스포츠 프로그램 등이 있다. 이 밖에 핵심 상품에 다른 차원의 편익과 유익을 추가하여 시장에 어필하는 확장 상품으로는 옛 스타들의 팬 사인회, 옛 스타들과의 스타디움과 박물관 투어처럼 핵심 상품의 깊이를 더해 주는 확장 상품과 각 기관이 협조하여 인근 지역의 관광 자원과 문화 예술 이벤트, 혹은 지역의 행사를 활용한 연계 투어 프로그램 상품과 같은 제품 라인의 폭을 넓혀 주는 확장 상품이 있다. 참여와 관람의 경험이 노스탤지어 스포츠관광의 동인이 된다는 측면에서 노스탤지어 스포츠관광 상품은 능동적 참여 스포츠관광 상품과 이벤트 스포츠관광 상품의 확장을 위한 또 다른 모티브가 되기도 한다.

**② 스포츠관광 마케터의 역할** 스포츠관광 산업에는 스포츠 관람과 이벤트, 그리고 노스탤지어라는 스포츠관광 자원을 직접 생산하는 스포츠 관련 기관이 존재한다. 물론 직접 생산자인 스포츠 조직, 리그, 구단, 선수(혹은 에이전트)가 핵심 혹은 확장된 형태의 스포츠관광 상품을 직접 개발할 수도 있다. 하지만, 스포츠관광에는 또 다른 중요한 이해관계자가 존재한다. 바로 스포츠관광 자원을 직접 생산하지는 않지만 스포츠 관련 기관과의 연계를 통해 핵심 혹은 확장 상품을 직접 개발하거나 기획하는 관광 관련 기관과 기업이다. 스포츠 마케팅이 스포츠 생산자를 중심으로 후원 기업의 스폰서십(스포츠를 이용한 마케팅)과 미디어가 연계된 삼각의 공생 관계였다면, 스포츠관광 마케팅은 스포츠 생산자와 관광 생산자의 상호 공생 관계에 기반한고 있다고 할 수 있다. 특히 타 산업의 마케팅과 달리, 스포츠와 관광의 상호 밀접한 공생적 관계는 양 산업을 연계한 융합적 마케팅의 길을 열어 주었다. 일례로, 오늘날 스포츠관광 마케터에게는 스포츠관광 유형별 핵심 상품과 확장 상품의 조합, 혹은 핵심 상품과 지역 관광 자원의 조합, 나아가 확장 상품과 지역 관광 자원의 조합을 통한 스포츠관광 상품

| 구성 | 도입기 | 성장기 | 성숙기 | 쇠퇴기 |
|---|---|---|---|---|
| 판매 | 낮음 | 급속 증가 | 최대 | 감소 |
| 비용(고객당) | 높음 | 평균 | 낮음 | 낮음 |
| 이윤 | 낮음 | 증가 | 최대 | 감소 |
| 고객 특성 | 혁신자 | 조기 수용자 | 중간 다수자 | 느린 수용자 |
| 경쟁 | 낮음 | 증가 | 최대 수준 안정 | 감소 |
| 마케팅 목표 | 상품의 인지도 제고 및 구매 유도 | 시장 점유율 확대 | 시장 점유율 방어와 이윤의 확대 | 비용 절감과 상품 축소 |
| 상품 전략 | 기초 상품 제공 | 상품 확대 및 서비스 보증 제공 | 브랜드와 모델의 다양화 | 취약 상품 폐기 |
| 가격 전략 | 원가 가산 가격 | 시장 침투 가격 | 경쟁 대응 가격 | 가격 인하 |
| 유통 전략 | 선별적 유통 | 유통 채널 확대 | 유통 채널의 최대화 | 유통 채널 최소화 |
| 광고 전략 | 상품 소개 및 인지 | 시장에서의 인지도와 관심 제고 | 차별화 및 혜택 강조 | 충성도 강한 고객에 집중 |
| 촉진 전략 | 적극적 예산 투입 | 고객 수요에 따른 판촉 축소 | 확장 상품과 브랜드 확장을 위한 판촉에 집중 | 최저 수준으로 판촉 수준 유지 |

자료: 신우성(2008); 김재학·정경일(2009). 재구성.

표 9-3
**상품 수명 주기별 시장의 특징과 마케팅 전략**

믹스의 가능성이 무궁무진하다. 그리고 이러한 과정을 통해 창출된 스포츠 관광 상품의 주기는 도입기나 성장 초기 단계로, 매력도가 높다고 할 수 있다. 오늘날 스포츠관광 마케터의 존재 이유가 융합 산업의 장점을 살린 창의적인 상품 믹스와 이를 통한 매력적인 확장 상품 개발에 있다고 해도 과언이 아니다. 상품 수명 주기별 시장의 특성과 마케팅 전략을 요약하면 표 9-3과 같다.

가격 전략 가격은 상품이나 서비스에 대하여 부과되는 금액으로, 넓은 의미에서 소비자가 제품이나 서비스를 소유 또는 이용함으로써 얻는 효익과 교환하는 여러 가치의 합계라고 할 수 있다(신우성, 2008). 스포츠관광 마케팅에 있어서 가격은 소비자가 스포츠관광 상품이나 서비스를 구입하고 치르는 대가라고 할 수 있다. 스포츠관광 상품 및 서비스에 대한 가격은 상품의 성격에 따라 다양하게 적용될 수 있다. 스포츠관광 마케터는 다음에 제시할 3가지 가격 전략에 대한 이해를 바탕으로 스포츠관광 상품과 서비스의 유형에 따라 적합한 가격 전략을 수립해야 한다.

① **가격 차별화 전략** 가격 차별화 전략이란 세분 시장에 따라 동일한 상품과 서비스의 가격에 차등을 두는 전략이다. 예를 들어, 이벤트 스포츠관광 상품의 경기 관람 입장권을 성년, 아동, 노인, 가족 등의 대상별로 차등을 두어 가격을 책정하거나, 노스탤지어 스포츠관광 상품의 경기장 박물관 투어 프로그램 가격을 개인과 단체 투어로 차등을 두는 가격 전략이 이에 해당한다. 또는 온라인으로 발매한 입장권과 경기장에서 발매한 입장권의 가격에 차등을 두는 방식의 유통 채널의 차이를 기준으로 한 가격 차별 전략도 흔히 이용된다. 이러한 차별화된 가격의 내용은 세분 시장과의 커뮤니케이션 주제와 이슈로도 활용될 수 있으며, 목표 시장을 겨냥한 판매 촉진의 수단으로도 가치를 지닌다.

② **초기 고가 전략** 초기 고가 전략(market-skimming pricing strategy)은 경쟁사가 개발하지 못한 신상품이나 서비스를 처음 개발했을 때, 고가의 가격을 책정하여 수익을 창출한 후 유사한 상품이 등장하면 점차 가격을 낮추어 가격에 민감한 일반 소비자에게까지 어필하는 전략이다. 예를 들어, 골프 관광 상품이 처음 등장했을 때는 상당히 고가였으나, 시간이 흘러 유사한 스포츠관광 상품이 시장에 진입하자 가격을 낮추어 현재는 일반 소비시장에서도 어필하고 있다. 이러한 전략은 경쟁사의 유사 상품과 서비스가 시장에 진입하기 전에, 단기간 동안 높은 수익을 실현할 목적으로 이용되며, 또한 시장이 성숙기로 접어들면 오히려 저가 정책을 폄으로써 경쟁사의 모방 상품의 점유율을 위협할 목적으로도 활용된다. 흔히 스키밍 가격 전

표 9-4
스포츠관광 상품의 유형별 지불 항목

| 유형 | 지불 항목 | 의미 |
|---|---|---|
| 능동적 참여 스포츠관광 | 입장료·연간 회비 | 공원이나 시설 입장료, 연간 회원권·연간 이용권 |
| | 사용자 이용료 | 능동적인 스포츠 참여를 위해 스포츠 시설을 이용한 대가로 지불하는 비용 |
| | 대여료 | 스포츠 장비 및 용품 대여 비용, 로커 사용료, 카트 대여료 등 |
| | 임대료 | 전지훈련을 위한 전문 시설 임대료 |
| | 강습료 | 스포츠 레슨을 위해 지불하는 비용 |
| | 라이선스와 허가료 | 사냥 또는 낚시 등의 스포츠에 직접 참여하기 위해 정부에서 규정한 면허와 허가를 획득하면서 지불하는 비용 |
| | 편의 상품 구매료 | 시설 내 기념품 판매점, 매점 등의 상품 판매 수입 |
| | 주차료 | 시설 내 주차 비용 |
| | 확장 상품 구매료 | 확장 상품 구매 비용 |
| 이벤트 스포츠관광 | 관람료·연간 회비 | 경기장 관람 입장료, 연간 이용권 |
| | 편의 상품 구매 | 시설 내 기념품 판매점, 매점 등의 상품 판매 수입 |
| | 주차료 | 시설 내 주차 비용 |
| | 기타 구매 | 확장 상품 구매 비용 등 |
| 노스탤지어 스포츠관광 | 입장료 | 스포츠 매력물 입장료 |
| | 투어 프로그램 이용료 | 능동적인 스포츠 참여를 위해 스포츠 시설을 이용한 대가로 지불하는 비용 |
| | 편의 상품 구매 | 시설 내 기념품 판매점, 매점 등의 상품 판매 수입 |
| | 주차료 | 시설 내 주차 비용 |
| | 기타 구매 | 확장 상품 구매 비용 등 |
| 서비스 이용 | 항공료 | 목적지로의 이동을 위한 항공료 |
| | 숙박료 | 채류 기간 동안 지불하는 숙박 비용 |
| | 교통료 | 채류 기간 동안 지출하는 목적지 내의 교통료 |
| | 식음료 | 채류지에서 지출하는 식사 비용 |
| | 오락비 | 채류지에서 지출하는 오락 비용 |

자료: 김재학·정경일(2009), 재구성.

략이라고도 한다.

**③ 시장 침투 가격 전략** 시장 침투 가격은 상품이 처음 나왔을 때 상당히 낮은 가격을 책정하여 넓은 시장으로 빠르게 침투하는 전략으로 초기 고가 전략과 상반된다. 시장 침투 가격 전략은 시장에서 빠르게 확산되는 구전 효과를 노릴 수 있다는 장점과 경쟁사의 시장 진입 동기를 저하시키는 효과가 있다. 이러한 전략은 목표 시장의 규모가 상당히 큰 경우, 그리고 그 시장이 가격에 민감할 때 효과적이다. 따라서 현재 스포츠에 대한 몰입과 관여 정도가 낮지만 잠재력을 지니고 있는 큰 규모의 시장을 겨냥하고 있다면, 차별화되지 않은 대중적인 스포츠관광 상품의 가격 전략으로 활용 가치를 지닌다. 반면 특정 상품과 서비스로 특정 세분 시장에 집중하는 전략을 지향하는 소규모 스포츠관광 기업에게는 적합하지 않다. 또한 시장 침투 가격 전략은 가격이 오르면 고객 이탈률이 높다는 단점이 있다.

**④ 묶음 가격 전략** 묶음(bundling) 가격 전략은 몇 가지 스포츠관광 상품이나 서비스를 묶어서 판매하는 방식을 말한다. 일반적으로 참여와 관람의 특별한 경험에 가치를 두는 스포츠관광객의 입장에서 볼 때, 이러한 묶음 전략은 다양한 경험을 제공하는 상품과 서비스를 한번에 저렴하게 구매할 수 있다는 장점이 있다. 또한 스포츠관광 기업의 관점에서는 판매률이 낮은 관광 자원의 활용도를 높이거나 지역의 관련 기관과 연계한 묶음용 확장 상품을 개발하여 지역의 관광 경제에 긍정적인 효과를 기대할 수도 있다. 예를 들어, 뉴욕 양키스는 양키스 박물관 투어(노스탤지어 스포츠관광 상품) 후 뉴욕 양키스 경기를 관람할 수 있는 관람권과 주차권(이벤트 스포츠관광 상품)을 묶은 상품을 선보였다. 지역의 관광 관련 협력체와 스포츠관광 자원의 활용과 지역경제 활성화를 모색해야 하는 스포츠관광 마케터에게 능동적 참여, 관람, 노스탤지어 스포츠관광, 그리고 지역의 문화 예술 자원을 연계한 묶음 상품 개발과 가격 전략은 상당히 중요하다. 이러한 묶

음 가격 방법에는 흔히 하나의 상품과 서비스를 정상가로 구매하면, 다른 상품과 서비스를 할인해 주는 혼합 선도형 묶음 전략과 묶음 상품 전체를 하나의 가격으로 책정하는 혼합 결합형 전략이 있다.

**⑤ 캡티브 상품 가격 전략** 캡티브 상품 가격(captive product pricing)이란 어떤 상품을 싸게 판매한 다음에 그 상품에 필요한 소모품, 부품 등을 비싼 가격에 판매하는 가격 정책을 말한다(신우성, 2008). 예를 들어 능동적 참여 스포츠관광 상품 중 스키 리조트의 입장료와 장비 대여료를 저렴하게 책정하여 고객을 유치한 다음, 숙박료, 레스토랑, 사우나, 헬스장 등의 리조트 내 서비스를 이용하도록 유도하여 기업의 목표 매출액을 달성하는 전략이다.

### 유통 전략

**① 스포츠관광 유통의 개념** 스포츠관광 마케터가 상품이나 서비스를 개발하고 가격 전략을 결정하였다면 이후 그가 수립해야 할 중요한 전략은 상품과 서비스를 어느 곳에 진열해야만 표적 시장에 가까이 다가갈 수 있느냐와 관련된다. 상품과 서비스를 소비자와 가깝게 배치할수록 판매될 가능성이 높기 때문이다. 이는 지금 소개할 마케팅 믹스의 세 번째 요소인 장소 혹은 유통 채널에 대한 고민이다. 예를 들어, 이벤트 스포츠관광의 생산자로 분류될 수 있는 프로야구 구단 롯데 자이언츠가 열성 팬들을 위해서 팀과 함께하는 일본에서의 동계 전지훈련과 오승환이 소속된 한신 타이거즈와의 연습 경기 관람 투어 상품을 개발했다고 하자. 이러한 스포츠관광 상품과 서비스를 구단의 홈페이지와 구장에 진열할지, 아니면 계열사인 롯데백화점과 롯데관광의 유통 채널을 활용할 것인지, 아니면 온천욕 코스와 지역의 문화 예술 이벤트가 포함된 확장 상품을 함께 개발한 부산의 여행사의 홈페이지와 이곳의 유통 채널을 활용할 것인지에 따라 각각 다른 소비자에게 소구되기 때문에 시장에서 느끼는 투어 상품의 가치 또한 달라진

다. 능동적 참여 스포츠관광의 주요 생산자인 레저 스포츠 사업체나 노스탤지어 스포츠관광의 주요 생산자인 구단과 지방자치단체, 관광 기관들도 비슷한 고민을 안고 있다. Strand 등(2004)은 마케팅 믹스의 세 번째 요소인 유통과 장소는 "상품이나 서비스를 소비자가 이용할 수 있도록 진열하는 상호 의존적인 조직이자 소비자에게 향하는 통로"라고 정의한다(Strand, Rothschild, & Nevin, 2004).

스포츠관광 마케팅의 유통 전략은 표적 시장이 상품(핵심 상품이나 확장 상품)과 서비스를 가장 쉽고 빠르고 간편하게 접근할 수 있도록 하는 것이 전략의 핵심이라 할 수 있다. 특히 스포츠관광은 매장에서 소구되어 바로 판매되는 일반 유형재와 달리, 목적지로의 이동을 통해 현장에서 체험해야 하는 무형적, 경험적, 미래적 성격이 강하다. 따라서 스포츠관광에서의 유통 전략은 일반적으로 상품과 서비스에 관한 효과적인 정보 전달과 이와 관련된 유통 경로의 활용과 관련된다.

② **유통 채널** 스포츠 마케팅에서는 참여 스포츠 상품은 생산과 소비가 동시에 일어나는 스포츠의 특성 때문에 단순히 스포츠 상품의 생산자가 고객에게 직접 서비스를 제공하는 단일 경로로 유통된다고 이야기한다. 또한 관람형 스포츠 상품(스포츠 이벤트)의 유통 경로 또한 서비스의 성격이 강하기 때문에 입장권의 현장 판매, 전화 및 인터넷 예매 등과 같이 스포츠 상품의 생산자가 팬에게 직접 서비스를 제공하는 것이 일반적이라고 설명한다(신우성, 2008). 하지만 목적지로의 이동을 전제하고 지역의 관광 자원과 연계된 확장 상품의 소비 가능성이 높은 스포츠관광 마케팅에서는 스포츠관광 상품의 생산 조직의 성격에 따라 2가지 형태의 유통 방법을 취할 수 있다.

첫째, 간접적인 유통 전략이다. 이는 도소매업 유통 채널과 같은 중계자를 통해서 상품이나 서비스를 표적 시장에 유통시키는 방법이다. 예를 들

그림 9-6
**스포츠관광 상품의 유통 경로**

어, 능동적 참여 스포츠관광 상품을 생산하는 레저 스포츠 기업이나 이벤트와 노스탤지어 관광 상품을 생산하는 구단과 스포츠 관련 조직, 혹은 지방자치단체는 관광 관련 사업체(여행사)와 같은 중계 유통 경로를 통해 스포츠관광 상품을 판매할 수 있다. 간접적인 유통 전략은 스포츠관광 생산자가 스포츠 자체 마케팅을 통해 양질의 상품과 서비스 생산에만 집중할 수 있다는 장점과 별다른 노력 없이 중간 유통 경로 조직(여행 및 관광 사업체)의 유통 경로를 활용하여 입장권 수익과 판매 수익(머천다이징 상품, 매점 수익 등)을 올릴 수 있다는 점에서 매력적이다.

둘째, 직접적인 유통 전략이다. 이는 스포츠관광 상품 생산자가 중계 과정을 거치지 않고 바로 최종 소비자에게 상품과 서비스를 유통하는 방식이다. 앞서 살펴본 바와 같이 별다른 유통 채널 없이 박물관 투어 상품을 직접 개발하여 경기 관람권과 함께 직접 판매하는 뉴욕 양키스의 사례처럼, 능동적 참여 스포츠관광 상품을 생산하는 레저 스포츠 기업이나 스포츠 이벤트와 노스탤지어 관광 상품을 생산하는 구단과 스포츠 관련 조직, 혹은 지방자치단체는 직접적 마케팅을 통해 직접 표적 시장에 소구할 수도 있다. 직접적인 유통 전략은 관광 관련 사업체(여행사 등)에 의해 활용될 수도 있다. 일반적으로 생산자가 상품의 성격과 특성을 결정하는유형적 성격의 일반 재화와 달리, 여행사 혹은 관광 관련 사업체가 생산자와 협력하여 직접 관련 핵심 상품과 확장 상품이나 서비스를 개발할 수 있다는 점에서,

관광 관련 사업체 또한 직접적인 유통 과정에서 스포츠관광 상품의 생산자가 될 수 있다. 직접적인 유통 전략은 스포츠 생산자의 마케팅 자원이 충분하고 전문성을 갖추었을 때 효과적이다.

촉진 전략　아무리 좋은 스포츠관광 상품과 서비스를 만든다 하더라도 이를 시장에 소개하여 선택할 수 있는 기회를 제공하지 못한다면 소용이 없다. 촉진이란 목표 시장의 잠재 소비자들을 향하여 기업의 의사를 전달하는 모든 수단을 의미한다(이정학, 2012). 이러한 촉진의 목적을 달성하기 위해서 스포츠관광 마케터는 촉진 믹스 전략을 수립하고 활용하여야 한다. 일반적인 촉진 전략은 푸시와 풀 전략이 있다. 푸시형 전략(push strategy)이란 생산자가 광고에는 많은 노력을 기울이지 않고, 판매원에 의한 인적 판매를 통하여 그 상품과 서비스를 소비자에게 밀어붙이면서 판매하는 방식이다. 즉, 인적 판매원과 중간 판매점을 통해 밀어붙이면서 전개하는 전략으로 이해할 수 있다. 반면, 풀 전략(pull strategy)이란 광고를 통하여 상품과 서비스에 호감을 형성한 소비자가 스스로 특정 상품이나 서비스를 구매하도록 유도하는 전략으로, 잡아당기면서 구매하도록 하는 고차원적 정책이라고 할 수 있다. 이는 광고를 통하여 소비자가 직접 찾아와서 지명 구매하는 형태의 판매 정책으로, 소비자의 주의를 환기시키기 위한 광고를 주로 활용한다. 이상의 촉진 전략을 수행하기 위한 도구, 즉 촉진 믹스로는 일반적으로 가장 많이 활용되는 광고, 인적 판매, 판매 촉진, 홍보가 있다.

**① 광고**　스포츠관광 마케터에게 광고란 매력적인 스포츠관광 상품을 개발하여 이에 관한 상품 정보를 표적 시장에 전달하고 소비자의 주의를 환기시켜 상품의 구매를 유도하는 활동이라고 할 수 있다. 구체적으로 스포츠관광 광고는 기업이 생산한 상품에 관한 정보를 소비자에게 전달하기 위해서, 자사의 상품과 서비스에 대하여 긍정적인 이미지를 갖도록 상품의 차별적 특성에 관한 정보를 제공하기 위하여 기업 이미지의 차별화와 향상을

표 9-5
광고의 장단점

| 장점 | 단점 |
|---|---|
| · 접촉당 비용이 다른 촉진 수단보다 저렴<br>· 창조적이고 극적인 메시지를 연출하고 전달 가능<br>· 판매원이 없이도 고객과 접촉이 가능<br>· 비인적 촉진 수단으로 비위협적<br>· 메시지를 반복해서 전달 가능<br>· 기업의 명성과 신뢰성 제고<br>· 선택 가능한 매체가 다양 | · 표적 시장이 아닌 넓은 시장에 도달<br>· 밀착 판매의 어려움<br>· 대중들의 광고 여과와 회피<br>· 신속함, 즉각적인 행동 유발의 어려움<br>· 효과 측정의 어려움<br>· 높은 비용 |

자료: 신우성(2008); 이정학(2012). 재구성.

위해 이용된다. 광고의 종류는 매체 종류에 따라 전파 매체, 인쇄 매체, 기타 매체로 구분되며, 이는 다시 신문 광고, 잡지 광고, 방송 광고, 옥외 광고, 교통 광고 등으로 나누어진다(이정학, 2012). 스포츠관광 마케터는 주요 광고 매체 중 스포츠 후원 기업들이 주로 활용하는 광고 매체에 주목할 필요가 있다. 이는 스포츠 시장이 곧 스포츠관광의 주요 시장이기 때문이다. 예를 들어, 독일 분데스리가나 영국 프리미어리그 같은 이벤트 스포츠관광 상품의 경우, 국내 프로축구 후원 기업들이 즐겨 활용하는 전광판 광고나 펜스 광고, 경기장 바닥 광고, 회전식 보드 광고 등을 고려해야 한다. 일반적으로 광고는 다음과 같은 순기능과 역기능을 지닌다.

### 광고의 정기능(순기능)

- 마케팅 기능: 판매 촉진, 이미지의 차별화, 마케팅 활동의 시너지 효과 창출, 기업 이미지의 쇄신, 상품 품질의 신뢰성 제고 등
- 경제적 기능: 소비 촉진과 상품 생산의 극대화, 시장 확대, 기업 간의 올바른 경쟁 유도, 시장 경쟁을 통한 상품과 서비스의 품질 제고 유도
- 사회적 기능: 다양한 정보 제공, 상품 선택의 폭 확대, 스포츠관광 소비에 대한 올바른 가치관 제공, 스포츠관광을 통한 건강한 라이프 스타일을 소개
- 소비 문화적 기능: 소비자의 구매 의사 결정에 영향, 광고를 통해 상품과

서비스를 즐길 수 있도록 도움, 광고 자체로 즐거움을 선사

- 정보 제공 기능: 상품에 대한 정보 제공, 상품에 대한 기억 증진, 신상품의 출현에 대한 공지

**광고의 역기능**

- 물질주의 조장: 소비 심리 자극과 낭비를 조장, 물질 만능주의 조장, 충동 구매 조장
- 경제적 역기능: 과다한 광고 비용으로 상품과 서비스의 가격 상승, 사회적 재원의 낭비, 대기업의 독점과 시장 지배, 상품의 품질 경쟁이 아닌 이미지 경쟁의 가능성

일반적으로 스포츠관광 상품의 광고는 다음과 같은 조건에서 상대적으로 효과를 발휘한다.

- 구매자의 인지도가 낮을 때
- 경기 호전과 소비 문화의 확산으로 스포츠관광 산업의 총 판매량이 증가할 때
- 상품과 서비스가 (구매자가 알 수 없는) 독특한 특성을 가지고 있을 때
- 상품 차별화를 할 수 있는 가능성이 클 때
- 특정 상품을 사용하는 선택적 수요보다 어떤 상품을 사용하게끔 하는 본원적 수요를 자극하고자 할 때

또한 광고가 다른 촉진 믹스와 차별화된 특성은 다음과 같다(신우성, 2008).

- 공중 제시(public presentation): 광고는 공공성을 지닌 커뮤니케이션으로 공중 제시의 성격을 지닌다. 대중에게 동일한 정보를 제공하며 제품

에 대하여 일종의 정당성을 부여하며, 바로 이러한 이유 때문에 합법적이어야 하고, 대중들의 구매 동기를 자극할 수 있도록 기본적이면서 표준화된 성격을 지녀야 한다.

- 보급성(pervasiveness): 이는 침투성이라고하도 하는데, 대중들에게 반복하여 메시지를 전달할 수 있어 보급적 특성을 지닌다. 지리적으로 광범위하게 분산된 구매자들에게 적은 노출당 원가로 메세지를 전달할 수 있다는 특징이 있다.
- 증폭 표현성(amplified expression): 문자, 소리, 그림, 색깔 등 이미지 조합 기술을 통해 상품과 서비스를 다양하게 표현하고 연출할 수 있다.
- 비인성(impersonality): 메시지의 전달이 독백의 형식이고 대중을 대상으로 하기 때문에 수신자는 주의를 하거나 반응을 보일 의무감을 느끼지 않는다. 따라서 타 촉진 믹스에 비해 소구력이 낮다.

**② 인적 판매** 인적 판매는 판매원이 직접 고객과 대면하여 자사의 상품이나 서비스를 구입하도록 권유하는 커뮤니케이션 활동으로 푸시 전략의 일환이다. 이러한 인적 판매는 방문 및 대면 판매와 전화 판매 등을 통해서도 이루어질 수 있다.

판매원이 시장에 직접 접근하여 고객의 필요와 요구, 표정, 반응에 맞추어가면서 바로 커뮤니케이션을 할 수 있다는 점에서 효과적이다. 하지만 광고나 홍보와 같은 다른 촉진 방식에 비해 촉진의 속도가 느리고, 고객 접

**표 9-6**
**인적 판매의 장단점**

| 장점 | 단점 |
|---|---|
| · 설득적이고 영향력이 있음<br>· 고객의 욕구와 불만의 요소를 파악하여 서비스 개선에 반영이 용이<br>· 특별한 사람이나 조직을 바로 표적화할 수 있음 | · 설득적이고 영향력이 있음<br>· 접촉 건당 비용이 높음<br>· 판매원의 교육과 동기 부여에 투자가 요구됨 |

자료: 신우성(2008); 이정학(2012). 재구성.

촉 건당 비용이 높다는 단점을 지닌다. 스포츠관광 마케터는 시장의 요구를 파악하기 위해서 주기적으로 인적 판매에 직접 참여하기도 한다. 예를 들어, 스포츠관광 마케터는 대기업을 타깃으로 참여 스포츠 포상 관광 상품이나 독특한 해외 이벤트 관람과 주변 여행을 주제로 한 스포츠관광 상품과 서비스를 개발할 수 있다. 이러한 경우, 고객인 기업의 담당자를 찾아가 상품의 특징과 포상으로 지닐 수 있는 가치와 장점을 설명하고 소구해야 할 것이다. 이와 같은 B2B 거래는 장기간 다수의 고객을 안정적으로 확보할 수 있다는 점에서 신뢰감을 줄 수 있는 인적 판매가 적합하다. 또한 고가의 능동적 참여 스포츠관광 상품이나 이와 관련된 확장 상품으로 소수의 특정 시장을 표적으로 하는 집중화 전략을 추구하는 소규모의 기업의 경우, 인적 판매를 통한 촉진 활동을 고려할 필요가 있다.

**③ 판매 촉진** 미국마케팅협회에 따르면 판매 촉진이란 광고와 인적 판매, PR 등을 제외한 고객의 고매나 유통업자의 효율성을 자극하는 모든 마케팅 활동을 의미한다. 즉 상품 또는 서비스의 판매나 구매를 촉진시키기 위한 단기적 자극책이라고 할 수 있다. 따라서 판매 촉진에 사용되는 수단은

**표 9-7**
**판매 촉진의 장단점**

| 장점 | 단점 |
|---|---|
| · 설득적이고 영향력이 있음<br>· 빠른 구매 유도에 용이함<br>· 신규 시장 진입과 경쟁 여가 상품에서 전환 유도에 용이함<br>· 고정비 부담이 적고 자금 여력이 부족한 기업의 경우, 예산을 신축적으로 사용 가능<br>· 가격 믹스 전략과 연계하여 시장별 가격 차별화가 용이함<br>· 수요를 조장하기 위해 단기적인 가격 인하가 용이함<br>· 다양하고 저렴한 판매 촉진 아이디어 개발이 용이함<br>· 다른 커뮤니케이션 수단과 연계하기가 용이함 | · 시장의 가격 민감성 초래<br>· 가격 촉진으로 인한 상품의 고품격 이미지 훼손 가능성<br>· 기업 목표와 상충될 가능성<br>· 단기적인 효과<br>· 모방 가능성 |

자료: 신우성(2008); 이정학(2012). 재구성.

매우 다양하고, 이를 계획함에 있어서 시장의 유형, 판매 촉진의 목적, 경쟁 조건, 수단별 이용과 효율성 등을 고려해야 한다(신우성, 2008). 일반적으로 판매 촉진에는 가격을 이용한 가격 촉진 방법과 비가격 촉진 방법으로 나눌 수 있다. 가격 촉진 방법은 다양한 가격 믹스를 통해 소비자를 유인하는 방법으로 일반적으로 스포츠 관람이나 이용 시설에 대한 관람료나 이용료를 할인해 주는 방식이다. 예를 들어, 부모와 함께 오는 어린이 무료입장, 가족 할인 투어, 단체 할인 투어 등과 같은 방식의 촉진 방법이 있다. 비가격 촉진 방법에는 스타의 사인볼과 같은 사은품 증정, 유니폼 추첨, 매장 할인 쿠폰, 투어 마일리지 적립과 특별 행사 등이 있다.

④ PR 홍보(public relations)는 스포츠관광 상품에 대한 정보를 다양한 정보 매체에 제공하고 좋은 정보를 기사화하도록 함으로써 관람과 참여를 자극하거나, 이에 반해 상품에 관한 좋지 않은 소문과 정보의 확산을 방지하기 위해 활용하는 커뮤니케이션 활동이다(김재학·정경일, 2009). 홍보의 주요 대상은 일반적으로 일반 소비자, 언론 기관, 기업, 유통 경로상의 중계업체, 정부 및 공공기관으로서, 이러한 홍보의 일반적인 형태로는 스포츠관광 마케터가 제공하는 각종 보도 자료나 기자 회견, 상품에 대한 주의를 환기시키기 위한 대중적인 활동과 행사, 강연 등을 들 수 있다. 이러한 홍보의 유형 중에서 특히 스포츠와 관광 관련 보도를 취급하는 방송, 신문, 잡지 등과 같은 언론 보도나 기사를 활용한 홍보가 비용 대비 노출 효과가 크다는 점에서 효과적이다. 따라서 선수, 구단, 리그, 스포츠 및 관광 관련 사업체나 공공 조직 등과 같은 스포츠관광 상품의 생산자는 스포츠관광에 대한 국민적 관심과 참여와 관람을 유인하는 대언론 홍보 등의 활동에 적극적일 필요가 있다. 예를 들어, 영국 관광청과 파트너십을 맺어 공동 마케팅과 홍보 활동을 실시하고 있는 프리미어리그의 사례처럼, 스포츠 이벤트 관광 상품을 직접 개발하는 국내의 프로 구단이나 리그는 문화체육관광부나 한국관광공사와 같은 정부 공공기관과 협력하여 국내 시장과 동남

**표 9-8**
**홍보의 장단점**

| 장점 | 단점 |
|---|---|
| · 저렴한 비용<br>· 시장의 신뢰도가 높음 | · 홍보의 주요 대상이 비협조 시 어려움이 있음<br>· 부정적인 보도나 기사에 대한 통제의 어려움 |

자료: 이정학(2012). 재구성.

아시아 시장을 타킷으로한 미디어 홍보 활동 등을 기획할 수 있을 것이다. 또 한국프로야구리그, 한국관광공사, 문화체육관광부, 그리고 지상파 방송이 함께 참여하는 '한국의 스포츠관광'이라는 주제의 다큐멘터리 프로그램의 제작과 배포와 같은 홍보 활동은 대중의 주의를 환기시키고 참여와 관람 관광 행동을 유인하는 데 효과를 지닐 것이다. 홍보의 장단점과 특징을 요약하면 다음과 같다(신우성, 2008).

대부분의 홍보 활동은 장기적으로 보면 광고보다 훨씬 저렴하다는 장점이 있다. TV의 특정 보도나 신문이나 잡지의 스포츠 여행 기사를 위한 지면에는 무료인 반면에, 광고 시간과 지면은 돈으로 구입해야 하기 때문이다. 홍보는 공급자나 상품에 관한 정보와 내용을 잠재 고객이 긍정적으로 받아들이도록 하는 데 영향을 미칠 수 있다. 하지만 일반적으로 홍보라고 불려지는 PR에서는 기업이 기사나 보도의 내용을 통제하기가 힘들기 때문에, 부정적인 보도와 소문 확산 방지를 위한 미디어 관리와 우호적인 관계가 중요하다. 이러한 단점에도 불구하고, PR이 지닌 긍정적인 측면은 다음과 같다.

첫째, 신뢰도가 높다. 대중 매체의 기사와 보도는 객관적 입장에 정확하게 작성되기 때문에 광고나 판매 촉진에 비해 일반 소비자들의 신뢰도가 높은 편이다.

둘째, 제공되는 정보에 대한 소비자의 경계 의식이 적다. PR은 직접적으로 상품의 장점과 특성을 통해 소구하는 광고와 달리, 공공적 성격의 뉴스나 논설, 혹은 다큐멘터리 형식의 노출이므로 기입의 상업적인 커뮤니케이션 활동에서 나타나는 소비자의 방어 현상이 적어진다.

셋째, 연출성이 있다. 홍보도 광고처럼 스포츠관광 기업이나 상품과 서비스의 속성을 극적으로 표현할 수 있다. 예를 들어, 구단과 리그, 지방자치단체의 관광 부서, 관광 관련 정부기관에서 근무하는 스포츠관광 마케터는 언론용 보도 자료나 기자 회견 자료를 만들거나 혹은 홍보성 활동과 행사를 기획할 때 그 내용을 보다 긍정적인 방식으로 구성할 수 있다.

넷째, 비용이 저렴하다. 앞서 언급하였듯이, 별다른 비용 없이 소비 시장에 스포츠관광 활동에 대한 긍정적인 효과와 이미지를 심어 줄 수 있다는 점에서, 다른 촉진 수단에 비해 비용 대비 효과가 크다는 장점이 있다.

### (4) 4단계: 마케팅 평가

스포츠관광 마케터는 이상의 마케팅 믹스를 실행한 후, 마케팅 결과를 평가해야 한다. 평가 단계에서는 마케팅 과정의 단계에서 추진했던 다양한 마케팅 활동을 분석한다. 분석 결과 마케팅 활동의 효과가 미미했다면 향후 마케팅 전략 수립과 실행 과정에서 참고할 수 있도록 한다. 마케팅 평가의 일반적인 방법으로는 판매 분석, 시장 점유율 분석, 마케팅 비용과 수익성 분석 등이 있다(신우성, 2008).

- 판매 분석법: 판매 목표와 실제 판매 실적을 비교 분석하고 차이점을 설명하는 분석법이다. 예를 들어, 강원도의 스키 리조트에서 2014년 동남아시아 스키 및 스노우보드 관광객을 대상으로 한 매출액 목표를 전체 매출의 5%로 목표를 세웠으나 2.5%에 그쳤다면 그 원인이 무엇인지를 분석하는 것이다.
- 시장 점유율 분석법: 경쟁사와 비교하여 시장에서 어느 정도의 점유율을 보이고 있는지를 분석하는 방법이다. 예를 들어, 맨체스터 유나이티드가 프리미어리그의 타 구단이나 유럽의 주요 축구 구단에 비해 외래 축구 관광객을 더 적게 유치했다면 그 원인을 분석하여 맨체스터 유나이티드 축구 관광의 시장 점유율을 높이는 방안 마련에 활용할 수 있다.

사례연구

### 스포츠 이벤트 관광의 협력: 축구 관광, 영국 관광 산업 기여 효과 입증

영국 관광청은 프리미어리그 측과 파트너십을 갖고 공동 마케팅을 하고 있다. 최근 영국 관광청이 발표한 자료에 따르면 2010년 영국 축구 경기 프리미어리그를 본 관광객 수는 75만 명이며 5억 9500만 파운드를 지출한 것으로 나타났다. 씀씀이가 큰 축구 팬들은 1인당 776파운드를 지출했으며 이는 평균 인바운드 관광객 지출액인 563파운드보다 높은 수치이다. 특히 노르웨이 관광객 13명 중 1명은 영국에 있을 때 축구 경기를 보러간 것으로 나타나 그 비율이 가장 높았던 것으로 분석되었다. 가장 인기 있는 경기장은 올드 트래퍼드로 전체 방문의 15%를 차지하였고, 그 다음으로 안필드와 에미레이트 스타디움인 것으로 나타났다. 한편 축구 경기를 본 사람 중 40%는 경기를 보는 것이 영국을 방문한 주요 이유라고 밝힘으로써 프로미어리그 축구 관광의 인기를 실감하게 했다. 영국의 축구 관광은 일반적인 휴가철이 아닌 1~3월에도 영국으로 관광객을 유치한다는 특징이 있다.

자료: City AM(2011).

- 마케팅 비용과 수익성 분석법: 유통 채널, 시설 및 서비스 분야 등에 지출된 제반 마케팅 믹스 비용 대비 수익을 평가하여 비생산적인 취약 부문은 축소하고 수익성이 높은 부문에는 더 많은 자원을 배치하기 위해 활용하는 경영 전략 방법이다.

## 토론문제

1. 능동적 참여 스포츠관광과 이벤트 스포츠관광, 노스탤지어 스포츠관광을 연계 가능한 확장 상품으로는 무엇이 있는지 논하시오.
2. 이벤트 스포츠관광 산업에서 인적 판매의 가능성에 대해 논하시오.
3. 동남아시아를 타깃으로 하는 이벤트 스포츠 마케팅 믹스 실행 방안에 대해 논하시오.

## 참고문헌


김재학, 정경일(2009). 스포츠 관광론. 학현사.

이정학(2012). 스포츠마케팅. 한국학술정보(주).

김지일(2012). 아디다스, 축구를 통한 사랑 나누기 행사 실시. 한국경제, 2015. 4. 30.

임세영(2014). 연탄 나르는 두산 베어스 선수단 '따뜻한 겨울 보내세요'. 뉴스엔, 2014. 12. 10.

안홍석(2015). 은퇴축구스타 베컴, 불우어린이 자선기금 만들어. 연합뉴스, 2015. 2. 15.

서원재, 성용준(2009). 스포츠팬을 잡아라. 지식의 날개.

서원재(2010). 스포츠마케팅과 브랜드 세계화. SK 경제연구소 특강 자료.

서화동, 유정우(2015). 지역경제 '미래 먹거리' 스포츠에 길을 묻다. 한국경제, 2015. 1. 20.

신우성(2008). 관광 레저 스포츠경영. 대왕사.

Chalip, L., & Green, B. C.(2001). Leveraging large sport events for tourism: Lessons learned from the Sydney Olympics. Supplemental proceedings of the Travel and Tourism Research Association 32nd Annual Conference. Boise, ID: TTRA.

Green, B., & Chalip, L.(1998). Sport and tourism in Western Europe. London, UK: British Travel Educational Trust.

Dimanche, F., & Samdahl, D.(1994). Leisure as symbolic consumption: A conceptualization and prospectus for future research. Leisure Sciences, 16(2), 119-129.

Gibson, H.(1998). Sport tourism: A critical analysis of research. Sport Management Review,1, 45-76.

Gibson, H. J.(2003). Sport tourism: An introduction to the special issue. Journal of Sport Management, 17(3), 205-213.

Piaccntini, M., & Mailer, G.(2004). Symbolic consumption in teenagers' clothing choices. Journal of Consumer Behaviour, 3(3), 251-262.

Rein, I., Kotler, P., & Shields, B. R.(2006). The elusive fan: Reinventing sports in a crowded marketplace. McGraw Hill Professional.

Schreiber, R.(1976). Sport interest, A travel definition. The Travel Research Association 7th Annual Conference Proceedings, 86–7, Boca Raton, Florida, 20–23 June.

Strand, J., Rothschild, M. L., & Nevin, J. R.(2004). "Place" and channels of distribution. Social Marketing Quarterly, 10(3), 8–13.

Trout, J., & Ries, A.(2000). Positioning: The battle for your mind. Replay Radio, Radio New Zealand.

뉴스엔 http://www.newsen.com

연합뉴스 http://www.yonhapnews.co.kr

한국경제 http://wstarnews.hankyung.com

CHAPTER

10

# 스포츠 관광과 목적지 마케팅

1 스포츠관광과 도시 | 2 스포츠관광 목적지 마케팅 조직
3 스포츠관광 브랜드 구축 | 4 스포츠관광 목적지 마케팅

SPORT TOURISM MANAGEMENT

CHAPTER 10

# 스포츠관광과 목적지 마케팅

스포츠는 관광객들에게 경험 또는 체험을 제공하여 관광 발전을 촉진시키는 세계에서 가장 큰 사회적 현상이다. 관광은 다양한 스포츠 활동을 지원하면서 세계의 주요 산업으로 간주되고 있기 때문에 스포츠와 관광 산업 간에는 상호 밀접한 관계가 존재하며 유기적인 기능과 역할을 하고 있다. 전문적인 스포츠 활동 참가자가 아니더라도 스포츠 활동을 관람 및 참가하기 위해 최적의 장소를 탐색하고 방문하고 이를 통해 특정 스포츠 관련 장소가 유명해지는 '스포츠관광 목적지'라는 새로운 개념이 나타나고 있다.

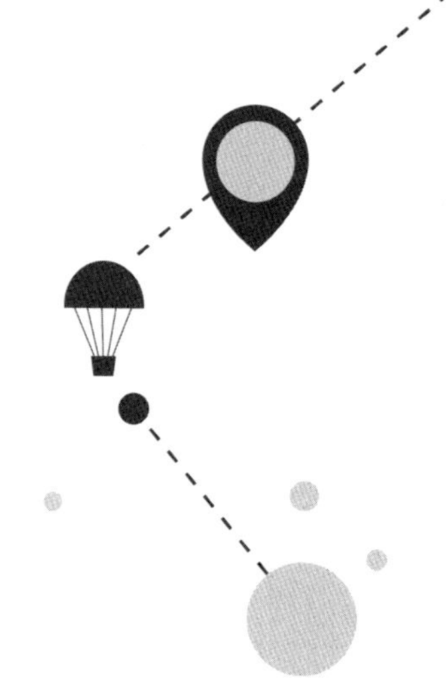

# 1. 스포츠관광과 도시

전 세계 많은 도시들은 올림픽, 월드컵, APEC, ASEM, G20 정상회의, 비엔날레를 비롯한 여러 유형의 문화 행사 등과 같은 국제적인 이벤트를 통해 도시 인지도를 높이고 도시 이미지를 제고하려는 노력을 기울이고 있다(남인용, 2010). 여러 국제 행사 중에서도 특히 스포츠 이벤트의 경우 도시 인지도와 이미지의 상승에 기여하는 바가 크다. 스포츠 활동은 인류 누구나가 쉽게 관심을 갖고 즐길 수 있기 때문에 언어가 통하지 않는 국가 간에도 원활한 이미지 제고 활동이 가능하다. 뿐만 아니라 전 세계 방송 매체가 동시에 동일한 경기에 주목하여 중계함으로써 국제 이벤트가 개최되는 도시에 대한 이미지가 제고되는 등 긍정적인 효과가 기대된다. 올림픽 및 월드컵과 같은 주요 국제 스포츠 이벤트는 도시 계획을 위해 활용되기도 한다. 메가 스포츠 이벤트를 개최하는 것은 단순히 행사 개최 이상의 의미를 갖는다. 올림픽을 개최함으로써 도시 이미지 개선 및 관광객 유발 효과 또한 갖는다.

## 1) 스포츠관광과 관광지

스포츠는 관광 및 특정 지역의 발전을 촉진시키는 세계에서 가장 큰 사회적 현상으로 전문적인 스포츠 활동 참가자가 아니더라도 스포츠 활동을 관람 및 참가하기 위해 여행을 떠나는 스포츠관광이라는 새로운 사회적 현상이 나타나고 있다(Hot Issue Brief 115). 스포츠관광은 단순한 경기의 내용만으로 국한시키기보다는 다양한 문화 행사와 같은 문화 관광 상품 및 문화 이벤트를 개방하여 세계에 알리는 홍보 효과를 가져올 수 있다. 또한 지역이나 도시의 지명도를 높이고 이미지를 개선시켜 지역의 새로운 매력을 창출하는 기회를 제공하며 지역주민의 연대감과 문화 수준의 향상을 기대할 수 있다.

이벤트 관광은 종전의 보는 관광에서 함께 참여하고 직접 체험하는 관광이 될 수 있도록 기존의 관광지 또는 새로운 관광지에 관광 매력을 더하는 각종의 축제나 다양한 행사를 마련함으로써 관광 이미지를 창출하는 것이다. 관광 이벤트와 이벤트 관광이라는 용어는 관광객 유치를 목적으로 개최되는 이벤트이냐, 관광 중에 이벤트 프로그램을 포함하느냐의 문제로 해석할 수도 있다. 그렇다면 스포츠관광이란 관광객 유치를 목적으로 개최되는 스포츠 이벤트라 할 수 있을 것이다.

WTO는 스포츠관광을 "일상적인 주거 환경에서 벗어나 여행 또는 체재

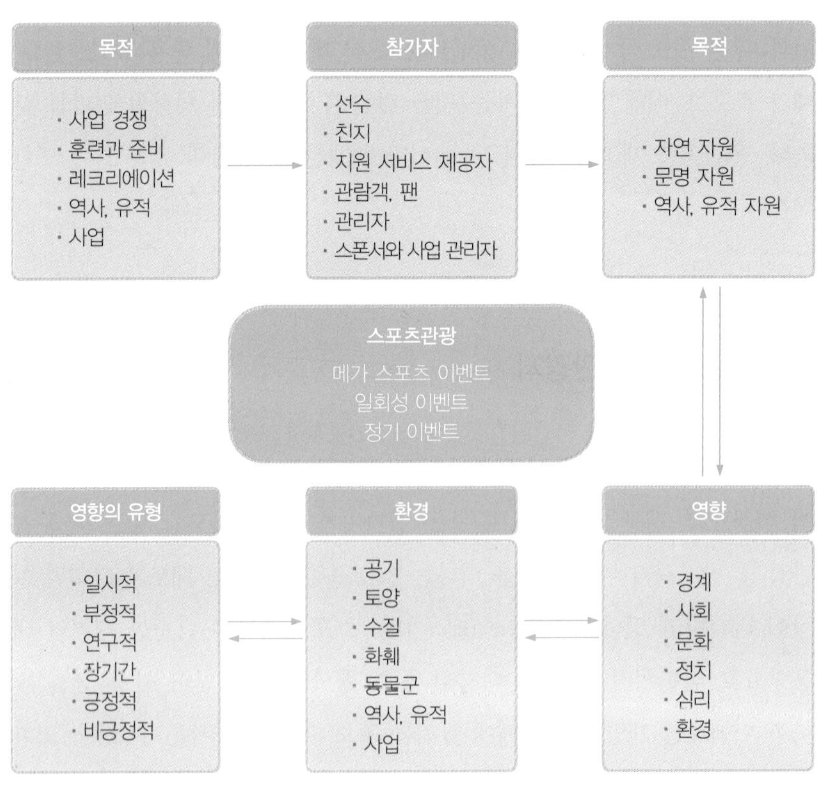


그림 10-1
**스포츠관광과 잠재적 환경 영향 모델**

자료: Higham(2005).

도중 스포츠 경기나 스포츠 여가 활동에 적극적이거나 소극적으로 참가하는 개인 또는 단체의 활동"이라고 정의하고 있다(WTO, 2001). 또한 이경모(2005)는 스포츠관광은 "여행자가 관심을 가진 타 지역의 문화를 체험할 수 있는 환경에서 직접 또는 간접적으로 스포츠에 참여하는 활동"이라고 정의했다. 그리고 참여 형태에 따라 크게 적극적 의미의 스포츠관광과 수동적 의미의 스포츠관광으로 세분될 수 있다고 했다. 적극적인 의미의 스포츠관광은 여행의 주된 목적이 스포츠 활동의 즐거움, 직업 수행으로서의 경기 참가나 훈련, 여행 중 스포츠 활동을 포함하는 적극적인 관광 활동이다. 반면에 수동적 의미의 스포츠관광은 스포츠 이벤트의 참관을 목적으로 하거나, 스포츠 시설 관람 등을 포함하는 관광 활동이라고 할 수 있다.

Joy와 Paul(1998)은 관광의 본질을 여행의 기간이나 관광지 시설의 문제에 관한 것보다는 관광지에서 관광객의 경험에 초점을 맞추어, 관광지의 문화적 체험으로 관광을 파악했다. 또한 문화의 체험으로 관광을 언급하며, 관광객의 문화적 경험의 가치는 그들이 얼마나 깊이 참여하는가와 그들이 방문한 관광지에서 얼마나 실제적인 이벤트를 경험했는가에 달려 있는 것이라고 했다. MacCannell(1976)과 Ryan(1991)은 깊은 참여 경험을 가진 관광객들은 그에 따라 대단한 만족을 성취했다고 주장해 왔다. 신체 활동인 스포츠 경험에도 여러 다른 수준과 질적 차이가 있는 것처럼, 관광지의 관광 경험도 다양한 수준과 질적 차이를 보인다. 스포츠관광은 스포츠에 참가하기 위한 관광과 스포츠를 관람하기 위한 관광의 2가지 범주로 나눌 수 있다. 본질적으로 스포츠와 관광을 문화적 경험의 측면으로 보았을 때 스포츠관광은 스포츠와 관광지의 문화적 경험으로 관광을 중심 개념으로 다룰 수 있다. 그러므로 스포츠관광의 본질에서도 신체 활동의 경험과 관광지역의 경험이 밀접한 관련을 맺고 있음을 생각할 수 있다.

Getz(1991)는 관광 이벤트가 관광 목적지 개발에 미치는 영향으로 관광지 매력성에 공헌한다고 주장하면서 관광 성수기의 확장과 관광의 지리적 확대 등에 기여한다고 했다. 이벤트 관광은 주로 지역사회 또는 관광지를 중심으로 그 중요성이 확대되고 있다. '이벤트 관광'은 1980년대부터 새롭게 사용되고 있는 용어로 특수 목적 관광(SIT: special interest tourism)의 주요 구성 요소이며, 관광지와 관광 명소 마케팅 전략의 중요한 역할을 수행하는 요소라고 할 수 있다.

관광지는 거주 지역으로부터 떨어져 있는 환경을 의미한다. 하지만 스포츠관광에서의 환경은 그 이상의 중요성을 갖는다. Bale(1994)은 크로스컨트리와 오리엔티어링에서 최고 수준의 운동선수들이 이러한 스포츠에 참가하는 일차적인 동기는 자연을 접할 수 있기 때문이라는 점을 보고했고, Dunleavy(1981)는 스키인들을 위한 환경적 경험의 중요성을 강조한 바 있다.

성공적인 국제 스포츠 이벤트 개최는 한 도시의 국제 도시로서의 위상을 높이고 도시 환경과 인프라 개선, 고용 창출 등 다양한 지역경제 파급 효과를 창출할 수 있다. 뿐만 아니라, 관광 산업은 국제 스포츠 이벤트의 최대 수혜 산업이자 지역경제 발전 전략으로 활동되고 있다. 따라서 개최지 차원에서는 대회 참가 선수와 관광객을 수용할 수 있는 관광 인프라의 확충, 관광 명소와 상품 개발, 서비스 품질을 높여야 한다(강신겸, 2011).

## 2) 스포츠관광과 도시

도시 관광(urban tourism)이란 도시 내부 또는 도시 외부인에 의해 각종 매력물과 편의 시설 및 도시의 이미지를 관광 대상으로 하여 도시 내에 발생하는 관광 현상을 말한다(김향자·유지윤, 2000). 도시 관광의 대상은 도시 자체가 지니고 있는 총체적인 매력, 자연 및 인문 자원, 시설, 서비스 등을 모두 포함하는데, 도시 관광의 기능은 도시 자체가 관광 목적지로 작용하기도 하며, 관광 목적지로 가는 경유지로 작용하면서 교통 및 관광 정보, 숙박과 같은 단순 서비스만을 제공하기도 한다. 도시 관광의 유형은 도시 내에서 이루어지는 관광 형태로 목적과 활동에 의하여 비즈니스 관광, 쇼핑 관광, 이벤트 관광, 문화 관광, 위락 및 휴양 관광, 스포츠관광 등 다양한 유형으로 구분할 수 있다.

국내 도시를 비롯하여 전 세계 많은 도시들이 대규모 국제 스포츠 이벤트를 유치하기 위해 경쟁하고 있다. 이는 국가 차원에서 적극적인 정치·사회적 지원을 받을 수 있으며, 투자, 관광, 문화 교류를 활발히 하여 도시 경쟁력을 확보할 수 있기 때문이다. 관광 산업 측면에서 살펴보면 스포츠 이벤트에 참여하거나 관람을 위해 방문하는 능동·수동적 스포츠관광객은 해당 도시의 스포츠관광을 촉발시키는 주요 매개체 역할을 한다. 스포츠관람 이외의 관광 활동은 일회성으로 끝나지 않고 재방문으로 이어져 도시 환경 및 인프라 개선, 고용 창출, 경제적 파급 효과 등 다양한 파급 효과를 창출한다. 이러한 맥락에서 스포츠관광은 지역의 경제 개발 전략으로 주목받고 있다(Daniels, 2006).

Roche(1992)는 메가 이벤트를 후기 산업 사회 탈국가적 현대화에 있어서 매우 본질적인 부분이라고 보았다. 1960년대와 1970년대의 정부에 있어서(특히 제3세계에서) 관광은 외화를 벌어들이는 수단으로 자리 잡기 시작했다. 1980년대와 1990년대의 선진 도시의 다른 서비스가 창출됨에 따라 이들 도시의 이미지를 개선해 고용주들로 하여금 이곳에 머물게 하는 역할을 한다. 농구, 야구, 미식축구 등의 프랜차이즈를 곳곳에 가지고 있는 미국의 여러 도시들도 스포츠를 매개로 한 발달을 보여주고 있다.

우리나라의 경우 1990년대에 들어와 국제화, 세계화의 진전과 더불어 지방자치제가 실시되면서 도시 마케팅 개념이 도입되기 시작했고, 1995년 본격적으로 시작된 지방자치제로 인해 각 지방자치단체장은 이전보다 자신의 지역에 관한 자유권이 확대됨으로써 지역의 독특한 정체성을 확보하고 지역경제를 활성화시키기 위한 정책 개발에 중점적인 노력을 기울이게 되었다.

오늘날 국가나 도시의 인지도 및 전반적인 이미지 형성에는 스포츠가 기여한 바가 크다. 올림픽과 월드컵은 국가 및 도시 마케팅의 중요한 도구로 활용할 수 있는 대표적인 스포츠 이벤트이며, 국내의 경우도 지난 1988년

**사례연구**

**워킹 시티에서 스포츠 시티로: 로테르담**

- 네덜란드 제1의 항만 도시 로테르담, 제2차 세계대전에서는 연료 수송 및 화물의 중계 무역의 거점이었지만 공습에 의한 타격 후 일하는 사람이 사는 항만 도시라는 어두운 이미지가 정착되어 버렸다. 이에 로테르담은 '참여하는 스포츠'와 '관람하는 스포츠'의 진흥을 적극적으로 추진함과 도시에 워킹 시티의 이미지를 일신하기 위해 도시 마케팅 전략의 일환으로 '로테르담 톱 스포츠'라는 공익 법인을 설립했다.
  - 목표: 로테르담 톱 스포츠에 관련한 이벤트, 시설, 종목마다의 선수 양성, 스폰서 획득, 마케팅, 스포츠와 도시 프로그램의 실천
  - 역할: 톱 스포츠 선수에 대한 재정, 의료, 기술, 정신, 사회 면에서의 지원과 관리
    톱 스포츠 클럽이나 조직에 대한 지원이나 조언

- 로테르담은 현재 '로테르담 마라톤', 'ABN AMRO 세계 테니스 토너먼트' 등 국내 최대의 이벤트를 개최하고 있다. 또한 세계 항만 도시 야구 토너먼트, 세계 배구 선수권, 축구 유럽 선수권이라고 하는 이벤트가 개최되고 있다.

서울 올림픽과 2002년 한일 월드컵을 통하여 각 도시별로 스포츠 이벤트를 통한 지역 발전 효과를 경험한 바 있다.

### 3) 스포츠 이벤트의 파급 효과

일반적으로 스포츠 이벤트를 통해 ① 환경 친화적인 공장 시설을 갖추게 되고, ② 도시나 지역들이 새 일자리와 투자를 위해 경쟁할 때 스포츠는 그들의 이미지를 향상시키고 환경을 개선하여 그 목적을 이루는 것을 도와주는 긍정적인 측면이 발생한다. 국가 발전 차원의 전략에서 스포츠 이벤트

표 10-1
2002년 한일 월드컵 이후 세계 각국에 대한 한국의 이미지 효과

| 구분 | 2002년 한일 월드컵 이후 우리나라에 대한 연상 이미지 |
|---|---|
| 미국 | 조직적, 체계적인 대회 진행, 질서 정연한 응원과 응원 후 깨끗한 처리, 스포츠 강국으로의 이미지 |
| 중국 | 민족적 단결과 결집력의 국가, IT 산업 강국, 월드컵 4강 신화에 대한 회의 |
| 일본 | 성공적인 공동 개최 기술 국가, 젊음과 패기의 나라, 한국인의 저력과 단결 |
| 유럽 | 한국 팀의 4강 신화, 열정적인 응원, 심판 판정에 대한 회의 |
| 남미 | 성공적인 개막전, 한국팀의 4강 신화, 열정적인 응원과 역동의 국가 |
| 기타 | 세계 각국에서 일본과 동등한 위치의 이미지, 스포츠 선진국, 산업 선진국 이미지 |

자료: 유의동(2006).

의 개발은 국가 발전의 유용한 수단이 된다는 판단 아래 지금 세계 각국에서는 메가 스포츠 이벤트 유치를 위해 치열한 각축전이 벌어지고 있다(임상택, 2002). 스포츠 이벤트를 통해 스포츠관광객이 창출됨은 물론이고, 이를 통해 여러 분야에서 다양한 파생 효과들이 나타날 수 있다.

### (1) 지역 발전의 촉매제

- 지역경제 효과 및 관광객 증가와 도시 인프라 구축, 개최 지역의 삶의 질 향상에 긍정적 효과
- 국가 및 도시 이미지 개선, 지역 지명도 상승, 내부 투자 증가, 지역주민 단결 효과

### (2) 경제적 파급 효과

대형 스포츠 이벤트는 대규모 관광 수입을 올릴 수 있다. 스포츠 경기에 참가하는 선수단은 물론이고, 관람객을 통한 직간접의 경제적 효과를 얻을 수 있는데, 표 10-2와 표 10-3을 자료를 통해 확인해 볼 수 있다.

표 10-2
국내 개최 대형 스포츠 이벤트 경제적 파급 효과

| 구분 | 1988년 서울 올림픽 | 2002년 한일 월드컵 | 2002년 부산 아시안게임 |
| --- | --- | --- | --- |
| 게임 투자 지출 및 소비 지출(억 원) | 23,826 | 34,707 | 49,175 |
| 생산 유발 효과(억 원) | 47,504 | 114,797 | 110,175 |
| 부가가치(억 원) | 18,462 | 53,357 | 49,756 |
| 고용 유발(명) | 344 | 350 | 298 |

자료: 유의동(2006).

표 10-3
해외 대형 스포츠 이벤트 경제 효과

| 구분 | 1992년 바르셀로나 올림픽 | 1996년 애틀랜타 올림픽 | 2000년 시드니 올림픽 |
| --- | --- | --- | --- |
| 경제 효과(달러) | 0.3억 | 51억 | 38억 |
| 고용 효과(명) | 296,640 | 77,026 | 90,000 |
| GRDP(%) | 0.03 | 2.41 | 2.78 |
| 관광객(명) | 40,000 | 1,100,000 | N.A. |

자료: 유의동(2006).

### (3) 사회·문화적 파급 효과

메가 스포츠 이벤트는 대중에 대한 친화력이 매우 높고 다양한 문화적 요소와 지속적인 교류가 이루어지는 속성을 갖고 있다.

### (4) 대형 스포츠 이벤트 유치의 부정적 효과

높은 인프라 구축 비용과 투자 비용, 지방 재원 부실 초래, 예상보다 작은 관광의 효과, 개최 지역의 제한적인 경제적 효과 등 여러 가지 부정적 효과를 야기할 수 있다.

| 구분 | 긍정적 효과 | 부정적 효과 |
|---|---|---|
| 경제적 | 소비 증대, 고용 창출 | 물가 상승, 부동산 투기 |
| 관광 상업적 | · 개최 지역의 여행지, 관광지로 인식 증가<br>· 지역 내의 투자와 상업 활동에 대한 잠재력 고려 증가 | · 부적절한 시설 등에 의한 개최 지역에 대한 불명예 획득<br>· 지역 인력과 정부 보조 요원의 새로운 경쟁 가능성으로 인한 기존의 기업들로부터 부정적인 반응 |
| 물리적 | · 새로운 시설의 건축<br>· 지역 기반 시설 향상 | · 환경 훼손<br>· 과잉 혼잡 |
| 사회 문화적 | · 영구적 수준의 지역 관심과 이벤트와 관련된 활동에 대한 참여율 증가<br>· 지역 전통과 가치 강화 | · 개인적 혹은 사적인 활동의 상업화<br>· 관광에 적용된 이벤트 활동 본질의 변형 |
| 심리적 | · 지역 자긍심과 공동체 정신의 강화<br>· 방문객에 관한 자각 증가 | · 지역주민을 고려한 방어적인 태도 추세<br>· 오해로 비롯된 지역주민과 방문객 간의 적개심 유발 가능성 증가 |
| 정치 행정적 | · 개최 도시 국제적 지명도 고조<br>· 행정 계획자의 지식, 경험 축적과 기술의 숙달 | · 정치가 가치관 강압에 의한 이벤트 변질 정치가 대립의 격화<br>· 이벤트를 이용한 정책의 합법화<br>· 목표 달성의 실패 |

자료: 장태순(2008).

표 10-4
**대형 스포츠 이벤트의 긍정적·부정적 효과**

## 4) 도시 이미지 창출을 위한 스포츠관광

도시 마케팅은 다양한 방법으로 실행되고 있다. 우선 플래그십 프로젝트를 꼽을 수 있다. 플래그십 프로젝트(flagship project)는 고급 건축물이나 멀티플렉스, 랜드마크 등을 건설하는 것과 같이 매우 눈에 띄거나 거대한 프로젝트로 도시의 이미지를 만들어 주며 관광객을 끌어들이는 역할을 한다. 메가 이벤트 역시 도시 마케팅의 중요한 전략이다. 메가 이벤트는 국제적 규모로 많은 대중을 끌어들일 수 있는 축제, 스포츠, 엑스포, 국제 회의 등으로서 플래그십 프로젝트를 유발하는 기능과 관광을 발전시키는 기능을 한다(Deffnerr & Liouris, 2005). 1998년 서울 올림픽, 1992년 바르셀로나 올림픽이 대표적인 성공 사례이다.

**사례연구**

## 1991년 셰필드 유니버시아드

- 개최 전
  - 1억 4700만 파운드의 시설 투자(풀장, 원형 경기장, 벨로드롬 시설을 위해 5000만 파운드 투자)
  - 경기장, 연습장, 숙박 시설, 야외지, 2개의 호텔 신축
- 개최 후
  - 3100만 파운드의 경제적 효과 언급(시) 1000만 파운드 손실
  - 20년간 4,000 파운드 정부 자원 손실
  - 정부·사기업 연합 관광객, 컨퍼런스 사무국이 메이저 이벤트 개최 시도
  - 4년간 10개의 챔피언십, 6개의 유럽 챔피언십, 190개의 다른 이벤트 개최(1994년 유럽수영대회: 570만 명 관중, UK 올림픽에 대한 연구: 170만 파운드 지출 예상, 제19차 UN 기후변화협약 당사국 총회(COP19) 개최

자료: Truno(1994); Tsubota(1993); Varley(1992).

보다 작은 규모와 일상적인 관점에서, 스포츠와 스포츠관광은 재개발 전략 및 새로운 도시 이미지 창출의 일환으로 여겨져 왔고, 심지어 어떤 특별하고 두드러지는 이벤트를 가지고 있지 못한 지역에서도 이러한 추세가 일어나고 있다. 재개발 계획의 일환으로 기존에 아무런 관광 전통이 없는 지역에서의 '지역 마케팅'이 성장하고 있다(Ashwoth & Voogd, 1990; Kotler, Heider, & Irving, 1993).

이러한 추세에서 분명한 것은 스포츠관광객을 끌어들이고 상업적 투자를 유치하기 위한 수단이자 도시 이미지를 개선하기 위한 수단으로 스포츠를 이용하는 경향도 증가했다. 한때는 스포츠와 관련해 단지 몇몇 요소에 대해서만 언급이 있었고, 또 일부는 그 이익에 대해 과장되기도 했으며,

## 사례연구 1992년 바르셀로나 올림픽

- 긍정적 효과
  - 실업 인구 감소
  - 호텔 침대 수 38% 증가
  - 250만 명의 해변 이용객 유치
  - 클럽, 지방 정부, 기업들이 새로운 스포츠 시설들을 공동으로 운영
- 부정적 효과
  - 1986~1992년 임대료 339% 증가
  - 인구의 48%가 개발에 대해 냉담한 반응

자료: Truno(1994); Tsubota(1993); Varley(1992).

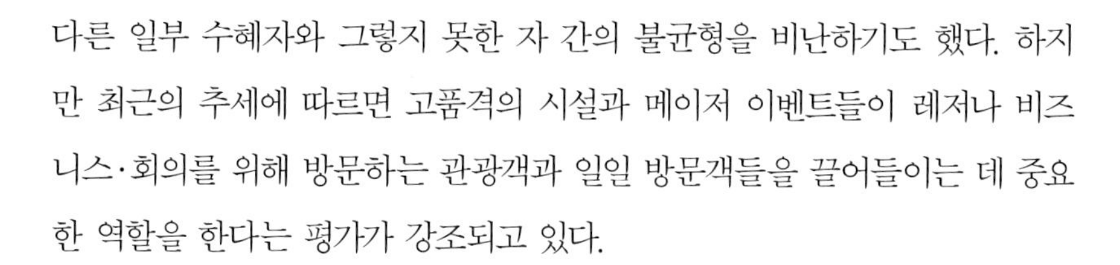
다른 일부 수혜자와 그렇지 못한 자 간의 불균형을 비난하기도 했다. 하지만 최근의 추세에 따르면 고품격의 시설과 메이저 이벤트들이 레저나 비즈니스·회의를 위해 방문하는 관광객과 일일 방문객들을 끌어들이는 데 중요한 역할을 한다는 평가가 강조되고 있다.

# 2. 스포츠관광 목적지 마케팅 조직

## 1) 목적지 마케팅

### (1) 목적지 마케팅이란?

**브랜드 상품으로서의 목적지** 목적지 마케팅은 도시를 품질과 관련된 하나의 브랜드 상품으로 간주하는 포괄적인 개념으로 사용되며 궁극적으로 관광객의 방문을 증가시키고, 그에 따른 경제적 이익을 얻고 재방문을 창출하기 위한 다양한 활동이라고 할 수 있다(Kotler, Bowen & Makens, 2006). 전통적으로 목적지는 국가, 도시 등의 지리적인 영역으로 간주되어 왔으나, 최근에는 여행 일정, 문화적 배경, 방문 목적, 과거의 경험 등에 따라 소비자가 주관적으로 해석하는 지각적인 개념으로 정의되며(Buhalis, 2000), 해당 도시, 지역에 거주하는 주민, 기업, 단체, 문화·지역적인 시설, 그리고 교회와 같은 특수한 조직 등으로 구성되는 하나의 사회 시스템으로 간주되고 있다(김영미·이양림, 2012).

**상호 관련성** 목적지 마케팅은 국가 또는 지역사회의 다양한 이해관계자 간의 복합적인 상호 관련성으로 인해 상당한 조정력을 필요로 한다. 특히 참관객, 관광객 등의 고객을 대상으로 최대한의 만족을 제공하는 한편, 산과 바다 등 공공재로서의 역할을 하는 자연 경관 등에 대하여 지역주민을 대상으로 합리적 사용이라는 확신을 제공해야 하는 어려움이 따르고 있다. 이에 상응하여 목적지 마케팅의 핵심적인 전략 목표는 먼저 지역주민의 장기적인 발전을 추구하고, 지역을 방문하는 방문자들의 만족을 극대화하며, 지역 내 기업의 수익성과 승수 효과를 극대화하는 것은 물론 경제적 편익과 사회, 문화, 환경적 비용 사이의 지속 가능한 균형을 유지함으로써 관광 등의 영향을 최적화하는 것을 목표로 삼는다(Buahlis, 2000; Freyer & Kim,

2001).

따라서 목적지 마케팅은 해당 지역 조사 분석, 계획, 조직, 실행, 통제를 포함하며, 여타 경쟁지와 비교하여 경쟁 우위를 확보하기 위해서는 공공 부문과 민간 부문의 파트너십이 이루어져야 한다.

## 2) 목적지 마케팅 조직

### (1) DMO

DMO(destination marketing organization)는 Tourist Board, Tourism Organization, CVB 그리고 컨벤션 뷰로 등 모든 기관을 총칭하여 부른다. 국가 수준에서 관광 목적지 마케팅 및 관광 목적지 개발과 관련해서 관광 조직을 3가지 형태로 분류할 수 있는데, DMO, 정부 부처 및 관광 협회를 들 수 있으며, DMO는 특정 목적지를 마케팅할 책임을 가진 조직으로 정부 부처와 관광 협회를 제외한다.

DMO의 주요 기능은 ① 해당 도시에서의 이벤트, 회의, 컨벤션, 전시회 등의 개최 업무, ② 행사 준비 지원, ③ 행사 참가자나 관광객의 해당 도시나 지역의 관광 도우미의 역할을 한다.

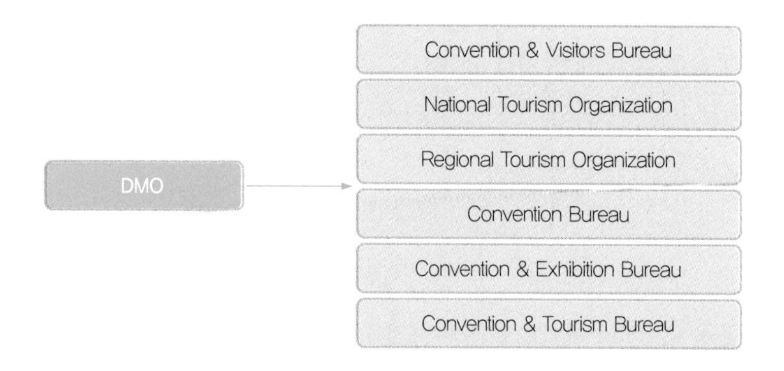


그림 10-2
스포츠관광 상품의 유통 경로

### (2) CVB

IACVB(international association of converntion and visitors bureau)의 정의에 의하면 "CVB는 여행자들이 비즈니스나 쾌락으로 방문을 하든지 어떻든 도시 지역과 도시를 방문하는 모든 형태의 여행자를 소구하고 서비스를 제공하는 도시 혹은 도시 지역을 대표하는 비영리 산하 기구"라고 한다(송래헌·유종서, 2011). CVB(Convention and Visitors' Bureau)는 방문객과 컨벤션과 같은 국제 행사를 지역사회에 유치하기 위한 비영리 기구이다. CVB는 개최지의 마케팅을 포함한 회의와 컨벤션을 포괄하는 활동, 잠재 개최 시설부문에 관한 정부의 제공, 단체와 지역사회 내의 많은 공급자들 간의 섭외 역할 등 관련된 모든 활동을 조정하는 기구이다.

최근에는 개최지의 마케팅을 포함한 회의와 컨벤션을 포괄하는 활동, 잠재 개최 시설 부분에 대한 정보의 제공, 관심 있는 회의 기획가와 협회 간부의 Fam Tour의 기획 단체와 지역사회 내의 많은 공급자 간의 섭외역 등 모든 활동을 조정하는 기구라 칭하고 있다. CVB의 업무 영역은 약 8가지 정도로 구분 지을 수 있으며, 다음과 같이 정리할 수 있다.

- 관광 및 컨벤션 산업 목적지로서의 지역사회 마케팅
- 컨벤션 세일즈와 마케팅
- 관광 세일즈와 마케팅
- 회의 개최를 위한 서비스 제공
- 마케팅 활동을 통한 도시 이미지 창출
- 국제 회의 유치 개최 정보 수집
- 이벤트 기획 및 관리
- 컨벤션 시설·운영 및 관리

이러한 다양한 업무 영역 중 목적지 마케팅 및 도시 이미지 창출과 관련한 부분을 좀 더 구체적으로 살펴보자.

**관광 목적지 및 행사 개최지로서의 마케팅** 전통적으로 CVB는 컨벤션 세일즈에 주력해 왔으나 중소 규모의 CVB가 등장함에 따라 여행, 관광 활동이 지니는 영향력의 중요성과 목적지 관광 자원 개발의 필요성을 인식하면서 1974년에는 컨벤션 뷰로에 관광 방문객을 첨가하여 목적지 마케팅에 좀 더 균형 잡힌 접근이 시도되었다. 특히, 도시 마케팅을 목적으로 관광 관련 교역전에 참가하여 잠재 고객을 발굴하고 추후 이들을 직접 방문하거나 사전 답사 여행을 조직하여 직접 현장 답사를 하면서 시설이나 서비스에 대한 경험 및 평가를 할 수 있는 기회를 제공한다.

또한 관광객 유치를 위해 방문객이 지역 내 역사·문화적 여가 시설 등을 이용하도록 한다. 여행사, 항공사 등과 함께 홍보물 발송, 잠재 고객의 마케팅을 통해 관광객이 관광지뿐만 아니라 각종 축제나 이벤트 행사에 참가하도록 유도하며, 관광객이 도시 방문에 관해 문의하는 모든 사항에 대해 정보를 제공한다(rlagida, 1999).

**도시 이미지 창출** CVB는 도시의 이미지를 개발하여 관광 및 국제 이벤트 개최 목적지로 경쟁력이 있도록 하는 임무를 갖는다. 이미지는 마케팅에서 성공을 좌우하는 가장 중요한 요소이다. 행사 개최지로서 또는 관광 도시로서의 명성은 도시가 구비하고 있는 시설과 제공하는 서비스만큼이나 중요하다. 따라서 CVB는 해당 도시의 이미지를 개발하고 미디어를 활용하여 널리 홍보함으로써 잠재 고객에게 우호적인 이미지를 심어 주려 한다(김향미, 2000).

CVB는 지역 관광 산업에 관련된 다양한 조직들의 이해관계를 조정하여 통일된 이미지를 창출하여야 하며, 지역사회 내 조화를 이루면서 효율적으로 조직을 운영하기 위해서는 상당한 리더십이 요구된다. 즉, 목적지(개최지)에 대한 통일된 마케팅 이미지를 개발함에 있어 CVB와 컨벤션 센터는 긴밀한 협력 관계를 유지해야 한다. Gartrell(1992)은 지역 컨벤션 및 관광 산업 관련 단체들을 하나의 팀 개념으로 간주하고 이를 그림 6–3과 같이 묘

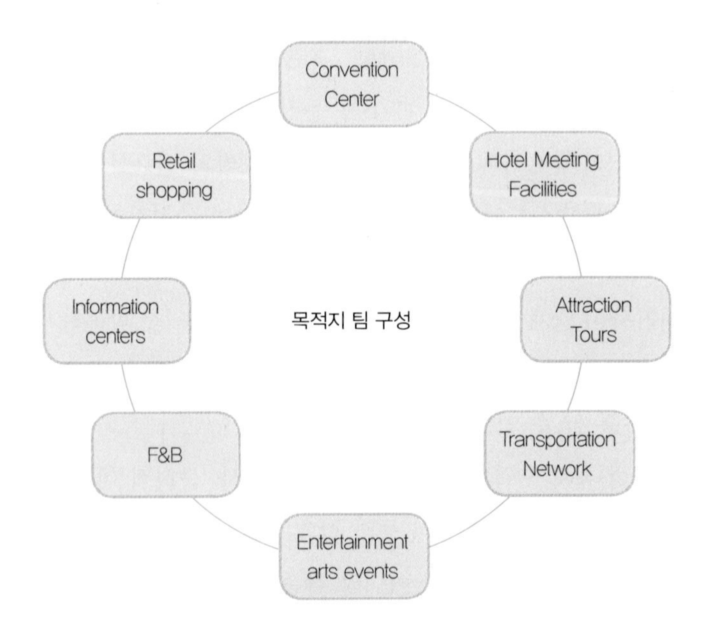


그림 10-3
**목적지 팀 구성**

사하고 있다.

### (3) 아시아태평양관광협회

아시아태평양관광협회(PATA, pacific asia travel association)는 아태 지역 관광인들의 제창에 의해 설립되어 동 지역 관광 산업 발전을 도모하기 위한 정부 관광 기관 중심의 민관 합동 국제기구로 1951년 설립되어 전 세계 73개국 1,000여 개의 다양한 회원들로 구성되어 있다. 한 협회 내에 공공 부문과 민간 부문이 동시에 가입하고 있으면서도 협력 관계를 창출해 내고 있는 유일한 기관이다. PATA 회원들은 정부, 지방자치단체의 관광 사무소, 항공사, 크루즈사, 공항, 호텔, 여행사, 리조트, 홍보 기관, 언론사, 조사 연구 기관, 관광지 개발 회사, 경영 컨설팅 회사, 교육 훈련 기관 등 매우 다양하게 구성되어 있으며, 이들 모두가 아태 지역 내 역내 관광과 아태 지역으로의 관광을 증대시키려는 공통의 목적을 갖고 있다.

주요한 활동으로는 연차 총회, 관광 교역전, 세계 지부 회의 및 마케팅 세미나 개최, 관광 상품(관광지) 개발 자문, 조사 연구, 정보 제공(시장 동향, 관광 통계), 관광 인력 개발, 교육 훈련, 재단 운영(환경·문화 보존 지원, 장학금)이 있다. PATA의 궁극적인 목적으로는 모든 관광객들이 선호하는 여행 목적지로서 아태 지역을 홍보하는 것이다. PATA의 사업들은 PATA 회원들의 필요에 부응하고, 회원들이 관광 산업 내 경쟁에서 우위를 확보하도록 돕는 것을 목적으로 하고 있다.

### (4) 한국관광공사

한국관광공사(KTO)는 국제관광본부 산하에 코리아 MICE 뷰로에서 국제 관광 진흥 사업의 일환으로 이벤트 팀에서 전담하고 있다. NTO의 형태로는 공사가 많고, 국, 처, 위원회, 협회 등 다양하다. 관광 공기업으로서의 공사 업무는 관광 개발의 공급 측면만을 다룰 수도 있고, 관광 진흥, 홍보 등 수요 측면만을 전담할 수도 있으며, 여행 상품의 유통과 같은 여행 업체의 기능을 일부 수행할 수도 있다.

주요 업무는 이벤트 산업 육성 기반 강화, 정부 승인 메가 이벤트 및 민간 주관 국제 이벤트의 개최 지원, 해외 이벤트 유치, 국내 개최 국제 이벤트 지원 및 후원 등이다. 한국관광공사는 1979년부터 국제 회의부(현 코리아 MICE 뷰로)를 설치하여 각종 국내외 이벤트 유치 및 지원 활동을 하고 있다.

표 10-5
**한국관광공사의 일반적 업무 기능**

| 구분 | 주요 업무 분야 |
|---|---|
| 업무 기능 | · 관광 진흥 및 개발<br>· 관광 개발에 필요한 기반 시설 조사<br>· 관광 개발 계획의 수립<br>· 관광 종사원 양성 및 교육<br>· 관광 자원 개발 및 보호<br>· 관광 기반 시설 조성을 위한 자금 조달<br>· 관광 시설물의 건설 및 관리<br>· 관광 사업체의 분류, 인허가 및 행정 지도 |

자료: 서승진, 윤은주(2011).

### (5) 문화체육관광부

관광산업국 국제관광과에서에서 해외 관광객 유치 및 홍보에 관한 시책의 입안, 국제 관광 기구 및 외국 정부와의 협력, 국제 회의 산업 및 국제 회의 전문 인력의 양성, 국제 회의 국내 유치 및 지원, 여행업 및 국제 회의업 육성에 관한 사항, 국제 관광 박람회 및 국제 관광 행사의 지원 등에 관한 사항을 주요 업무로 하고 있다.

### (6) 기타 스포츠 관련 조직

올림픽조직위원회(IOC) IOC는 올림픽 운동의 감독 기구로, 조직과 활동은 올림픽 현장을 따른다. 올림픽이 개최될 도시를 선정하는 일과 올림픽 종목을 채택하는 일도 IOC에서 주관한다.

국제축구연맹(FIFA) FIFA는 1940년 프랑스, 스위스, 네덜란드, 벨기에, 스페인, 스웨덴, 덴마크 등 7개국에 의해 설립되었다. 월드컵 주최 외에 코칭 스태프 양성을 위한 프로그램을 마련하는 등 축구의 보급·발전에 기여하고 있다.

## 3. 스포츠관광 브랜드 구축

브랜드는 특정 조직이 자신의 상품을 다른 경쟁 조직의 상품과 구별하기 위해 사용하는 수단이다. 브랜드는 경쟁사와 구별되면서 해당 상품을 식별하게 하는 브랜드명, 로고, 심벌 또는 이들의 결합으로 일반적으로 정의된다. 또한 브랜드는 제품 또는 서비스에 고객의 인식과 감정이 부가된 무형의 재화로 브랜드 아이덴티티와 브랜드 이미지의 결합체를 말한다. 브랜드 이미지는 사람들의 마음속에 형성된 상으로 고객과 이해관계자의 브랜드에 대한 인지도를 형성하는 데 영향을 미치며, 브랜드 아이덴티티는 사람들의 마음에 심어주기 위해 기획된 어떤 상으로 브랜드의 독창성, 의미, 가치 등과 같이 조직이 목표하는 시장에서의 포지셔닝을 의미한다.

이미지 마케팅의 대표적 수단 브랜드는 이미지 마케팅의 대표적 수단으로, 브랜드를 통해 경쟁 도시와 상품을 차별화하고 고객 선호도를 높여야 한다. 브랜드 관리는 도시가 가진 비즈니스, 관광 또는 삶의 비교 우위 조건들의 표적 소비자들에게 계획적 노출을 통해 긍정적 이미지를 만들어 내고, 이것을 통해 수입을 증가시키려는 노력이다. 브랜드는 투자자와 관광객, 소비자의 호의적 판단을 자극하는 데 중요한 역할을 하는데, 미국 콜로라도 주의 덴버에서는 150명의 마케팅 전문가 브레인스토밍, 주민 1,200명을 대상으로 한 투표를 통해서 새 마케팅 로고를 만들었다. 'Denver The Mille High City'라는 슬로건 아래 실(seal), 기(flag)와 함께 관광객과 기업을 대상으로 시가 적극적 마케팅에 나섰다.

관광 목적지 상표는 관광 산업을 넘어서 경제적 개발의 광범위한 과정 통합으로 보인다. 관광 목적지 마케팅 상표는 공간 상표로 선전을 추구하고 있고, 그것에 의해서 전 국가, 전 지역은 관광 개발과 경제 개발을 포괄하는 상표 구축 창의를 시작하고 있다. 관광 목적지 상표화는 현재의 여행 목적지 시장에 대해서 이용할 수 있는 가장 강력한 마케팅 무기로 간주된다. 관광 목적지는 점점 경쟁이 심화되고 있으며 세계적인 관광 시장에서 생존의 기반으로 독특한 정체성을 창출할 필요가 있다.

상품으로서의 스포츠관광 목적지 관광의 대상이 되는 관광 목적지도 이제 하나의 상품처럼 취급되고 브랜드로 인식되는 시대를 맞고 있다(이태희, 2001). 이제 관광지도 하나의 브랜드이다. 우리가 물건을 고를 때와 마찬가지로,

관광 목적지 선택에서도 기능적 가치뿐만 아니라 정서적, 상징적 가치를 동시에 고려한다는 말이다. 시간이 지나갈수록 점점 더 정서적, 상징적 가치가 중요해지는 것은 당연할 것이다. 이는 이른바 포스트모던 문화의 경향이 강화되는 것으로 소득 수준이 높아지고, 삶에 대한 가치관이 바뀌면서 나타나는 현상이다. Urry(1990)는 "현대 관광객은 독특한 대상물을 보고자 한다. 또 그들은 경관에 각인된 특별한 기호를 보며, 독특한 맥락 속에서 영위되는 다른 사람들의 삶을 보고자 한다. 그래서 현대의 모든 관광지는 하나의 기호이다"라고 했다.

### 1) 관광지 브랜딩

관광지 브랜딩(destination branding)은 다양한 역사 문화, 환경의 혼합체인 '지명'을 브랜드로 볼 수 있느냐라는 문제와는 별개로, 세계화와 기술의 발달로 인한 관광지 간의 경쟁에서 경쟁 우위와 관광지의 차별화란 측면에서 관광지 마케팅에 있어 주목받는 주제로 대두되고 있다(Shane & Wood, 1999; Morgan, Pritchard & Piggott, 2002; Konecnik & Gartner, 2007). 즉, 관광지 브랜딩은 관광지를 차별화하고 경쟁력을 가진 지역의 차별적인 특성을 로고 등 구체적인 수단을 통해 실현 가능하게 하고, 이들을 다양한 정책 수단과 연결하여 궁극적으로는 지역의 가치를 통합적으로 표출하게 한다(Cai, 2002). 이러한 점에서 브랜드는 하나의 제품이지만 여기에 경쟁 제품과 어떤 식으로든 차별화시키기 위해 다른 경쟁 요소를 부가한 것으로 하나의 무형 자산이라 볼 수 있다.

관광지 브랜딩의 핵심은 강력한 브랜드가 보다 호의적인 태도와 편익을 이끌어냄으로써 관광지 선호를 유도하고 궁극적으로는 방문객을 증가시키는 긍정적인 마케팅 효과를 창출한다는 데 있다(Hoeffer & Keller, 2003). 도시 브랜드 슬로건의 설정은 도시 브랜드 전략의 시작이라고 할 수

그림 10-4
각종 스포츠 이벤트 휘장과 마스코트

있으며, 홍콩의 'City of Life', 발리의 'Island of Gods', 오사카의 'Sports Paradise'와 같은 것들이며, 국내의 경우도 서울의 하이 서울(Hi Seoul), 부산의 다이내믹 부산(Dynamic Busan) 등도 이러한 노력의 일환이다.

오늘날 다수의 관광지는 시설적 차이는 감소하고 있고, 관광지 간의 대체 가능성이 커지고 있다(이태숙·김철원, 2007). 이러한 측면에서 브랜드 경영적 관점은 관광지 마케팅에 있어 로고, 슬로건 등의 실천적 도구를 활용할 수 있다는 점에서 그간 관광지 마케팅에 있어 핵심 개념으로 파악되고 있는 관광지 이미지 기반 시각보다 구체적이고 전략적이다(Cai, 2002). 관광지의 브랜드 이미지는 일반적인 관광지 이미지와는 차이를 보이는 개념이다(Tasci & Kozak, 2006).

### 2) 스포츠관광 브랜드

Keller(1993, 2001)는 브랜드에 대한 연상이 소비자에게 형성된 브랜드 이미지와 브랜드의 상징적 인지를 바탕으로 형성된다고 설명했다. 이를 바탕으로, 메가 스포츠 이벤트를 하나의 브랜드로 바라보았을 때, 메가 스포츠 이벤트의 경험 과정에서 각 스포츠 팬들이 자국의 팀을 응원하면서 성과를 함께 기뻐하고 그 경험을 공유하는 과정에서 생성되는 브랜드로서의 이벤트 이미지와 그 상징성은 이벤트의 연상을 형성시키는 데 큰 역할을 한다고 할 수 있다.

현대사회에서 스포츠 분야가 차지하는 비중이 높아지고 있다는 것은 사실이며, 스포츠는 한 국가의 체제와 정권의 우수성을 과시하고 국제적인 긴장을 완화하며, 국민을 단결시키고 동시에 뚜렷한 비즈니스로 정착되어 엄청난 경제적 이익을 유발하기에 국민의 경제생활과 삶의 질적 수준을 향상시키는 수단으로 가장 주목받는 문화 콘텐츠가 되었다. 또한 현대의 비약적인 경제 발전을 기반으로 문화의 존재감이 부각되고 문화 소비가 확산되는 '문화적 전환'이 이루어졌다. 이러한 소비 사회는 스포츠·레저와 같은 경험 상품에 지출함으로써 풍요로움이 확대되는 사회라고 할 수 있으며, 이런 환경에서 소비와 스포츠·레저는 개인의 정체성 형성에 중요한 역할을 하면서 소비자 문화를 창조했다(이재우, 2014).

### (1) 스포츠 이벤트를 통한 스포츠관광지 브랜드화

스포츠관광에 올림픽이나 월드컵처럼 메가 스포츠 이벤트의 경우에는 이벤트 자체가 브랜드가 되기도 하지만 테니스하면 윔블던을 떠올리고 자동차 경주하면 인디애나폴리스를 떠올리듯이, 특정 스포츠 이벤트하면 연상되는 특정 장소를 만들어 내기도 하는데, 이것은 특정 장소(관광지)를 스포츠를 통해 브랜드화한 것이다.

스포츠 이벤트 마케팅에서 반드시 고려해야 할 것은 이벤트 자체를 마케팅할 것인가, 아니면 이벤트를 이용하여 지역이나 상품 또는 조직 및 개인을 마케팅할 것인가에 대한 관점이다. 이는 스포츠 이벤트 개최 목적에 따라 달라질 수 있겠으나, 이벤트의 규모와 영향력이 점차 커지면서 점차 경계가 모호해지는 경향이 있다. 기업의 경우 산업 전시 박람회나 판매 촉진 이벤트를 통해 기업 이미지 고취와 상품 판매를 촉진하고 있다. 또한 각 지방 정부는 이벤트를 개최하여 지역을 알리는 데 가장 강력한 수단으로 이벤트를 활용하고 있다.

특히 메가 스포츠 이벤트는 대규모의 유형 경제 효과는 물론, 사회적 통합과 같은 무형의 효과를 거둘 수 있다는 잠재력 때문에 많은 국가들의 정치, 경제 지도자들, 그리고 스포츠 행정가들의 꾸준한 관심을 받고 있다. 또한 스포츠의 일반적인 소구력(univeral appeal)을 바탕으로 미디어를 통해 메가 스포츠 이벤트에 대한 관심과 시청이 이루어지고, 그에 따른 경제, 문화, 정치적 영향력이 급속히 증가함에 따라 올림픽이나 월드컵과 같은 메가 이벤트는 명실상부한 지구촌의 축제로 자리 잡게 되었다(Mullin et al., 2007; Roche, 2006).

이처럼 스포츠 이벤트가 지구촌의 상징적 콘텐츠로 자리 잡았고, 세계화의 흐름에 발맞추어 스포츠 이벤트들도 기술의 발전에 따라 규모의 경제를 실현한 '킬러 콘텐츠'로 발전했다고 볼 수 있다.

### 3) 브랜드 구축

오늘날 세계 여러 국가와 도시는 관광을 차세대 산업으로 간주하고, 그것의 육성을 위해서 정책적 지원을 아끼지 않고 있다. 대규모의 리조트 개발, 환대 체계의 개선, 문화유산의 보전, 이벤트와 축제 개최, 인터넷과 다양한 매체를 통한 홍보, 이러한 일들을 수행하기 위한 전문 조직의 설치 등 그 노력과 방법은 실로 다양하며 그에 투입되는 예산 또한 적지 않다. 목적지 브랜딩은 이러한 사업의 중심을 굳건히 잡아 주고 전략적으로 접근할 수 있게 하는, 정교하면서도 강력한 개념적 도구를 제공해 준다는 점에서 주목할 필요가 있다.

국내외로 치열한 경쟁에 직면하고 있는 대규모 관광지 개발 사업에서 고유한 정체성과 차별적인 브랜드 이미지의 창출은 사업의 성패와 직결되는

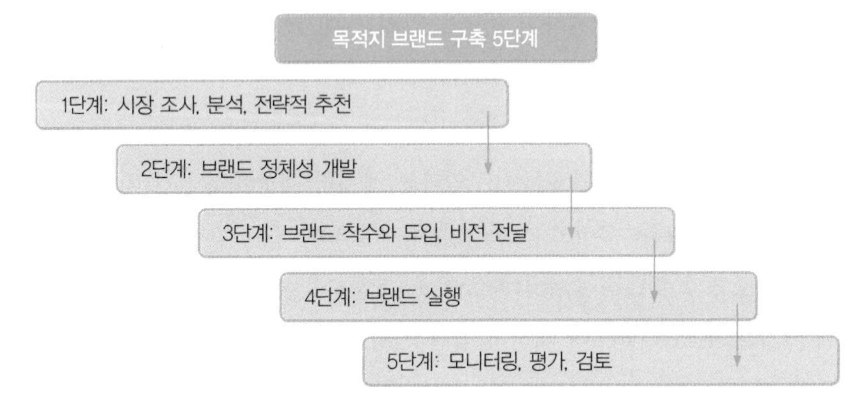


그림 10-5
목적지 브랜드 구축

자료: Morgan, N., Pritchard, A., & Pride, R.(2007).

일이 되었다. 여러 메가 이벤트는 개최 그 자체가 목적이 아니라 그것을 도시의 독특한 브랜드 이미지를 형성하고, 인지도를 높임으로써 국제적인 도시 간 경쟁에서 한 발 앞서 나아갈 수 있는 계기로 만들고자 하는 것이다.

관광 목적지 브랜딩이라는 개념에 대해서 최초로 공식적인 논의가 이루어진 것은 비교적 최근인 1988년에 미국마케팅협회 주최의 '관광 목적지 브랜딩'에 대한 특별 심포지엄에서였다. 목적지 브랜드 구축 혹은 첫 번째 단계는 목적지와 그 브랜드의 핵심 가치를 정립하는 것이다. 핵심 가치는 영속적이고, 적절하며, 전달 가능해야 하며, 잠재적 관광객에게 매력적이어야 한다(그림 10-5). 다음 단계는 브랜드 아이덴티티를 개발하는 단계이다. 브랜드의 핵심 가치가 확립되면, 이 가치는 모든 브랜드 아이덴티티 요소에 담겨져야 한다. 브랜드 핵심 가치 속에서 비전을 명확하게 표현하고, 상품과 마케팅 커뮤니케이션을 통해서 일관성 있게 강화해야 한다.

관광 목적지 브랜딩은 커뮤니케이션 전략뿐만 아니라 지역의 포지셔닝에 따라서 원하는 정체성을 강화시키는 지역 개발 정책과 서비스 프로그램의 개발을 포함해야 한다. 이로부터 보면 장소 브랜딩의 측면에서 관광 분야의 연구와 실천은 기존 관광학 분야에서 중점적으로 다루던 관광지 개발과 상품 개발, 환대 산업 개발 등에 더하여 다음 몇 가지를 포함한다.

첫째, 목적지로 도시와 지역의 정체성 개발 및 커뮤니케이션 전략의 수립이다. 이는 도시와 지역에 대한 이해와 더불어 광고, 홍보, 캠페인, 이벤트 등의 다양한 커뮤니케이션 수단에 대한 이해를 요구한다. 커뮤니케이션 전략은 관광 목적지로 도시와 지역의 매력적인 정체성을 제안하고, 그것을 강조함으로써 관광 목적지로 선택될 수 있는 확률을 높이는 작업이다. 즉, 도시의 브랜드 자산 가치를 높여 경쟁력을 강화하는 것이다.

둘째, 관광 목적지로서 매력성을 높이기 위한 도시 및 지역 개발 전략의 수립과 실행이 있다. 이는 관광객이 원하는 독특하고 정체성이 강한 공간을 만들기 위해서 어떠한 일을 해야 하는지를 밝혀내는 일이다. 관광지, 리조트 개발에 더하여 문화 시설, 공공 예술, 기념비적 건축물, 도로 교통 인프라 등 다양한 개발의 항목들이 관광 목적지 브랜딩과 연관된다.

셋째, 도시와 지역의 관광과 관련된 다양한 이해관계자들의 의견을 듣고, 그들이 마케터로서 적극적인 역할을 수행하여 고객의 기대에 어긋나지 않는 경험과 감동을 가질 수 있도록 하는 것이다. 이는 관광 관련 주체들이 자발적으로 참여할 수 있도록 하는 것으로, 거버넌스 개념의 도입이 필요하다.

넷째, 브랜드 정체성이 지역의 다양한 정책에 반영되도록 하는 브랜드 리더십을 통해서 제한된 예산을 투입하여 보다 전략적이고 집중적으로 정체성과 매력적 이미지를 가꿀 수 있도록 한다.

이상으로부터 도시와 지역이 관광 목적지로 성장하기 위해서는 관광 조직의 역할이 단순히 관광 서비스와 관광지라는 한정된 분야에서만 국한되는 것이 아니라 홍보, 이벤트, 캠페인, 지역 개발, 문화 전략, 주민 참여 및 정책 조정 기능 등에 이르기까지 확장된다. 민간 영역에서도 이에 대응되는 사업들이 공공과 함께 달성할 수 있도록 준비되어야 할 것이다.

# 4. 스포츠관광 목적지 마케팅

## 1) 스포츠관광 목적지 마케팅

목적지 마케팅은 자원의 특성이나 사업 주체의 특성을 파악하여 소비자의 욕구와 결합시켜 지속적으로 목적지를 유지할 수 있게 하는 마케팅이다. 목적지 마케팅적 접근은 관광에서의 소비자인 관광자 중심의 관광지 개발, 즉 관광 시장 중심의 관광지 개발 방식으로 판매 위주의 개발 단계 이후에 경쟁이 심화되고 관광자의 요구가 더욱 다양화됨에 따라 마케팅 믹스를 통해 관광자의 욕구를 충족시켜 관광객 유입을 극대화하기 위한 마케팅 지향적 관광지 개발 방식이다.

목적지 마케팅과 유사 개념으로 도시 마케팅을 이야기할 수 있는데, 장소 마케팅의 하위 개념인 도시 마케팅(city marketing)이란 도시에 관한 모든 문화나 경제적 생산물, 즉 도시의 구성원들이 협력해 대상 고객인 기업, 주민, 관광객들이 선호하는 이미지·제도·공간들을 개발하여 외부에 알리고, 마케팅을 펼쳐 도시의 전체 자산 가치를 높이는 일련의 활동이라 할 수 있다(유승권, 2006). 다시 말해 특정 도시를 하나의 상품으로 인식하여 지역의 공공과 민간의 협력으로 기업·주민·관광객이 선호하는 이미지나 제도, 시설 개발을 통해 도시 상품의 가치를 상승시켜 지역경제 활성화를 달성하려는 전략이다.

**메가 이벤트 통한 스포츠관광 목적지 마케팅** 스포츠관광 목적지는 일반적인 관광 분야에서 사용되는 관광 목적지와는 차별화되는 개념으로 매력물뿐만 아니라 스포츠를 개최하거나 관광객이 직접 경험할 수 있는 다양한 스포츠 관련 시설 및 숙박 시설, 다양한 부대 시설, 전문적인 서비스를 제공할 수 있는 인적 자원 및 자연환경이 갖추어진 장소라고 할 수 있다.

이벤트의 장소가 이벤트와 필연적으로 연결되어 있는 경우와는 반대로 올림픽, 월드컵과 같이 정기적으로 장소를 옮기며 행사 자체에 더 큰 의미를 두는 경우도 있기는 하지만, 지역 관광 활성화 측면에서 볼 때 특정 스포츠 이벤트와 특정 장소를 연관시키는 장소 마케팅은 매우 효과적이다. 장소 마케팅은 전략적인 시각, 관련 목표, 예상 수요자들의 요구를 마케팅의 지표로 삼고, 계획하여 장소를 하나의 '상품'으로 간주하는 것을 말한다. 스포츠관광에서도 제품의 일부로, 소비자들의 생각 속에 있는 이벤트와 그 이벤트가 열리는 장소를 잘 연계시켜야 한다. 스포츠 시설과 같은 관광 매력물에서부터 접객원의 서비스까지 모든 관광 상품이 장소 마케팅에 기여한다.

특히 메가 이벤트를 개최하기 위해서는 각종 경기장과 박람회장 등 이벤트에 필요한 제반 시설을 갖추어야 하는데, 이는 막대한 투자와 경비가 소요되므로 경제적 여력이 있는 선진국에서 개최지에 대한 주도권을 행사해 왔다. 또한 메가 이벤트의 개최지로 선정되기 위해서는 이러한 경제적 여건과 함께 비경제적 요인도 중요한데, 국제 사회에서 그 나라의 국제적 위치도 간과할 수 없는 중요한 변수로 작용한다.

여기에서는 월드컵 개최를 통한 스포츠관광 목적지 형성을 살펴봄으로써 스포츠관광 목적지 마케팅 전략을 알아보고자 한다.

### (1) 월드컵 개최 효과를 높이기 위한 스포츠관광 이벤트 구성 전략

월드컵은 규모 자체가 일종의 대형 이벤트로, 거대한 준비 예산 투여와 함께 대규모 방문객들을 유치하면서 개최 지역에 대한 관광 관점 및 지역 개발 관점에서 다양하고 커다란 파급 효과를 준다.

개최 지역의 이미지 메이킹을 위한 마케팅 전략 월드컵과 같은 메가 이벤트는 세계인의 관심을 TV에 쏠리게 하는 '미디어 메가 이벤트'이다. 즉 비교적 짧은 개최 기간 동안 전 세계 방송 매체의 주목을 받을 수 있기 때문에 개최 지역의 이미지를 정립하고 긍정적으로 개선하는 데 매우 효과적이다. 1994년 미국 월드컵의 경우 전 세계 320억 명의 축구 인구가 TV를 시청한 것으로 나타나는 등 대형 국제 행사 개최 지역은 잠재 관광지로 절호의 관광 홍보 기회를 갖게 된다.

우리나라는 1988년 서울 올림픽 유치를 통해서 한국에 대한 왜곡된 6.25 전쟁의 이미지와 학생 운동으로 인한 정치적 부정적 이미지를 긍정적으로 전환시키는 데 큰 효과를 거두었다. 또한 호주의 퍼스는 1987년 개최된 세계적 요트 행사인 '아메리카스컵'의 유치를 통해 관광 홍보 효과를 배가시켰고, 노르웨이의 릴레함메르나 캐나다의 캘거리는 동계 올림픽을 유치하면서 관광 이미지를 정립하고, 세계 지도상의 위치를 부각시켰다. 2002년 한일 월드컵 유치의 경우는 보다 한국적이고 개성적인 관광 이미지를 강화할 수 있는 이벤트 전략을 부각시키고자 했다. 또한 한국의 관광 상징물을 문화 월드컵 행사와 연계한 FI(festival identity) 전략도 면밀하게 검토를 시도했다. 이러한 노력으로 월드컵이라는 대형 이벤트 개최 이후 관광 후광 효과(halo effect)를 가져올 수 있는 발판으로 삼고자 했다.

**표 10-6**
**시장 특성**

| 시각 | 시장 특성 | 상세 요구 사항 |
|---|---|---|
| 유럽·남미 | · 최근 방한 외래객이 증가하고 있음<br>· 여가 성향: 스포츠 관람·참여, 공연장·전시장 등 방문 선호<br>· 생태 관광, 녹색 관광 등 자연 관광 선호 | · 반일 코스 또는 일일 코스의 전시, 공연 안내 소책자 배포<br>· 외국인 대상 상설 공연 또는 공원 및 지하철 공간을 활용한 공연 마련<br>· 한국을 가까운 나라 이미지로 홍보 |
| 중국 | · 1인당 GNP 증가로 해외 여행객 증가<br>· 강한 지방 문화, 목적지의 역사 탐방, 독특한 미각 관련 대상 선호 | · 전통 의상·관혼상제의 역사적 변천 과정, 전통 민속 놀이 소개, 체험 관광 개발<br>· 식도락을 위한 전문 식당·식상품 개발<br>· 중국어 안내판 설치, 브로슈어 제작 |
| 동남 아시아 | 쇼핑, 자연환경, 사적지·문화 유적지 선호 | · 한국 쇼핑·자연 경관 관광 및 신변 안전 홍보 강화<br>· 동남아시아용 관광 안내 지도 작성 |

**월드컵 관광 시장의 특성을 고려한 마케팅 전략** 월드컵 관광 이벤트로 성공하기 위해서는 공급자 지향형의 기획보다는 무엇보다도 월드컵 관광객을 토대로 한 '고객 지향성 마인드'에 충실해야 한다. 다시 말해 월드컵 때 방문하는 국제 관광 시장은 일반 국제 관광객이나 올림픽이나 세계 박람회의 국제 방문객 시장과는 다른 차별화된 관광 행동 특성이 있어 이를 고려한 이벤트 개발 전략이 중요하다는 것이다. 월드컵 국제 관광 시장은 특성과 지역에 따라 유럽·남미, 중국, 동남아시아 3대 시장으로 나누어 이러한 관광 특성을 바탕으로 한 관광 이벤트의 기획을 이루어 효율성을 발휘한다.

### (2) 목적지 각인을 위한 관광 이벤트 제공

메가 스포츠 개최를 통해 지속적 관광객의 방문을 이끌 수 있는 스포츠관광 목적지를 형성하기 위해서는 개최되는 스포츠 주제를 활용한 다양한 관광 관련 이벤트들이 동시에 기획되고 운영되어야 한다. 이를 통해 스포츠 관람 및 경험을 위한 방문객들은 그들이 방문한 장소에 대한 더욱 확고한 인지를 할 수 있다.

**월드컵(축구)을 주제로 한 국제형 관광 이벤트 제공** 월드컵 개최지에서 실행할 수 있는 국제형 관광 이벤트 전략으로 '축구'라는 테마를 직접적으로 반영한 프로그램을 개발하는 것이다.

**개최 도시의 이미지와 특성을 반영한 관광 이벤트 제공** 각각의 월드컵 개최 도시는 타 개최 도시들과 차별화된 특성을 나타낼 수 있는 관광 이벤트를 개발하는 것이 중요하다. 그러기 위해서는 개최 도시가 지향하는 대표 이미지를 강조할 수 있는 이벤드 기획이 이루어져야 한다.

**경기장 진입형의 장소 특성을 반영한 관광 이벤트 제공** 월드컵 관람객 동선을 전제로 할 때 거리를 중심으로 특색 있는 문화 요소를 배치하고 참여할 수

### 사례연구 1994년 미국 월드컵 홍보

- 조직 위원회:
  - 각국의 언어 구사 가능한 자원봉사단 구성
  - 일반 대중의 전화 문의, 서면 문의에 정확한 정보 제공 대비
  - 전화 은행 설치 및 다양한 자료 비치
  - 18~80세의 광범위한 연령층과 다양한 인종·민족적 구성원의 자원봉사자 모집 구성
- 관광 및 각종 편의:
  - 경기 외에 특정 개최지에 관한 문의 제공(교통, 숙박, 관광지 등)
  - 공항과 호텔 등 교통 체증 심한 곳에 원격 조정 정보 부스 설치
  - 각 도시별 홍보 업무 취급 장소: 대형 물음표(?) 간판 설치

### 사례연구 1998년 프랑스 월드컵 홍보

- 조직위원회:
  - '프랑스 98정보(France 98 Information)' 책자 3개 국어 매월 발간: 전 세계 언론사에 배포하여 진행 상황 홍보
  - 대회 1년 전부터 웹사이트 개설하여 다양한 행사, 볼거리 홍보

  - 후원사와 함께 'INFO FRANCE 98'이라는 멀티미디어 정보 제공
- 관광 및 각종 편의:
  - 자체 홈페이지 개설
  - 경기 및 관광 관련 상호 공동 작업 및 협조
  - 인터넷 당일 접속 건수 기준 기네스북 신기록 수립

있는 테마 거리를 기획하는 이벤트 전략이 중요하다. 일반적으로 문화 체험 거리, 전통 무속을 활용한 기원의 거리, 해당 국가별 국제 문화 교류의 거리 등이 가능하다.

### 토론문제

1. 스포츠 이벤트가 스포츠관광 목적지 형성에 어떠한 영향을 미치는지에 대하여 토의하시오.
2. 스포츠 이벤트 유치를 위해 개최 도시가 갖추어야 할 것은 무엇인지 토론하시오.
3. 스포츠관광 목적지 마케팅의 성공 사례와 실패 사례를 찾아보고 그 이유를 분석하시오.

## 참고문헌


강신겸(2011). 국제스포츠이벤트와 도시관광 진흥방안: 광주 하계 유니버시아드대회를 중심으로. 한국지역경제연구, 18, 67-85.

강성일, 이계희, 김용이(2010). 제주지역 관광세분시장별 관광목적지 마케팅 전략에 관한 연구: 브랜드자산을 중심으로. 관광학연구, 24(5), 93-110.

강동희, 홍성화(2011). 내부마케팅활동이 제주지역 관광목적지 마케팅기구 직원의 직무만족 및 고객지향성에 미치는 영향. 한국관광연구학회, 추계 정기학술대회 발표논문집, 330-345.

김향자, 유지윤(2000). 한국의 도시관광 진흥방안. 한국문화관광정책연구원.

김영미, 이양림(2012). MICE관광 육성을 위한 목적지마케팅 방안 연구: 광주 · 전남 지역을 중심으로. 컨벤션연구, 12(3), 83-106.

남인용(2010). 스포츠 이벤트와 도시 이미지: 베이징 올림픽을 중심으로. 한국콘텐츠학회논문지, 10(11).

박기홍(1998). 2002 한-일 공동 월드컵관광코스 개발전략. 2002 월드컵대회를 대비한 관광 산업활성화 및 시민의식제고 방안에 관한 세미나, 배재대학교.

박남환, 신홍범, 한왕택(2011). 스포츠 이벤트의 경제학. HS MEDIA.

박준용(2006). 스포츠가 가지는 관광정책적 합의. 한국관광정책 23호.

박보현(2011). 스포츠 메가 이벤트의 경제발전 담론: 1998서울 올림픽과 2002한일 월드컵을 중심으로. 한국스포츠사회학회, 21(4), 789-812.

송래헌, 유종서(2011). 컨벤션 경영과 기획(제2판). 대왕사.

안상우(2014). 메가 스포츠이벤트 조직위원회의 단계적 변화양상에 대한 탐색. 체육과학연구, 25(2), 328-340.

이경모(2003). 이벤트학원론. 백산출판사.

이경모(2005). SIT: 미래관광의 대안모색. 대왕사.

이태숙, 김철원(2007). 컨벤션개최지의 브랜드 개성 측정항목 개발: 은유유도기법의 적용. 관광학연구, 31(1), 99-116.

이태희(2001). 한국 관광목적지 브랜드 창출을 위한 브랜드지수 평가에 관한 연구. 관광학연구. 25(3), 171-192.

이재우(2014). 글로벌 스포츠마케팅. 커뮤니케이션북스.

이현우, 김찬형, 김유겸(2013). 문화적 맥락의 조절효과를 통해 본 팀정체성 형성과 메가스포츠 이벤트 브랜드 자산의 관계. 체육과학연구, 24(2), 292-307.

임상택(2002). 월드컵 효과 극대화를 위한 마케팅전략. 2002 FIFA 월드컵과 관광진흥전략. 한국관광정책 13호.

유재구, 왕석우, 신태근(2010). 스포츠이벤트 개최도시의 도시마케팅 효과: 개최도시 주민대상 설문조사를 중심으로. 한국스포츠산업·경영학회지, 15(4), 63-77.

유승권(2006). 21C 지역혁신 전략 도시마케팅의 이해. 한솜미디어.

유의동(2006). 스포츠 메가이벤트와 관광이미지, 한국관광정책 23호.

조배행(1999). 스포츠 이벤트가 지역사회의 발전에 관한 시사. 체육연구, 26, 59-74.

장태순(2008). 대한민국 지자체 왜 메가이벤트 유치에 열광하는가?. 한국관광정책 32호.

정옥주(2005). 스포츠 이벤트 개최를 통한 장소마케팅 연구: 프랑스일주 사이클 대회(Tour de France)를 사례로. 관광학연구, 29(3), 103-124.

정강환(2002). 월드컵 개최효과 제고를 위한 관광이벤트 전략. 한국관광정책 13호.

진영재(2008). 2012 여수세계박람회 유치활동 분석을 통한 메가이벤트 유치전략에 관한 탐색적 연구: 국내 언론 3사 보도내용을 중심으로. 관광학연구, 33(3), 123-143.

월드컵 개최효과 제고를 위한 관광이벤트 전략. 한국관광정책 9호.

월드컵 효과 극대화를 위한 마케팅전략. 한국관광정책 13호.

2002 스포츠와 관광 국제회의 발췌·요약. 한국관광정책 14호.

스포츠 이벤트의 개최와 지역이미지 제고. 한국관광정책 14호.

관광지식정보시스템. Hot Issue Brief 115.

Ashworth, G. J. & Voogd, H.(1995). Selling the city: Marketing approaches in public sector urban plannıng. London, UK: Belhaven Press.

Bale, J.(1993). Sport, Space and the city. Londong: Routledge.

Bale, J.(1994). Landscapes of mordern sport. Leicester, Great Britain: Leicester University Press.

Buhalis, D.(2000). Marketing the competitive destination of the future. Tourism Management, 21, 97−110.

Cai, L. A.(2002). Cooperative Branding for Rural Destinations. Annals of Tourism Research, 25, 720−742.

Daniels, M. J.(2006). Central Place Theory and Spot Tourism Impacts. Annals of Tourism Research, 34(2), 332−347.

Dunleavy, J.(1981). Skiing: The worship of Ullr in America. Journal of Popular Culture. 4, 74−85.

Freyer, W. & Kim, B. S.(2001). Competitive strength of german trade fair industry and its implication on tourism. 교역전 산업의 필요성과 경제효과. 국제학술세미나, 세종연구원, 21−57.

Getz, D. (1991). Festival Special Events. and Tourism. Van Nostrand Reinhold.

Getz, D.(1997). Event management and event tourism(1st ed.). New York, NY: Cognizant Communications Corp.

Getz, D.(2000). Festivals and special events: Life cycle and saturation issures. In W. Garter, & D. Lime(Eds.), Trends in outdoor recreation, leisure and tourism, 175−185. Wallingford, UK: CABI.

Hoeffer, S., & Keller, K. L.(2003). The Marketing Advantage of Strong Brands. Journal of Brand Management, 10(6), 421−445.

Joy, S., & Paul, D .K.(1998). Sport Tourism. Human Kinetics.

Keller, K. L.(1993). Conceptualizing Measuring and Managing Cutomer−based Brand Equity. Journal of Marketing, 57(1), 1−22.

Keller, K. L.(2001). Building customer−based brand equity. Marketing Management, 10(2), 14−19.

Kotler, P. Haider, D.H. & Rein, I.(1993). Marketing Place: Attracting Investment, Industry and Tourism to Cities, States and Nations. New York: The Free Press.

Kotler, P., Bowen, J & Makens, J.(2006). Marketing for Hospitality and Tourism. Forth Edition. Prentice Hall: Australia.

Kim, Y. (2011). Convention industry netword. 1−136. Lambert Academic Publishing.

MacCannell, D.(1976). The tourist. Lodon: Macmillan.

Morgan, N., Pritchard, A., & Pride, R.(2007). Destination branding: Creating the unique destination proposition. 이정훈, 김사라, 조아라 역(2004). 관광목적지 브랜딩: 지역의 고유한 정체성과 매력적 이미지 창출. 백산출판사.

Roche, M.(1992). Mega event and micro modernization: on the Sociology of the New Urban Tourism. British Journal of Sociology, 43(4).

Roche, M.(2006). Mega-events and modemity revisited: Globalization and the case of the Olympics. The Sociological Review, 54, 25-40.

Ryan, C.(1991). Recreational tourism. London, Great Britain: Routledge.

Ritchie. J., & Lyons, M.(1987). Olympulse VI : A post-event assessement of resident reactions to the XV Olympic Winter Games. Journal of Travel Research, 28(3), 14-23.

Ritchie, J.(1993). Assessing the impact of hallmark festivals: Conceptual and research issues. Journal of Trend Research, 23, 2-11.

Shane, R. C., & Wood, L. J.(1999). Brand Western Austalia: A Totally Integrated Approach to Destination Branding. Journal of Vacation Marketing 5(3), 276-289.

Truno, E.(1994). Sport for All and the Barecelona Olympic Games. Proceedings, 176-183. Paper presented at the Second European Congress on Sport fo All in Cities, Barcelona, Spain.

Tsubota, R.(1993). Comparative analysis of the 1992 summer and winter Olympic Games. Unpublished mater`s thesis, dissertation. The University of Technology, Loughborough, Great Britain.

Urry, J.(1990). The tourist gaze : Travel, leisure and society. London : Sage Publications Ltd.

Varley, D.(1992). Barcelona`s Olympic facelift. Geographical Magazine. LXIV(7), 20-24.

Witt, S.(1988). Mega-events and mega-attractions. Tourism Management, 9(1), 76-77.

CHAPTER

# 11

# 스포츠 관광 정책의 현황과 과제

1 스포츠관광의 정책적 현황과 과제

SPORT TOURISM MANAGEMENT

CHAPTER 11

# 스포츠관광 정책의 현황과 과제

호주와 영국, 남아프리카공화국을 비롯한 세계 여러 국가에서 스포츠관광 정책에 관한 법안을 발의하였다. 박근혜 정부는 국정 목표의 달성을 위한 추진 전략의 하나로 관광 산업의 경쟁력 강화를 제안하고 고부가가치 6대 관광 레저 중 하나로 여가 스포츠를 제시하였다(박경렬, 2013). 이에 문화체육관광부를 위시한 지방자치단체는 스포츠를 활용한 관광 산업의 진흥과 경제 활성화를 위해서 스포츠와 관광의 접목을 시도하고 있다. 하지만 이들 두 영역을 어떻게 효율적으로 연계하고 지원하여 산업적 진흥과 경제 활성화를 실현할 것인가는 오늘날 우리 정부가 안고 있는 정책적 과제이다. 이 장에서는 스포츠관광의 정책적 현황을 살펴보고, 이를 통해 정부가 당면한 과제가 무엇인지 살펴보고자 한다.

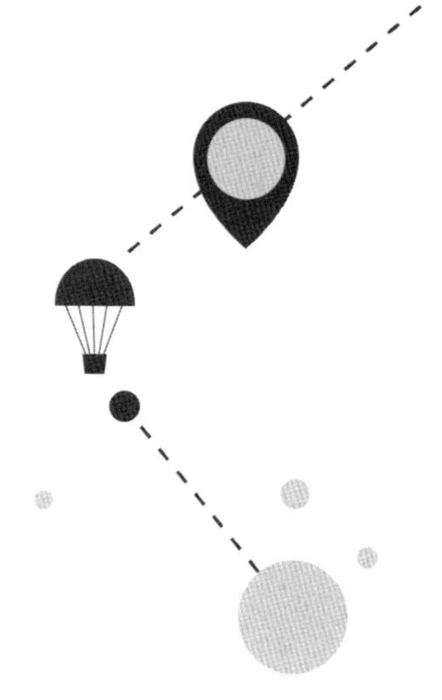

# 1. 스포츠관광의 정책적 현황과 과제

## 1) 정책적 현황

북미와 유럽에서 스포츠 참여는 관광 수입과 지역의 고용 창출 및 세수 확대의 효과를 지닌 중요한 산업으로 인식되고 있으며 스포츠와 관광 영역에서도 스포츠 참여와 시장 활성화가 지역의 관광 산업에 어떠한 영향을 미치는지에 관한 연구가 활발히 진행되고 있다. 일본의 경우도 다양한 관련 연구와 조사를 통해, 능동적 참여 스포츠와 관광을 융합하여 스포츠관광을 활성화시키려는 정책적 노력을 기울이고 있다. 현재 국내에서도 스포츠관광 참여 시장에 관한 조사가 부분적으로 이루어지고는 있으나, 급성장하는 스포츠 참여 인구와 이와 연동하여 움직이는 관광 산업의 연계 효과를 위한 정책적 노력은 시작 단계이다. 그동안 수행된 스포츠관광의 활성화 방안과 정책적 현황에 관한 자료를 중심으로 참여 스포츠관광의 정책적 현황을 정리해 보면 다음과 같다(김성진, 2005; 박경열, 2013; 한국관광공사, 2011; 최자은, 2014).

박경렬(2013)은 국내 아웃도어 참여 활동 중 캠핑은 육상·수상·해상 아웃도어 스포츠 종목과 연계하여 복합형 캠핑 문화로 점차 확산 중에 있으며, 캠핑을 하면서 수상 스포츠 등 레저 스포츠 활동을 복합적으로 추구하는 경향이 높아졌다고 이야기한다. 이러한 경향은 북미의 스포츠 참여 활동과 비슷한 경향으로 국내에서도 복합적 형태의 능동적 스포츠 참여가 증가하고 있음을 보여준다. 이에 반해 스키 시장의 경우 국내 이용객은 점점 감소하는 반면 동남아시아 방한 외래 관광객이 점차 증가한다는 특징을 보이고 있다(박경렬, 2013). 하지만 여전히 동계 스포츠관광 상품의 생산 라인이 단순하고 그 다양성이 부족하여 단순한 강습 위주의 프로그램에만 의존하는 점은 스포츠관광객의 낮은 재방문율의 원인이 되고 있다. 예를 들어, 중국과 동남아시아의 방한 외래 관광객을 타깃으로 한 동계 스포츠관광 상품은 스키와 스노보드로 한정되어져 있으며, 지역의 관광 자원과 연계시킨 고부가가치 확장 상품의 개발이 부진한 실정이다.

국내의 참여 스포츠 관련 법률의 현황을 살펴보면, 현재 국토교통부 등 7개 부처, 15개 이상의 관련 법들이 시행 중에 있다(박경렬, 2013). 이와 관련하여 부처 및 관련 기관 간에 통합 법률에 대한 필요성에 대한 논의는 있었으나 현재는 참여 스포츠 산업 진흥을 위한 통합적인 법제적 장치는 부재한 상태이다. 예를 들어, 현재 국토교통부와 해양수산부, 문화체육관광부, 해양경찰청, 농림축산부, 경찰청 등의 관련 부처에서 레저 스포츠 종목별로 관련 법률을 실행 중에 있다. 하지만 참여 스포츠의 통합 관리와 관련 산업의 육성을 위한 정책적 총괄 부서가 없다는 점은 제한 요인이 되고 있다.

결과적으로 이상의 법제적 정비 문제와 부처 간의 정책적 구심점의 부재는 부처 간, 그리고 지방자치단체 간의 이해 관계가 얽힌 산발적인 지원책들의 난립을 초래하였고, 이는 스포츠관광 산업의 활성화라는 국가적 과제를 효율적으로 수행하는 데 있어서 가장 먼전 풀어야 할 현안이 되었다.

스포츠관광 정책의 주무 기관인 문화체육관광부의 스포츠와 관광 활성화에 관한 2가지 주요 정책적 방향은 국민의 삶의 질 향상과 지역경제 발전에 있다. 이와 관련하여 최근 몇 년 동안 문화체육관광부가 시행 중인 스포츠관광 산업의 활성화를 위한 주요 지원 정책 사업을 살펴보자.

### (1) 참여형 레저 스포츠 시설 지원 정책 사업

문화체육관광부는 지역적 특성에 적합한 레저 스포츠 시설 기반 구축을 위한 지원으로 증가하는 레저 스포츠 수요에 대비하고, 안전한 여가 선용을 통한 국민의 삶의 질 향상과 지역경제 발전에 기여하고자 2008년부터 레저 스포츠 시설 구축 지원 사업을 시행하고 있다.

지원 규모 국민체육진흥기금을 통해 이루어지고 있으며, 2013년도 사업 규

| 시도 | 사업명(지원 연도) | 지원 금액(원) |
|---|---|---|
| 서울 | 성북구 인공 암벽등반(2011) | 2억 5000만 원 |
| 대구 | 대구시 서바이벌(2012) | 3억 원 |
| 광주 | 동구청 MTB(2010) | 3억 원 |
| 대전 | 중구청 사계절 스케이트(2009), 서구청 카누·조정(2011), 시청 파크 골프(2012) | 10억 5000만 원 |
| 경기 | 김포 사계절 스케이트(2009), 포천시 암벽등반(2011), 이천시 인공 암벽(2012), 양평군 인공 암벽(2011), 포천시 래프팅(2012) | 22억 원 |
| 강원 | 원주시 파크 골프(2009), 영월군 카약·카누(2009), 동해시 인공 암벽(2009), 인제군 스캐드다이빙(2010), 양구군 케이블 스키(2010), 춘천시 파크 골프(2011), 동해시 스킨스쿠버(2011), 양양군 짚라인(2012) | 33억 5000만 원 |
| 충북 | 단양군 패러글라이딩(2009), 제천시 짚라인(2010), 충주시 승마(2012) | 9억 5000만 원 |
| 충남 | 당진군 인공 암벽(2009), 아산시 짚라인(2010), 금산군 그라운드 골프(2011), 부여군 카누·카약(2012), 보령시 보트·요트(12) | 16억 5000만 원 |
| 전북 | 부안군 인라인스케이팅(2009), 고창군 패러글라이딩(2009), 전주시 서바이벌(2010), 완주군 서바이벌(2010), 장수군 패러글라이딩(2012) | 16억 원 |
| 전남 | 구례군 래프팅(2009), 장흥군 승마(2010), 해남군 서바이벌(2011), 나주시 카누·수상 스키(2012), 곡성군 사계절 스케이팅(2012), 보성군 MTB 코스(2012) | 18억 원 |
| 경북 | 안동시 카누·조정(2010), 청송군 인공 암벽(2011), 고령군 낚시 잔교(2012), 상주시 서바이벌(2012) | 13억 원 |
| 경남 | 산청군 래프팅(2010), 고성군 낚시 잔교(2011), 남해군 폰툰·플로팅(2011), 창녕군 MTB 코스(2012) | 12억 원 |
| 계 | 2009년 11개 40억 원, 2010년 12개 40억 원, 2011년 11개 40억 원, 2012년 13개 40억 원 | 160억 원 |

자료: 박경렬(2013).

표 11-1
**시도별 참여형 스포츠 시설 지원 사업 추진 현황**

모는 약 50억 원이나 레저 스포츠 시설 개별 종목 시설당 5억 원 이하로 국비와 지방비의 매칭 투자로 시행중이다(박경렬, 2013).

지원 대상 1차적인 지원 대상은 레저 수요가 활성화되고 있는 육상, 수상 및 항공 레저 스포츠 시설을 중심으로 사전 행정 절차가 완료되어 즉시 시설 인프라 구축 사업을 추진할 수 있는 시설이다. 다만, 상업적 이익을 목적

| 구분 | | 사업 내용 | 수행 기간 |
|---|---|---|---|
| 지역 특성화 레저 스포츠 대회 (교실) | 육상형 | 인공 암벽등반, 서바이벌 게임, MTB, 클레이 사격 자동차 경주, 오토바이 경주, 사이클링 윈드스키, 인라인스케이팅, 스케이트보드, BMX, 휠맨 마운틴보드, 스트리트보드, 모터보드 등 | 1~3일 이내 |
| | 수상형 | 수상 스키, 윈드서핑, 제트스키, 스킨스쿠버, 요트, 낚시, 래프팅, 서핑, 카누, 카약, 절벽 다이빙, 뗏목 체험, 스노클링 핀 수영, 웨이크보드 등 | |
| | 항공형 | 패러글라이딩, 행글라이딩, 초경량 항공기, 스카이다이빙, 열기구, 스카이서핑 등 | |
| | 비고 | 지원 대상 종목은 시·도·군 지역 지형에 적합한 레저 스포츠 종목을 선정하여 신청 | |

자료: 박경렬(2013).

표 11-2
**레저 스포츠 육성 지원 사업 내용**

으로 하는 개인 시설 업체와 하천법 등 각종 법규에 의해 인허가 규제의 대상이 되는 경우에는 지원 대상에서 제외된다.

추진 절차 및 선정 방법 추진 절차는 사업 계획 안내 및 공고, 사업 대상 시설 추천 및 접수, 심사 및 결과 통보, 기금 지원·감독·정산의 4단계를 통해 이루어진다.

사업 성과 2009년부터 2012년까지 레저 스포츠 시설 지원 사업으로 인한 성과 중 시설 이용율은 완만하게 증가하기는 하였지만, 목표 달성률은 125.5%에서 80.0%로 하락하였다. 이용자 만족 수준 또한 100점 만점 기준으로 85.6점에서 78.5점으로 낮아졌음을 알 수 있다.

본 사업을 통해 시도별로는 서울, 부산, 강원, 충남, 전북 등에서 스케이트, 카누, 파크 골프, 요트, 보트 등 다양한 시설 구축을 위한 지원이 이루어졌다.

| 구분 | 2012년 사업 | 2013년 사업 |
| --- | --- | --- |
| 지역 특성화 레저 스포츠 사업 | 총 7개 사업 (2억 9000만 원)<br>청풍명월 항공대전, 래프팅대회(봉화), DMZ 세계평화기원걷기대회, 죽령 힐클라이밍대회, 국제열기구대회, 전국 웨이크보드 수상스키 아마추어 동호인대회, 서바이벌 & 뗏목대회 | 총 7개 사업 (3억 원)<br>수상 레저 스포츠 활성화를 위한 초보자 수상스키, 제1회 이순신장군배 통영 SEA-KAYAK 대회, 설악 국제트래킹대회, 양평 유명산 패러글라이딩 챌린지, 2013 FA 서울국제모형항공기대회, F1 스피드 전국자전거대회, 2013 서든어택대회 |
| 그린 레저 스포츠 교실 | 총 7개 사업 (2억 원)<br>수상 레저 스포츠 활성화를 위한 수상스키 강습회, 인라인스케이팅 교실, 그린 레저 스포츠(수상 스키) 교실, 무동력 해양 레저 스포츠 교실, 수상 레저 스포츠 체험단, 케이블 견인 수상 스포츠 교실, 그린 레저 스포츠 어린이 철인 3종 경기 교실 | - |

자료: 최자은(2014)·박경렬(2013). 재구성.

표 11-3
레저 스포츠 육성 지원 사업

### (2) 레저 스포츠 육성 정책사업

문화체육관광부는 지역별로 특성화된 참여형 레저 스포츠 대회를 통해 레저 스포츠의 육성 및 보급과 참여 확산을 위해서 레저 스포츠 사업(대회)와 레저 스포츠 교실 등의 운영을 추진하였다.

**수행 기관 및 주요 내용** (사)대한레저스포츠협의회에서 매년 민간 자체 및 시·도·군 생활 체육회를 대상으로 국민체육진흥기금 약 5억 원의 재정 투자 사업을 대행하여 추진 중에 있다. 본 사업은 지역 특성화 레저 스포츠 사업, 그린 레저 스포츠 교실로 구분되며, 주요 사업 내용은 레저 스포츠 시설을 이용한 지역 특성화 대회, 지역의 자연환경을 활용한 대회 개최 및 레저 스포츠 보급을 위한 교실 운영을 골자로 하고 있다.

### (3) 동계 스포츠 보급 정책 사업

문화체육관광부는 동계 종목의 세계 대회 입상과 2008년 평창 동계 올림픽 유치 등을 계기로 동계 스포츠에 대한 범국민적 관심을 유도하고 동계 스포츠에 대한 이해 증진을 위해서 동계 스포츠 보급 사업을 추진하였다. 본 사업은 국민체육진흥기금 생활 체육 프로그램 사업 중 생활 체험 참여 기회의 확대와 체육 활동의 생활화로 국민의 삶의 질 향상을 도모하고자 동계 스포츠인 스키를 대상으로 비시즌 실내 강습, 시즌 강습 및 스키·스노보드 아마추어 전국 대회 등의 개최 지원을 골자로 하고 있다.

사업 내용 비시즌 실내 강습은 스키를 대상으로 동계 스포츠 보급을 위해 주로 실내 스키장(서울, 경기) 및 돔 스키장(부천)에 회당 8,000명, 약 5회 동안 초등학생 이상 초보자를 대상으로 프로그램을 운영하고 있다. 전국 스키장에서 초등학생 이상 40명, 30기수를 모집하여 총 1,200명을 대상으로 동계 스포츠인 스키를 강습하였다. 특히 본 지원 사업을 통해 스키·스노보드 아마추어 전국 대회가 개최되어 약 1,000여 명 선수들이 참여한 가운데 알파인(스키, 스노보드), 듀얼 레이싱 등 다양한 경기 부문의 인재 양성에 기여한 것으로 파악되었다.

추가 사업 추진 계획 종목을 다양화를 위하여 스키 이외에도 스케이팅, 아이스하키 등 동계 스포츠의 생활 체육 저변 확대를 위해서 체육 기금을 통한 지원 사업을 추진 중에 있다. 또한 동계 스포츠 활성화 사업으로 시도 생활체육회를 통해 프로그램을 발굴하는 사업을 별도로 추진 중이다.

문제점 동계 스포츠의 보급을 위해서 시즌 강습 및 비시즌 강습 등을 지원하고 있으나, 단순히 강습 위주의 프로그램 운영으로 스키장이 입지하고 있는 리조트 및 지역 관광 자원이 연계된 확장 상품의 부재로 인해 스포츠관광 산업의 효과는 미미한 것으로 나타났다.

### (4) 항공 스포츠관광 정책 사업

현재 정부의 문화체육관광부, 국토교통부, 기상청이 항공 레저 스포츠관광 관련 정책에 관여하고 있다. 문화체육관광부는 육상 스포츠 중심의 레저 스포츠와 수변 스포츠를 활용한 관광 정책을 수립 및 지원하고 있으며 국토교통부는 관련 법령 개정을 통해 항공 레저 스포츠의 활성화에 기여하고 있는 것으로 나타났다(최자은, 2014). 각 부처별 항공 스포츠관광의 활성화를 위한 정책적 지원 내용을 요약하면 표 11-4와 같다.

표 11-4
**부처별 항공 스포츠관광의 활성화를 위한 정책적 지원**

| 구분 | 정책 내용 | 비고 |
|---|---|---|
| 문화체육관광부 | · 마라톤, 골프, 동계 올림픽 등 메가 이벤트 유치를 통한 지역경제 활성화 정책 수립<br>· 레저 스포츠 및 수변을 중심으로 한 관광 상품 개발을 지원 | 관광국 소관<br>(관광레저기반과) |
| | 체육 시설의 설치·이용에 관한 법률 내 모든 체육 시설 의무 보험 가입 규정을 신설 | 체육국 소관 |
| | 지역의 특성을 고려한 스포츠 시설 조성 지원 | |
| | 저변 확대를 위한 전국 레저 스포츠 시설의 구축 지원 및 스포츠 교실 운영 | |
| 국토교통부 | 항공 레저 스포츠 활성화를 위한 항공 레저 활성화 추진 계획 수립 및 항공법 개정 | – |
| | 항공법 내 항공 레저 스포츠 사업 신설하여 체험 비행 서비스, 관련 장비, 대여 및 정비, 수리 서비스 제공 | 항공법 제2조<br>항공 서비스업 정의 및<br>범위 신설 |
| | 해당 지방자치단체와 협업하여 항공 레저 스포츠 전용 이착륙장 조성을 추진 | 2014년 경기도권 내<br>3개 이착륙장 후보 선정 및<br>조성 추진 예정 |
| | 대국민 항공 레저 스포츠 체험, 청소년 항공 교실, 항공 레저 스포츠 제전 개최 등 저변 확대를 위한 다양한 교육 및 체험 프로그램 운영 | 2014년부터<br>본격적으로 시행 |
| 기상청 | 기상·기후 빅데이터 포럼 운영을 통해 항공 레저 스포츠 산업에 대한 저변 확대 및 발전 방향을 수립 | 기상청 소관 |
| | 항공 레저스포츠의 안전한 활동을 위한 항공기상법의 제정 및 기상 정보 지원 | 항공기상청 소관 |

자료: 최자은(2014). 재구성.

| 구분 | 미국 | 호주 | 일본 |
|---|---|---|---|
| 관련 법령 및 정부 조직 | · 항공 스포츠는 CFR(code of federal regulation, title14 (Aeronautics and Space)<br>–경량 스포츠 항공기 정의, 인증, 운항, 비행 규칙, 정비, 비행 공역, 등록 등으로구성<br>· 미국 연방항공청이 전담 | · 항공 스포츠에 대하여 규정은 Air Navigation Act 1920 및 Civil Avation Act 1988<br>–항공 스포츠의 활동별 차이를 감안한 특별 면제 규정 (CAO Section 95)<br>· 민간 항공안전청 내 스포츠 항공 사무소가 전담 | · 항공 레저 스포츠관광을 위한 별도의 법안은 부재 상황<br>· 일본 항공법<br>–초경량 비행 장치에 대한 비행 및 조정 내용, 스포츠 안전 등에 대한 관리 규정<br>· 국토교통부 항공국 전담 |
| 인프라 | · 항공 스포츠는 기체에 따라 별도의 관련 법과 기준으로 관리<br>–초경량 비행 장치는 AC103-6에서 기반 시설 요건 기술<br>–경량 항공기는 ASTMICS 기준에 의해 F2507내 공역, 기반 시설 조성 허가 | · 초경량 비행 장치의 경우 상업적 영역으로 구분하여 산업을 활성화하는 정책의 일환으로 관리 규정<br>· 초경량 비행 장치 관련 업자를 위한 공동 시설 기금 펀드 제도 운영·지원 | · 항공법에 의거 인프라 조성 및 설치 관리<br>–이착륙 장소 허가 기준, 활주로 및 착륙대 등의 설치 의무화<br>· 항공법 제81조 및 시행 규칙 제174조 규정<br>–최저 안전 고도 준수 |
| 프로그램 | · 초경량 비행 장치 조종사 및 지도자 자격을 별도 관리<br>–엄격한 교육 체계와 수준별 교육 프로그램 개설<br>· 교육 및 체험 시설로 클럽과 훈련 등록 시설 운영 | · 교육 및 체험 프로그램은 RA-Aus(항공 레저 전문 기구)의 클럽을 통해 운영<br>–교육 프로그램 신청 회원들을 위한 숙박 시설 제공<br>–비행 교육 시설 170여 개 운영 | · 일본항공협회를 중심으로 이벤트 및 교육 기관 운영<br>–어린이, 전문가 등을 고려한 프로그램을 운영<br>· 조종 교육은 민관의 협력에 의해 해당 협회가 관리 |
| 안전 관련 정책 | · 안전 전담 기구로는 NTSB (national transportation safety board)가 있고, 연방항공청 내 항공 사고 조사 사무소 별도 운영<br>· 보험 가입 및 배상 시스템<br>–스포츠 파일럿, 조정 교관은 보험 가입 의무화<br>–협회 및 단체 회원은 보험 가입 가능 | · 민간 항공안전청(CASA)의 매뉴얼을 토대로 레저항공관리기구(RAAO)의 자율적 운영<br>–항공 스포츠에 대한 별도 매뉴얼(Handbook 2010) 구비를 통해 위험을 관리<br>· 해당 RA-Aus 위원회에서 가입 회원에 한해 보험 가입 의무화 | · 일본항공법 제11조, 제28조, 제89조의 규정<br>· 안전사고 발생 시 보험 관련 제도는 JHF(일본 행·패러글라이딩연합회) 단체 가입자에 한하여 제공<br>–학교 배상 책임 보험, 주최자 배상 보험 등 사후 배상 제도 마련 |

자료: 최자은(2014). 재구성.

**표 11-5**
**항공 스포츠관광 해외 정책 사례**

최자은(2014)에 따르면, 항공 스포츠관광의 진흥을 위해서는 편의 시설의 확충과 항공 스포츠를 위한 공역의 확대 및 프로그램의 다양화가 요구된다. 항공 스포츠관광의 선진국인 미국, 호주, 일본의 경우 항공법을 비롯한 관련 법령의 제정 및 정비, 항공 인프라와 다양한 교육 및 체험 프로그램 상품을 개발하여 관광 산업의 연계 효과를 누리고 있다(표 11-5).

## 2) 정책적 과제

스포츠관광 정책의 당면 과제는 다음과 같다.

첫째, 여가 문화적 가치의 확산에 따른 수요를 충족시킬 수 있는 사회 정책적 기능에 대한 법체계 반영이 요구된다. 현재 능동적 참여 스포츠관광과 관련하여 레저 시설업, 교육업 및 관광업에 미치는 경제적 효과를 우선시하는 정책으로 인하여, 여가 문화적 가치의 확산 차원에서 이루어지는 사회·문화적, 정책적 역할과 기능은 법체계에 반영되지 못하고 있다. 미시적 경제 효과만을 추구하는 스포츠관광 정책은 미래 가치 창출에 한계를 지니기 마련이다. 건전하고 올바른 스포츠관광 문화를 함양할 수 있는 정책과 법적 지원을 통해 스포츠관광의 경제적 가치와 삶의 질과 직결되는 여가적 가치의 균형을 추구할 필요성이 제기된다.

둘째, 능동적 참여 스포츠 활성화를 위한 법률 내용이 상충됨에 따라 스포츠관광 진흥을 위한 통합적 법적 지원이 요구된다. 레저형 참여 스포츠에 대한 정책적 방향과 하위 영역이 명확하지 않은 상태에서 개별 종목 또는 시설 단위별로 법령과 소관 부처가 상이하여 효율적이고 실효성 있는 정책적 처방과 방향 설정에 한계가 있다. 또한 개별 참여 스포츠 종목과 시설 단위의 관련 법규들은 대부분 시설 관리와 안전에 관한 규제만 있을 뿐 이를 활성화시키기 위한 정책 지원책이 전무한 실정이다.

셋째, 능동적 스포츠관광 글로벌 브랜드 육성을 지원하는 정책이 요구된다. 이와 관련하여 박경렬(2013)은 캠핑, 자전거, 승마 관광을 3대 레저 스포츠로 지정하여 정책적으로 육성해야 한다고 이야기한다. 캠핑, 자전거, 승마 관광은 급속하게 수요가 증가하고 있으며 대규모 기반 시설의 재정 투자를 최소화하면서도 국내 및 방한 외래 관광객의 유치에 효과적이다는 장점이 있다. 하지만 현재 이러한 수요와 미래 가치에 비해 정책적, 법적 제도의 기반이 미비한 실정이다. 반드시 캠핑, 자전거, 승마가 중심 브랜드가 될 필요는 없지만 참여 스포츠 중 관광적 가치를 지닌 몇몇 종목을 집중 발굴하고 육성한다면, 이를 구심점으로 한 관광 산업의 활성화 수단과 방법이 마련될 수 있다는 점에서 적극 고려할 필요가 있다.

다섯째, 레저 스포츠 전문 학교와 인증 프로그램을 도입하는 정책을 고려해야 한다. 스포츠관광은 체험과 경험을 판매한다고 해도 과언이 아니다. 산악, 해양, 항공 등 자연과 연계된 스포츠 교육 산업을 중심으로 스포츠관광 학교를 지정하여 전문성을 제고할 필요가 있다. 이러한 정책은 관광객들의 경험과 체험의 질과 만족도를 높일 수 있고 나아가 안전한 스포츠관광 문화를 정착에도 기여할 수 있다.

여섯째, 유휴 관광 공간을 활용한 이색 레저 스포츠 인프라를 재생하는 정책이 요구된다. 기존의 산악과 수상 및 해양 지역에 노후화되고 쉬고 있는 관광 인프라를 이색적인 스포츠 시설로 재생하여 관광 수요를 충족시키는 방안도 적극 고려해야 한다.

일곱째, 농산어촌 관광 마을과 연계한 스포츠관광 상품 개발을 지원하는 정책적 노력이 요구된다. 예를 들어, 농산어촌을 새로운 참여형 스포츠관광의 숙박 시설이나 문화 체험 투어 수단으로 활용하여 국내외 스포츠관광객의 체험적 욕구를 충족시킬 수 있는 묶음 형태의 확장 상품 개발을 유도하는 아이디어도 시범 사업으로 고려해 볼 필요가 있다.

일곱째, 국내 스포츠 스타와 스포츠 놀이 문화를 해외 시장에 노출할 수 있는 활로를 마련하는 정책적 지원이 요구된다. 이는 스포츠 이벤트 관광의 촉진을 위한 정책으로 이해될 수 있다. 예를 들어, 국내에서 인기 있는 프로야구의 스타나 구단, 나아가 프로야구의 응원 문화와 먹거리 문화(치맥 등) 등의 스포츠 이벤트 관광 자원을 미디어를 통해 해외 시장에 적극 노출시키고 해외 시장에서 스타로 브랜딩하여 외래 관광객을 유치하는 방안이다. 주요 표적 시장으로는 이미 한류 문화가 확산되어 있고, 집단적 문화와 비슷한 음식 문화를 공유하고 있는 중국, 일본, 대만과 필리핀 등의 동북아시아 및 동남아시아가 적합하다. 이와 관련하여 영국의 프리미어리그 축구 관광을 위해 출국하는 국내의 프리미어리그 팬들을 생각해 보면 해법은 간단하다. 그리고 이들이 단순히 경기 관람만하고 귀국하지는 않는다는 점에서 스포츠 스타와 프로 스포츠 이벤트를 활용한 우리의 스포츠 놀이 문화의 해외 확산은 국내 스포츠관광 산업 전반에 상당한 영향을 미칠 것이다.

사례연구

## 일본의 스포츠관광 추진 정책

**1** 일본 정부는 관광과 스포츠를 연결한 스포츠관광 활성화 정책을 추진하고 있음

- 세계적 메가 스포츠 이벤트나 국제 경기, 시민 마라톤 대회 등은 해외 관광객 유치에 매우 유리한 상품임. 따라서 이를 일본에 적극 유치하여 경제 활성화를 도모함과 동시에 개최 지역의 경제 및 고용 창출 효과를 유발함
- 또한 '스포츠관광추진연락회의'를 설립하여, 관광청을 비롯한 관련 행정 기관에 적극 지원하도록 함. 연락 회의의 주요 업무는 ① 매력적인 스포츠 콘텐츠 창조와 스포츠관광 전문 지역 조성, ② 국제 경기를 적극적으로 유치하고 개최, ③ 여행 상품화와 정보를 적극적으로 유통, ④ 스포츠관광 인재의 육성과 활용에 있음

**2** 일본 정부는 지역 산업과의 연계를 강화하고 지역경제를 활성화하기 위하여 각 지역의 차별화된 자연환경과 스포츠관광 자원(프로 스포츠, 시민 마라톤, 스모, 유도, 지역 축제 등)을 매력적인 관광 상품으로 개발하고 있음

- 세계적인 메가 이벤트의 개최와 마라톤 대회, 지역 스포츠 대회를 재정립하고 이를 국제적으로 홍보하여, 스포츠 이벤트 관광의 목표를 달성하도록 지원하는 등 제반 노력을 기울이고 있음

**3** 이러한 일본 정부의 정책 방침에 따라 지방 정부에서도 스포츠를 통한 관광 도시 활성화에 박차를 가하고 있음

- 도쿄에서는 도시 정비 및 도시 경제 활성화, 주민 복지를 융합 사업으로 인식하고 이를 달성하기 위한 방책으로 스포츠 진흥 정책을 전개하기 시작함
- 특히 스포츠 진흥 정책의 최종 목표로 2020년 올림픽 유치를 추진함. 이를 통해 낡은 도시 시설을 정비하는 데 필요한 투자를 활성화하고 도시 경제가 재도약하는 원동력으로 삼으려는 미래 지향적 전략을 추진하고 있음
- 이러한 메가 이벤트뿐만아니라, 도쿄마라톤대회와 같은 참여형 홀마크 스포츠 이벤트를 매년 개최하여 국내외 관광객의 유치를 도모하고 있음

(계속)

**4** 이 밖에 일본의 스포츠관광은 '관광입국추진기본법'에 근거한 '관광 입국 추진 기본 계획'을 바탕으로 다양한 효과를 기대하고 있음

- 스포츠라는 테마에 스토리를 창조하고 새로운 관광 브랜드를 창출하여 방일 동기를 부여함으로써 방일 외래 관광객 유치에 기여함
- 지역 스포츠 콘텐츠의 매력화와 지역 고유의 문화와 자원 밀착형 스포츠관광 콘텐츠 개발의 필요성을 강조하고 있음
- 관람형 및 참여형 스포츠와 관련된 콘텐츠 개발을 통해 방문객을 유도함으로써 숙박 일수 및 여행 소비액 증가를 유도함

**5** 현재 일본은 스포츠관광 산업의 진흥을 위한 주요 전략 중 하나로 스포츠를 활용한 관광 마을 조성 사업을 제시하고 있으며, 관광 마을 조성을 위해 관광 부분과 스포츠 진흥 부문의 융합과 협력 구축이 필요함을 제시함

- 이를 위해 마을 만들기 시책과 연동시키는 사업, 스포츠와 관광을 연계시킬 수 있는 민간 주도 조직 설립, 지역 관광 수용 태세 인프라 정비 사업, 자전거를 활용한 스포츠관광 활성화 및 스포츠관광 전문 인력 양성 등을 제시함

**6** 또한 국가, 스포츠 단체, 스포츠 관련 기업 및 여행 관련 기업 등이 일체가 된 스포츠관광 추진 연계 조직을 창설을 제시함

- 스포츠 단체, 관광 단체, 스포츠 관련 기업 및 여행 관련 기업 등의 파이프 역할로 스포츠관광 지역에서의 매칭을 도모하는 등 네트워크의 허브 기능을 할 수 있는 연계 조직 창설을 유도함
- 참여형 스포츠와 관광 자원의 매칭 지원, 프로 스포츠 대회 개최 중개, 프로 스포츠 팀의 독립 지원, 스포츠 자원봉사자의 육성 지원 및 다양한 관람형 스포츠관광 육성 사업 추진
- 지역의 특색을 살린 스포츠 콘텐츠 개발, 대회·합숙 유치 및 스포츠 수용 환경 정비 등을 스포츠 단체 각각의 목적과 연관시킨 형태로 관광 기관 및 관련 기업과의 연계를 시도하고 있음
- 스포츠 단체, 관광 단체, 스포츠 관련 기업 및 여행 관련 기업 등 이해관계자 간의 공동 합의 및 목표와 사업 내용을 협의하는 네트워크 구축의 필요성을 제시함

자료: 황의룡, 김필승(2013); 박경렬(2013). 재구성.

## 토론문제

1. 스포츠 이벤트 관광 자원(구단, 리그, 선수, 시설, 독특한 응원 문화)의 해외 브랜딩이 국내의 스포츠관광과 관광 산업 전반에 미치는 효과를 논하시오.
2. 스포츠 이벤트 관광 자원의 해외 브랜딩을 위한 정책적 과제를 논하시오.
3. 능동적 참여 스포츠관광 자원의 개발을 위한 정책적 방안에 대해 논하시오.
4. 중국과 동남아시아 시장을 타깃으로 한 이벤트 스포츠관광 자원의 개발과 육성을 위한 정책적 과제에 관해 논하시오.

## 참고문헌

김성진(2005). 관광레저도시 개발모형 및 정책방향 연구. 한국문화관광정책연구원.

박경렬(2013). 레저스포츠 관광 활성화 방안. 한국문화관광연구원.

최자은(2014). 항공레저스포츠 관광정책 방향. 한국문화관광연구원.

한국관광공사(2011). 스포츠 관광 마케팅활성화 연구.

황의룡, 김필승(2013). 일본의 스포츠관광 정책에 관한 연구. 한국체육학회지, 52(5), 601-610.

# 찾아보기

## 저자 소개

**문보영** 세종대학교 호텔관광경영학 박사
을지대학교 스포츠아웃도어학과 교수

**저서 및 논문**
서비스경영론. 형설출판사. 2011
재미있는 관광이야기. 교문사. 2012
스포츠이벤트 참여경험과 참여과정에 대한 근거이론적 접근. 호텔관광연구. 2014 등

**서원재** 성균관대학교 스포츠사회학 박사
University of Texas at Austin 스포츠경영학 박사
을지대학교 스포츠아웃도어학과 교수

**저서 및 논문**
스포츠팬을 잡아라–필립 코틀러의 스포츠 브랜드 마케팅. 2009
스포츠미디어 기획제작실행. 2011
A new approach to stadium experience: The Dynamics of the sensoryscape, social interaction, and sense of home. 2012 등

**김형곤** Texas A&M University 관광경영학 박사
세종대학교 관광대학원 교수

**저서 및 논문**
Touristic quest for existential authenticity. Annals of Tourism Research. 2007
명사와의 자아이미지 일치성이 관광경험에 미치는 영향. 관광학연구. 2010
Applying the theory of recreation specialization to better understand recreationists' preferences for value added service development. Leisure Sciences. 2013 등

**이병철** University of Illinois at Urbana–Champaign 관광레저학 박사
경기대학교 관광이벤트학과 교수

**저서 및 논문**
An integration of social capital and tourism technology adoption–A case of convention and visitors bureaus. Tourism and Hospitality Research. 2014
온라인 리뷰가 관광상품 구매행동에 미치는 영향: 호텔리조트를 중심으로. 관광레저연구. 2014 등

**스포츠**
**관광**
**경영론**

2015년 8월 23일 초판 인쇄 | 2015년 8월 31일 초판 발행

**지은이** 문보영·서원재·김형곤·이병철 | **펴낸이** 류제동 | **펴낸곳** **교문사**

**편집부장** 모은영 | **디자인** 신나리 | **본문편집** 김남권

**제작** 김선형 | **홍보** 김미선 | **영업** 이진석·정용섭·진경민 | **출력** 교보 P&B | **인쇄** 동화인쇄 | **제본** 한진제본

**주소** (10881)경기도 파주시 문발로 116 | **전화** 031-955-6111 | **팩스** 031-955-0955

**홈페이지** www.gyomoon.com | **E-mail** genie@gyomoon.com

**등록** 1960. 10. 28. 제406-2006-000035호

ISBN 978-89-363-1522-1(93980) | 값 25,000원